防治窃电实用技术

（第三版）

李万　黎海生　李景村　编著

中国水利水电出版社
www.waterpub.com.cn
·北京·

内 容 提 要

全书共分十章，第一章至第六章选自《防治窃电实用技术（第二版）》主体内容，包括电能计量装置及其接线检查、常见窃电的基本手法、防治窃电技术措施、防治窃电组织措施、窃电的侦查方法。第七章至第十章为新编内容，包括窃电行为的依法查处、查处窃电典型案例、新技术在防治窃电中的运用、防治窃电相关论文选编。与《防治窃电实用技术（第二版）》相比，第三版的最大特点是新编入智能电能表和远程抄表系统的功能介绍及侦查窃电新方法，并理论联系实际，介绍查处窃电的典型案例，使读者可以举一反三，活学活用。相信广大读者一定喜爱。

本书主要供电力系统工程技术人员，尤其是用电部门的用电检查、装表接电、抄表收费等相关工种和管理人员使用，也可作为防治窃电培训班的教材，还可供大专院校相关专业师生阅读参考。

图书在版编目（CIP）数据

防治窃电实用技术 / 李万，黎海生，李景村编著. -- 3版. -- 北京 : 中国水利水电出版社, 2022.12
ISBN 978-7-5226-1159-4

Ⅰ. ①防… Ⅱ. ①李… ②黎… ③李… Ⅲ. ①用电管理 Ⅳ. ①TM92

中国版本图书馆CIP数据核字(2022)第248380号

书　　名	**防治窃电实用技术**（第三版） FANGZHI QIEDIAN SHIYONG JISHU (DI-SAN BAN)
作　　者	李　万　黎海生　李景村　编著
出版发行	中国水利水电出版社 （北京市海淀区玉渊潭南路1号D座　100038） 网址：www.waterpub.com.cn E-mail：sales@mwr.gov.cn 电话：(010) 68545888（营销中心）
经　　售	北京科水图书销售有限公司 电话：(010) 68545874、63202643 全国各地新华书店和相关出版物销售网点
排　　版	中国水利水电出版社微机排版中心
印　　刷	清淞永业（天津）印刷有限公司
规　　格	184mm×260mm　16开本　12印张　292千字
版　　次	1999年12月第1版第1次印刷 2022年12月第3版　2022年12月第1次印刷
印　　数	0001—5000册
定　　价	**59.00**元

凡购买我社图书，如有缺页、倒页、脱页的，本社营销中心负责调换

序

打击窃电行为，是维护和规范用电秩序、保障地方经济持续快速健康发展、巩固共建共享共治社会治理成果的重要举措。学习防治窃电实用技术，是提升打击窃电能力、降损节能、维护用电秩序的重要途径。

《防治窃电实用技术》是我国第一部比较系统介绍防治窃电基础理论和实践经验的工具书，该书 1999 年 12 月印发了第一版，2009 年 1 月修编印发了第二版，第二版共有六章，主要是在第一版的基础上增加一些窃电手法和防范对策的介绍，以及电能计量装置的接线检查。目前的第三版共分为十章，在原来第二版电能计量装置及其接线检查、常见窃电的基本手法、防治窃电技术措施和组织措施、窃电的侦查方法的基础上，基于当前社会科学进步带来新工艺、新技术、新设备的发展，以及电力设施保护相关法律法规的健全完善，增加了窃电行为的查处、典型案例、防治窃电的新技术运用等内容，并摘录选编了部分防治窃电的论文选编。

该书理论与实际相结合，旨在通过原理精讲、案例分析，让读者全面掌握各类新型窃电方式的表象，快速掌握利用智能电表、远程抄表系统等新技术手段防治窃电的专业技能，从而达到反窃电、降线损的工作目的。内容融合了防治窃电技术的实用化和专业化，具有较好的适用性和指导性。

该书是培育电网企业依法治企的强有力支撑，有利于进一步完善“依法治电、打防结合、标本兼治”的防治体系，提升窃电和违约用电检查人员的专业技能，培养出一批高素质、高技能的用电检查人员，可作为防治窃电培训班的教材，还可供大专院校相关专业师生阅读参考。

郭光

2022 年 10 月

前　言

《防治窃电实用技术》是我国第一部比较系统地介绍防治窃电基础理论和实践经验的工具书。该书于1999年12月出版发行，2000年中国电力报和农村电工杂志相继转载，同年中国电力企业联合会在北京召开首次防治窃电经验交流会。后来《防窃电与反窃电工作手册》《防治窃电技术》等全国公开发行的书籍和许多省电力公司培训中心自编教材也选用书中内容。

2002年对原书1999年版进行了首次修改，但属于小修小补。2009年新增一章电能计量装置的接线检查，并增加介绍一些科技含量较高的窃电手法和防范对策，这就是《防治窃电实用技术（第二版）》。

光阴似箭，沧海桑田。为了与时俱进，中国水利水电出版社希望把《防治窃电实用技术（第二版）》加以修编。在目前智能电网新技术大背景下，第三版适时介绍智能电能表和远程抄表系统，结合实际介绍查处窃电典型案例，并补充编入窃电行为的依法查处，使内容更加充实和完善，实用性更强，可谓锦上添花。

本书由李万和黎海生编写，李景村主要负责总体策划。

本书从1999年筹划出版到第二版，得到了众多有关人士的大力支持和帮助。其中主要有广东电网有限责任公司具小平、董车龙，中国电力企业联合会金洪祥，广东电网汕尾供电局陈秋帛、姚旭升同志。在第三版编写过程中又得到汕尾供电局沈新平和郭克同志的大力支持和鼓励，在此一并致以衷心的感谢。

由于编者水平有限，书中难免存在错漏之处，敬请广大读者批评指正。

第一版前言

《防治窃电实用技术》由中国水利水电出版社出版发行以来，得到了广大读者的关注和电力行业有关部门的高度重视与大力支持。2000年4月《中国电力报》在新开辟的《培训园地》栏目中连载了该书的第二章至第五章内容，同年7月起《农村电工》杂志又对这部分内容进行了为期一年的连载；中国电力企业联合会科技服务中心和全国电力市场协会则于2000年7月在北京首次召开全国性防治窃电技术研讨暨经验交流会，2001年4月再次在海口召开，该书主编李景村同志作为两会特邀代表与参加会议的电力部门代表和国内一些防窃电产品厂家代表广泛交流了防窃电方面的经验；李景村同志还于2001年先后应邀到河南电力公司、甘肃电力公司和河北电力公司介绍防窃电技术。广大代表、专家、读者都给予该书很高的评价，普遍认为这是我国第一部比较系统总结防窃电技术的工具书，对电力行业的经营和管理将产生深远的影响。同时。他们也提出了一些有益的建议并希望作者能将该书进一步修编完善。

此次对《防治窃电实用技术》进行重新修改，总的思路是，既使原书的总体框架基本不变，又结合读者的有益建议，对原书进一步提炼，增加一些防治窃电新技术和有关依法治理窃电方面的内容，使该书更加充实和完善。具体方案是：①勘正原书错漏之处；②适当调整原书第二章“常见窃电基本手法”内容，删去窃电手法举例中的接线图，对文字表达更为简明扼要；③适当调整原书第三章“防治窃电技术措施”内容，增加第十五节“防窃电新技术、新产品应用动态”，介绍新技术产品有关应用和近年来电力行业采用的其他一些新的对策；④第五章“窃电的侦查方法”内容调整，第三节“仪表检查法”增加第五项“用专用仪器检查”，举例介绍计量故障分析仪的使用方法；⑤原附录四“国内部分知名企业产品介绍”改为“国内部分防窃电新技术产品介绍”，选择新增和调整产品介绍内容；⑥收编部分省市有关依法治理窃电的地方性法规。

参加本书编写的还有卓少铭、陆莉、谢楚俊、黎海生同志。具小平、陈秋帛、姚旭升三位同志审阅了全稿。

本书的编写得到了广东省电力局教育处领导，汕尾电力局副局长具小平和中国水利水电出版社有关同志的大力支持和具体指导；还得到社会各界众多支持者特别是来信读者的帮助和鼓励。对此我们表示衷心感谢。

由于编者水平有限，错误或疏漏之处难免出现，敬请批评指正。

作　者

第二版前言

《防治窃电实用技术》是我国第一部比较系统介绍防治窃电基础理论和实践经验的工具书。该书从1999年12月第一版至今，经过7次印刷，累计印数33800册；《中国电力报》《农村电工》相继转载，后来《防窃电与反窃电工作手册》《防治窃电技术》等全国公开发行的书籍和部分省电力公司培训中心自编教材纷纷选用书中内容，甚至一些音像出版物也争相仿效。《防治窃电实用技术》对电力行业的经营和管理正产生着深远的影响，已深受广大用电管理人员的喜爱。

近年来，本书主编李景村同志通过应邀参加多次全国性防治窃电会议和十多个省、市的电力企业以及华北电力大学、广东省电力技校等单位举办的培训班、研讨会讲学，与用电管理第一线工作人员及有关专家进行了更加广泛的交流切磋，并于2002年1月对原书1999年版进行了首次修编重印。考虑到窃电者作案手法不断翻新和防治窃电技术的不断进步，为了与时俱进，此次又进一步修订，使书中内容更加充实和完善。《防治窃电实用技术》第二版主要特点是增加介绍一些目前科技含量较高的窃电手法和防范对策，并新增一章电能计量装置的接线检查。

参加此次修编的还有李飞、彭世朋同志。其中附录六由彭世朋编写，附录七、附录八由李飞编写。

本书的编写得到了深圳供电局副局长具小平同志的大力支持和具体指导，广东电网公司巡视员赖康同志也提出了许多宝贵意见；还得到社会各界众多支持者特别是来信读者的帮助和鼓励，对此我们表示衷心的感谢。

由于编者水平有限，书中难免存在错误或疏漏之处，敬请广大读者批评指正。

编　者

2009年1月1日

目　录

第一章　电能计量装置

电能计量装置包括电压互感器、电流互感器、电能表以及有关的连接导线。从研究防窃电技术的目的出发，本章主要介绍电压互感器的接线、电流互感器的接线和有功电能表的接线，并对相应接线的相量图以及有关功率表达式进行推导。

第一节　电压互感器

一、电压互感器的 V 型接线

V 型接线广泛应用于中性点不接地或经高阻抗接地的电网中，我国城乡 10kV 配电中的高压计量电压互感器通常都采用这种接线。

1. V/V－12 型正确接线及相量图

其正确接线及相量图如图 1－1 所示。

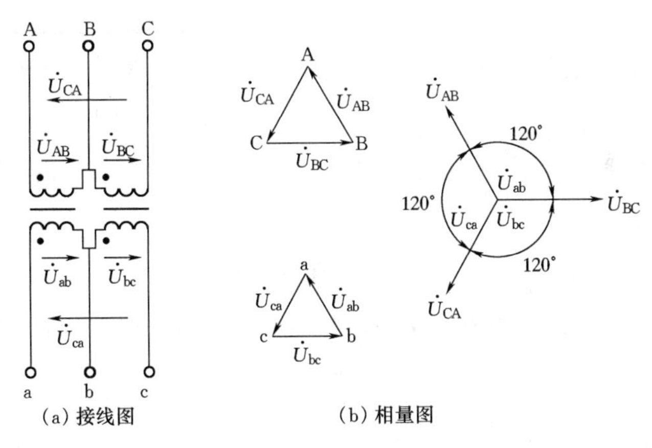

(a) 接线图　　(b) 相量图

图 1－1　电压互感器 V/V－12 型正确接线及相量图

2. V/V－12 型错误接线及相量图

(1) 二次侧 b、c 相反接。其接线及相量图如图 1－2 所示。

(2) 二次侧 a、b 相反接。其接线及相量图如图 1－3 所示。

(3) 二次侧全部反接。其接线及相量图如图 1－4 所示。

二、电压互感器的 Y 型接线

Y 型接线广泛应用于中性点直接接地的 110kV 及以上的电网中，并且通常采用 3 台单相电压互感器构成；此外，变电所的 10kV 母线电压互感器和发电厂机端母线电压互感器则通常采用三相五柱式电压互感器，其接线方式为 Y/Y_0-12 或 Y_0/Y_0-12。

1. Y/Y_0-12 型正确接线及相量图

Y/Y_0-12 型正确接线及相量图如图 1－5 所示。

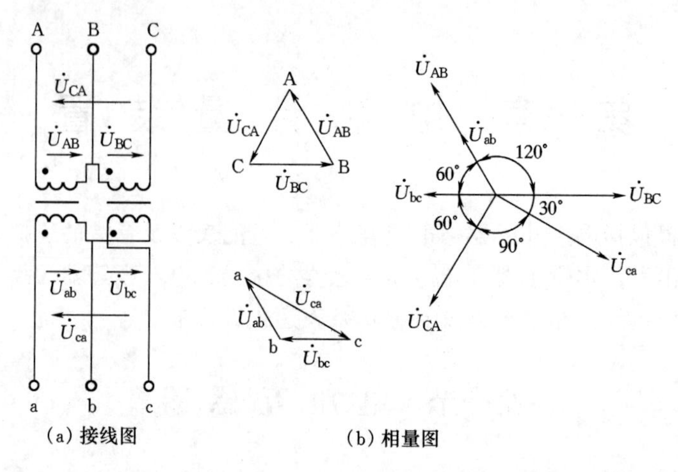

图 1-2 电压互感器 V/V-12 型二次侧 b、c 相反接接线及相量图

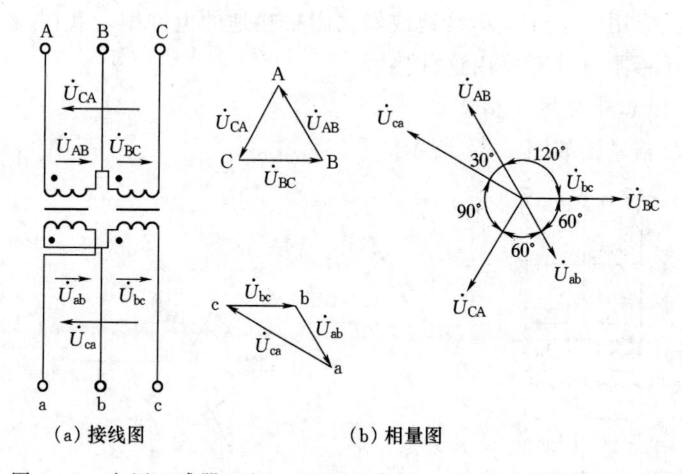

图 1-3 电压互感器 V/V-12 型二次侧 a、b 相反接接线及相量图

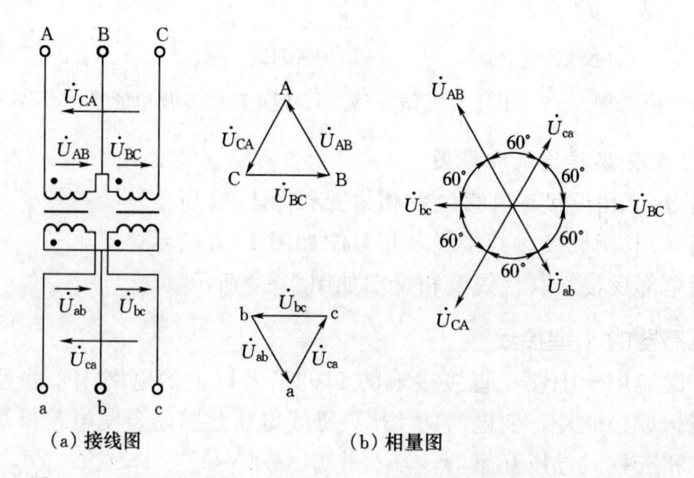

图 1-4 电压互感器 V/V-12 型二次侧全部反接接线及相量图

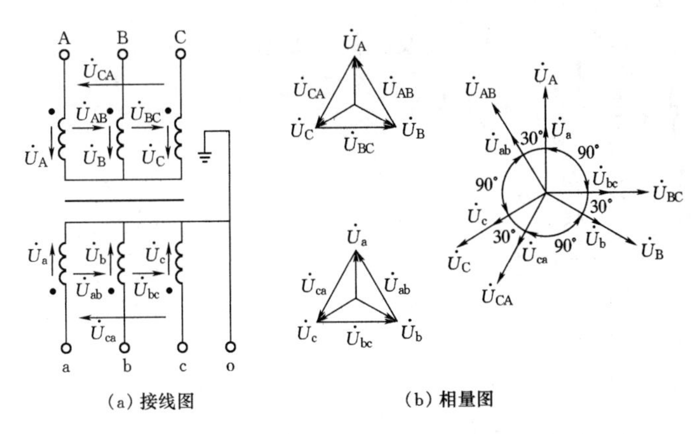

图 1-5　电压互感器 Y/Y_0-12 型正确接线及相量图

2. Y_0/Y_0-12 型错误接线及相量图

由于三相五柱式电压互感器的一、二次绕组在壳体内连接，在现场使用中通常不必考虑错接问题，单相电压互感器的高压侧通常也不存在错接问题，因而 Y_0/Y_0-12 型的错误接线通常只有以下由 3 台单相电压互感器构成的三类错误接线。

（1）二次侧一相反接。例如二次侧 b 相反接，其接线及相量图如图 1-6 所示。

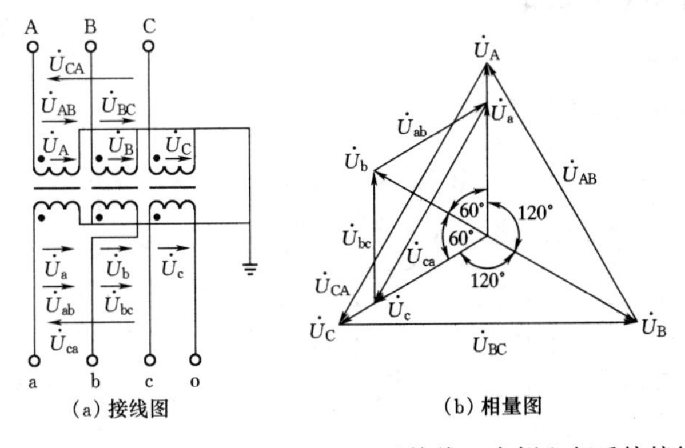

图 1-6　3 台单相电压互感器 Y_0/Y_0-12 型接线二次侧 b 相反接接线及相量图

（2）二次侧两相反接。例如二次侧 a、c 相反接，其接线及相量图如图 1-7 所示。

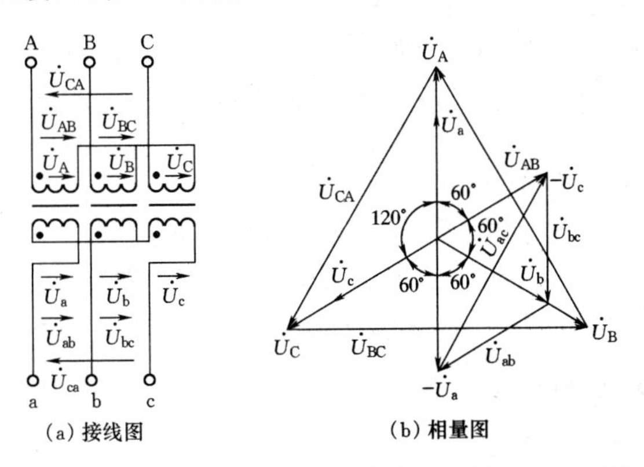

图 1-7　3 台单相电压互感器 Y_0/Y_0-12 型接线二次侧 a、c 相反接接线及相量图

（3）二次侧三相全部反接。其接线及相量图如图 1-8 所示。

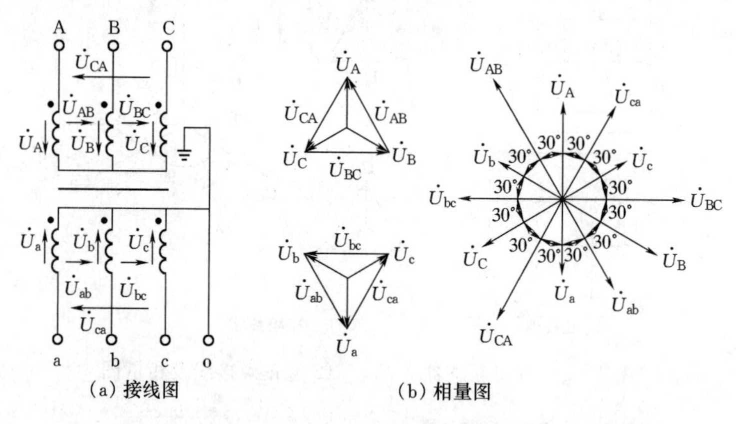

(a) 接线图　　(b) 相量图

图 1-8　三相电压互感器 Y_0/Y_0-12 型接线二次侧全部反接接线及相量图

第二节　电流互感器

一、电流互感器的 V 型接线

1. V 型接线的正确接线及相量图

V 型接线的正确接线及相量图如图 1-9 所示。

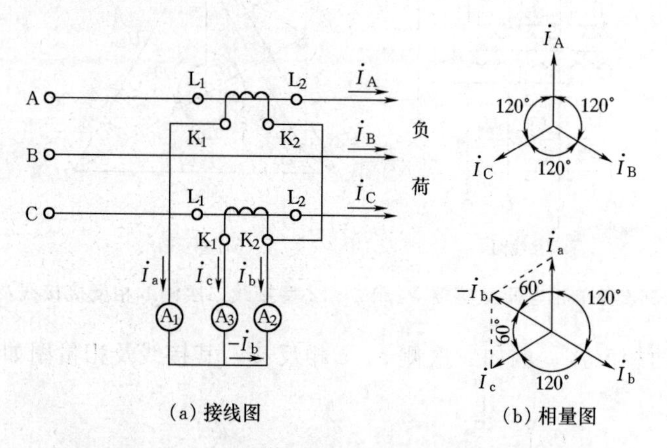

(a) 接线图　　(b) 相量图

图 1-9　电流互感器 V 型接线的正确接线及相量图

2. V 型接线的错误接线及相量图

（1）二次（或一次）侧 A 相反接。其接线及相量图如图 1-10 所示。

（2）二次（或一次）侧 C 相反接。其接线及相量图如图 1-11 所示。

（3）二次（或一次）侧 A、C 相全部反接。其接线及相量图如图 1-12 所示。

二、电流互感器的 Y 型接线

1. Y 型接线的正确接线及相量图

Y 型接线的正确接线及相量图如图 1-13 所示。

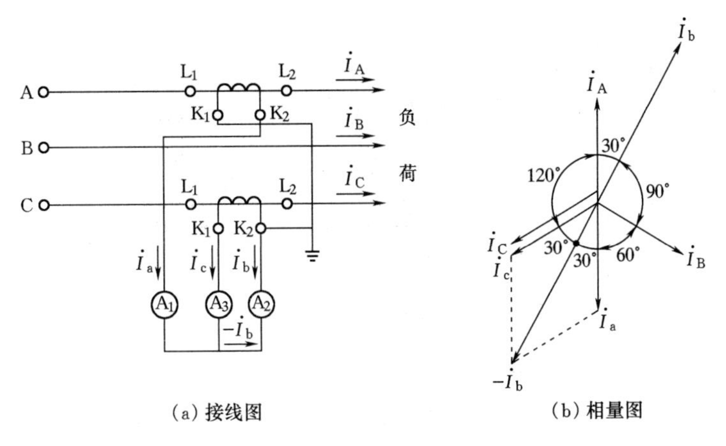

(a) 接线图 (b) 相量图

图 1-10 电流互感器 V 型接线二次侧 A 相反接接线及相量图

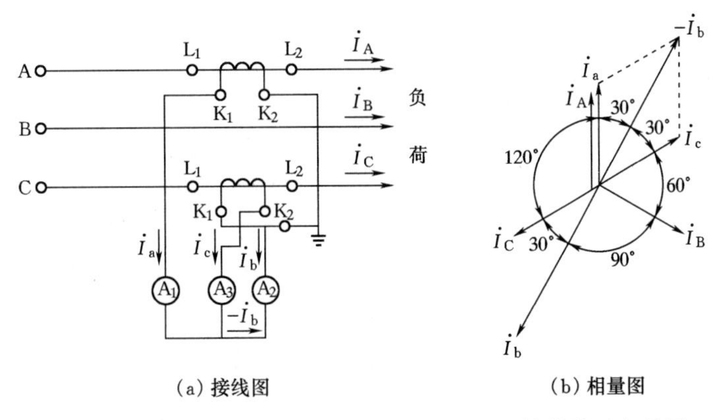

(a) 接线图 (b) 相量图

图 1-11 电流互感器 V 型接线二次侧 C 相反接接线及相量图

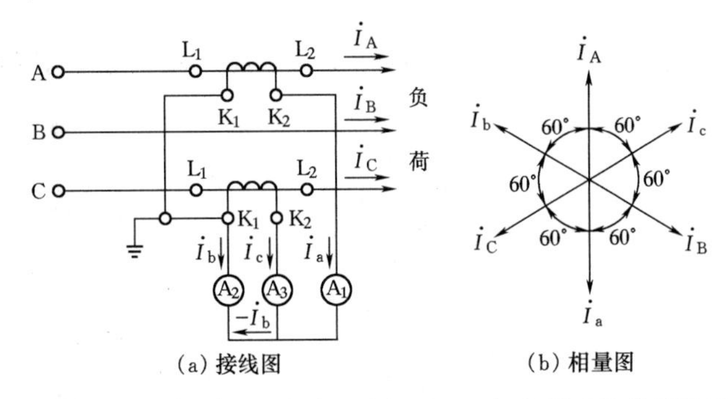

(a) 接线图 (b) 相量图

图 1-12 电流互感器 V 型接线二次侧 A、C 相全部反接接线及相量图

2. Y 型接线的错误接线及相量图

电流互感器采用 Y 型接线时，极性反接将导致反接相的电流相位反转 180°。当互感器任何一相（或两相）的一次（或二次）极性反接时，中线电流将为正常相电流的 2 倍（一次侧三相电流平衡时）。

（1）二次（或一次）侧一相反接。例如二次侧 b 相反接，其接线及相量图如图 1-14 所示。

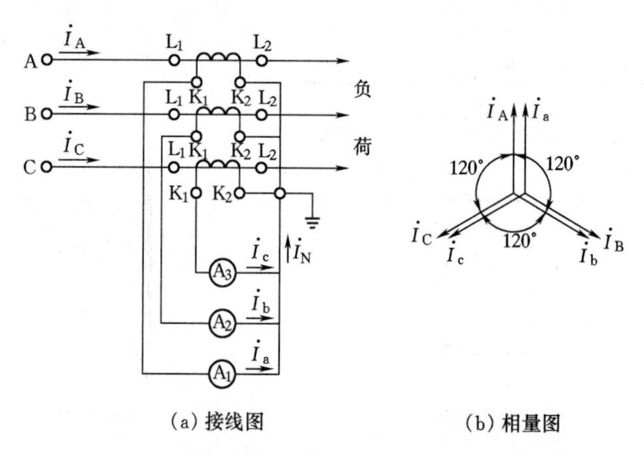

(a) 接线图　　(b) 相量图

图 1-13　电流互感器 Y 型接线的正确接线及相量图

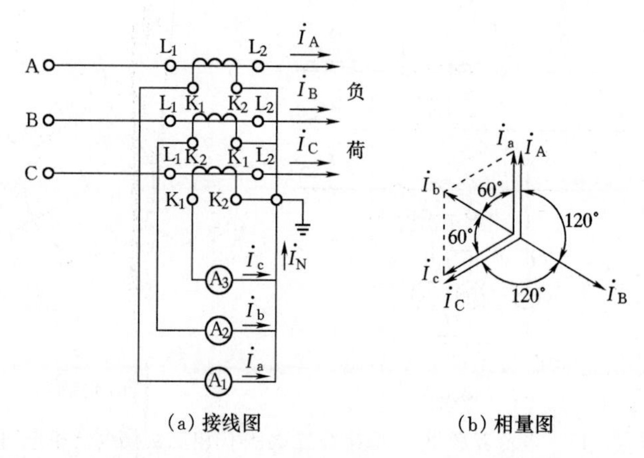

(a) 接线图　　(b) 相量图

图 1-14　电流互感器 Y 型接线二次侧 b 相反接接线及相量图

(2) 二次（或一次）侧两相反接。例如二次侧 a、c 相反接，其接线及相量图如图 1-15 所示。

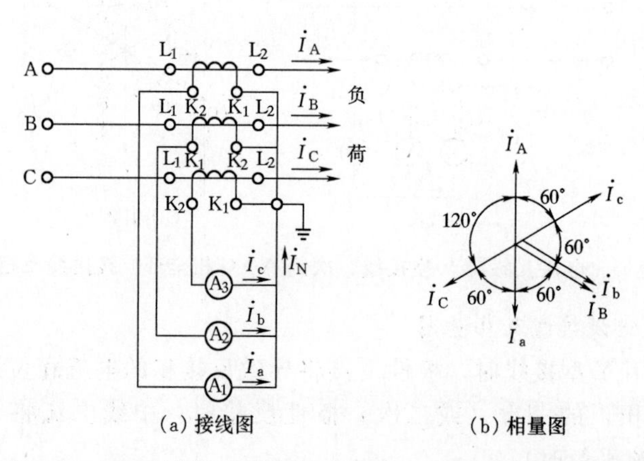

(a) 接线图　　(b) 相量图

图 1-15　电流互感器 Y 型接线二次侧 a、c 相反接接线及相量图

(3) 二次（或一次）侧三相全部反接。其接法及相量图如图 1-16 所示。

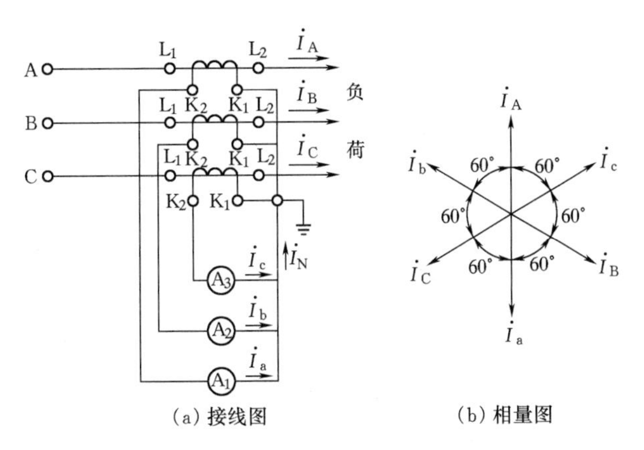

图 1-16 电流互感器 Y 型接线三相全部反接接线及相量图

第三节 电 能 表

电能表按其所计量的电能性质可分为有功电能表和无功电能表两类，在此仅讨论有功电能表。

一、单相电能表

单相电能表主要用于 220V 单相交流用户的电能计量，其接入电路的方式主要有直接接入和经电流互感器接入两种。

1. 单相电能表的正常接线

（1）单相电能表直接接入式。其接线如图 1-17 所示，电表的测量功率为 $P=UI\cos\varphi$。

（2）单相电能表经电流互感器接入式。其接线如图 1-18 所示，电表的测量功率为 $P=UI_2\cos\varphi$，电表读数乘以电流变比 $K(K=I_1/I_2)$ 即为实际电量。

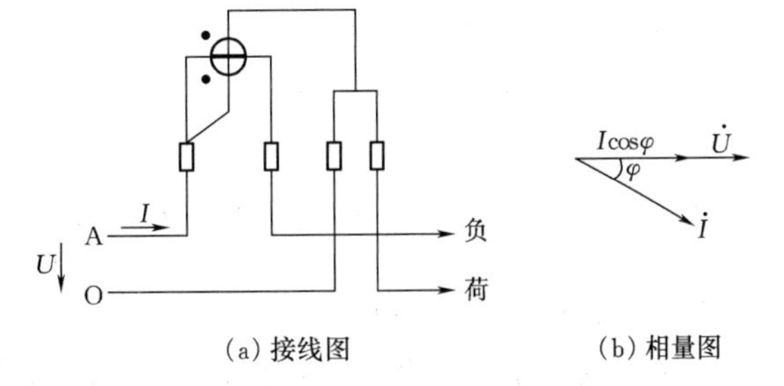

图 1-17 单相电能表直接接入式接线及相量图

2. 单相电能表的非正常接线

（1）火线与零线互换。其接线如图 1-19 所示，电表的测量功率 $P=(-U)\times(-I)\cos\varphi=UI\cos\varphi$，这种接法在正常情况下仍能正确计量，但当负荷侧存在接地漏电时会少计电量，同时也会给用户造成便于窃电的条件。

（2）电压小钩断开或接触不良造成开路。其接线如图 1-20 所示，此时电表的测量功率 $P=0\times I\cos\varphi=0$，电表不转。

（3）电流互感器二次侧开路。其接线如图 1-21 所示，此时电表的测量功率 $P=U\times 0\times\cos\varphi=0$，电表不转。

（4）电流互感器二次侧（或一次侧）短路。其接线如图 1-22 所示，电表的测量功率 $P=U\times 0\times\cos\varphi=0$，电表不转。

(5) 电流互感器二次侧极性接反。其接线如图 1-23 所示，电表的测量功率 $P'=-UI\cos\varphi$，电表反转。

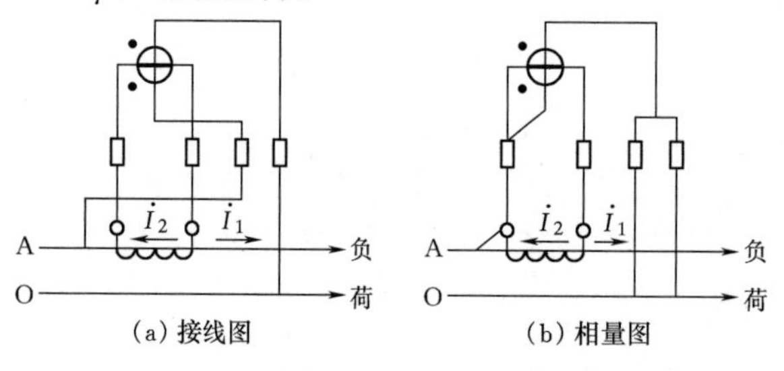

图 1-18 单相电能表经电流互感器接入式接线图

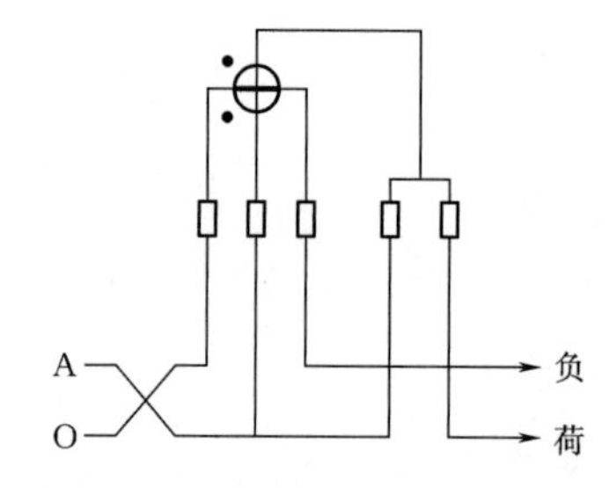

图 1-19 火线与零线互换接线图

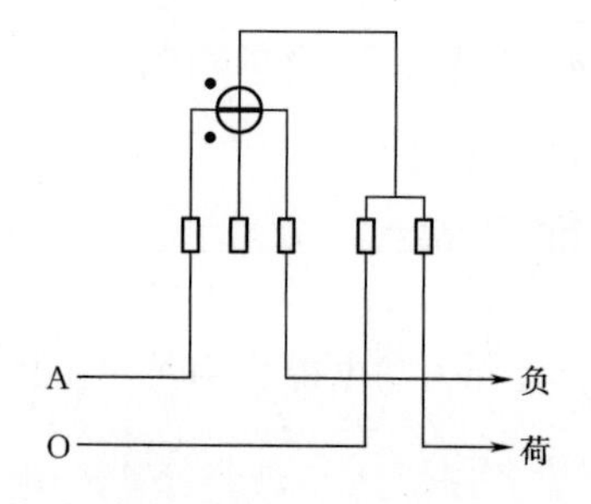

图 1-20 电压小钩断开或接触不良接线图

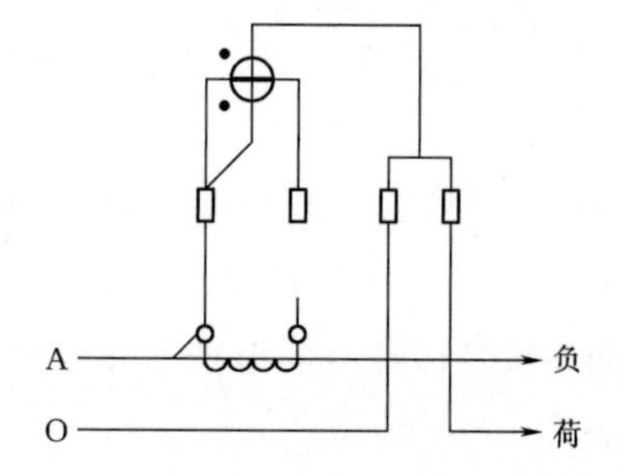

图 1-21 电流互感器二次侧开路接线图

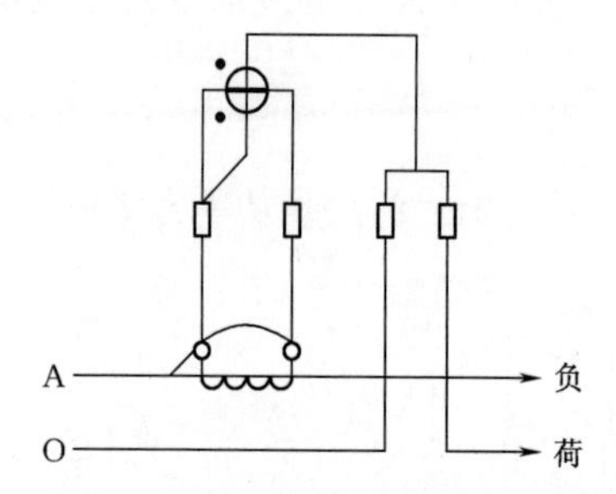

图 1-22 电流互感器二次侧短路接线图

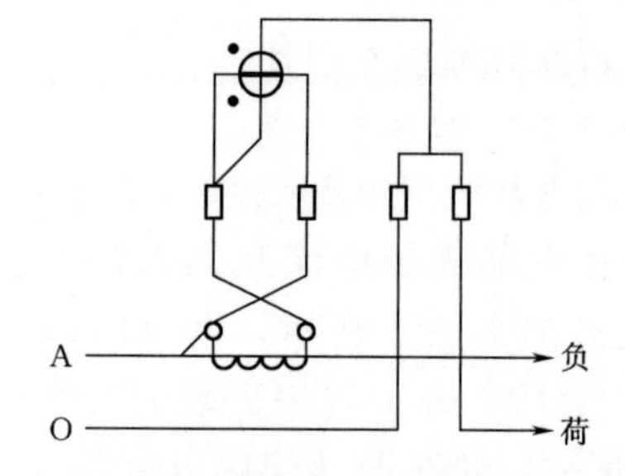

图 1-23 电流互感器二次侧极性接反接线图

二、三相两元件电能表

三相三线交流电路的有功电能通常采用一只两元件有功电能表来计量，其典型接线主要有低压计量和高压计量两种。

1. 三相两元件电能表的正确接线

(1) 计量三相三线低压电路有功电能的接线。其接线及相量图如图 1-24 所示。

设 P_1 为元件 1 的测量功率，P_2 为元件 2 的测量功率，$P=P_1+P_2$ 为三相两元件电能表的测量功率，为便于分析推导，假设三相对称，则

$$P_1=U_{AB}I_a\cos(30°+\varphi)=UI\cos(30°+\varphi)$$
$$P_2=U_{CB}I_c\cos(\varphi-30°)=UI\cos(\varphi-30°)$$
$$P=P_1+P_2=UI\cos(30°+\varphi)+UI\cos(\varphi-30°)$$
$$=\sqrt{3}UI\cos\varphi$$

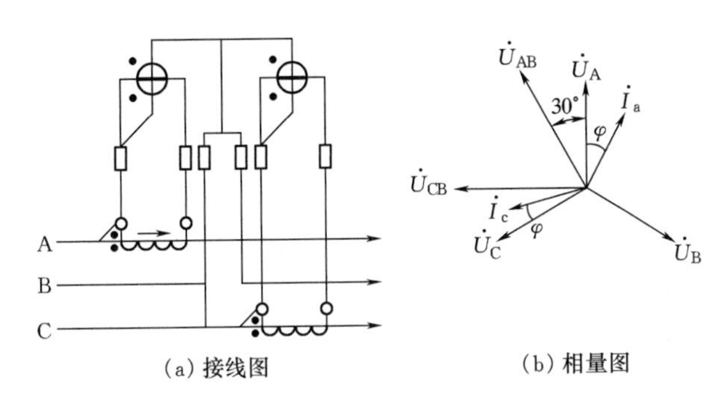

(a) 接线图　　(b) 相量图

图 1-24　计量三相三线低压电路有功电能的接线及相量图

(2) 计量三相三线高压电路有功电能的接线。其典型接线及相量图如图 1-25 所示。

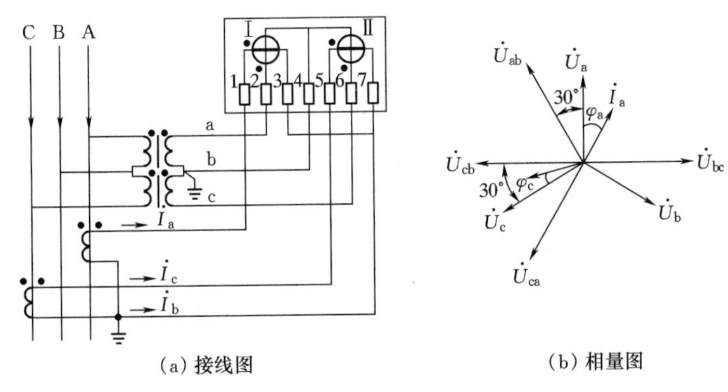

(a) 接线图　　(b) 相量图

图 1-25　计量三相三线高压电路有功电能的接线及相量图

电能表的测量功率表达式与低压计量时相同。不同的是，前者的实际电量等于电表读数乘以电流互感器的额定变比，而后者的实际电量等于电表读数乘以电流互感器的额定变比及电压互感器的额定变比，功率表达式中电压、电流脚注都应采用小写字母。

2. 三相两元件电能表的非正确接线

三相两元件有功电能表除了采用上述两种典型接线，在发电厂和变电所，电压互感器通常采用 Y/Y-12 型接法。本书重点介绍以往在配电网中广泛应用的互感器采用 V/V 接线、电流回路为三线制的高压计量装置较为常见的异常接线，以期达到既减少本书篇幅、又使读者可举一反三之目的。互感器采用 V/V 接线而电流回路为四线制的高压计量装置接线在本书第二章再作介绍。

(1) 电流回路的非正确接线。

1) $\dot{I}_a$ 反进Ⅰ元件，$\dot{I}_c$ 正进Ⅱ元件，其接线及相量图如图 1-26 所示。

则有

$$P_1=U_{ab}I_a\cos(150°-\varphi_a)=-UI\cos(30°+\varphi)$$

$$P_2=U_{cb}I_c\cos(\varphi_c-30°)=UI\cos(\varphi-30°)$$

$$P'=P_1+P_2=UI\sin\varphi$$

$$K=P/P'=\sqrt{3}UI\cos\varphi/UI\sin\varphi=\sqrt{3}/\tan\varphi$$

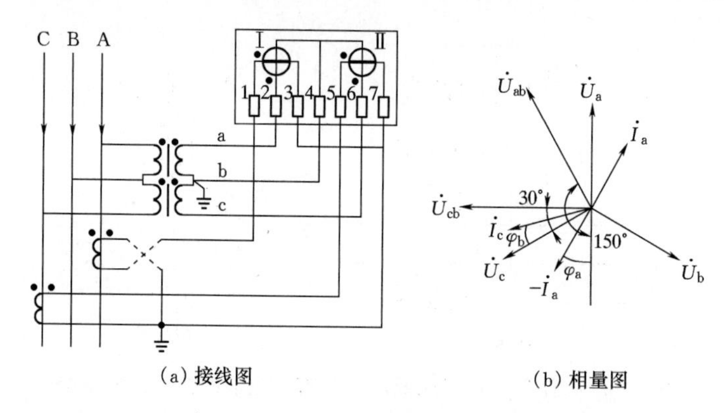

(a) 接线图　　　　(b) 相量图

图 1－26　$\dot{I}_a$ 反进Ⅰ元件，$\dot{I}_c$ 正进Ⅱ元件接线及相量图

2）$\dot{I}_a$ 正进Ⅰ元件，$\dot{I}_c$ 反进Ⅱ元件，其接线及相量图如图 1－27 所示。

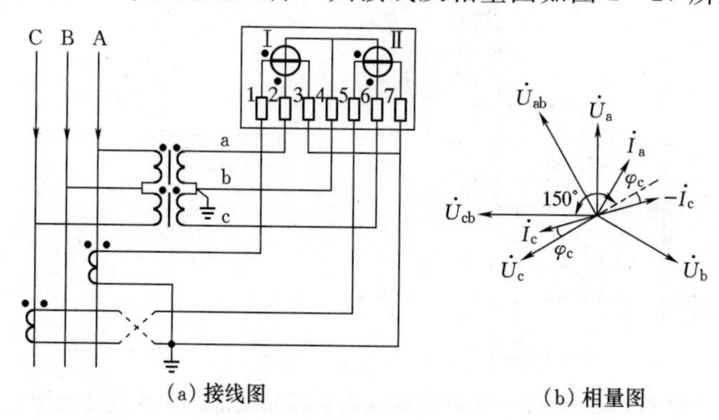

(a) 接线图　　　　(b) 相量图

图 1－27　$\dot{I}_a$ 正进Ⅰ元件，$\dot{I}_c$ 反进Ⅱ元件接线及相量图

则有

$$P_1=U_{ab}I_a\cos(30°+\varphi_a)=UI\cos(30°+\varphi)$$

$$P_2=U_{cb}I_a\cos(150°+\varphi_c)=-UI\cos(\varphi-30°)$$

$$P'=P_1+P_2=-UI\sin\varphi$$

$$K=-\sqrt{3}/\tan\varphi$$

3）$\dot{I}_a$ 反进Ⅰ元件，$\dot{I}_c$ 反进Ⅱ元件，其接线及相量图如图 1－28 所示。

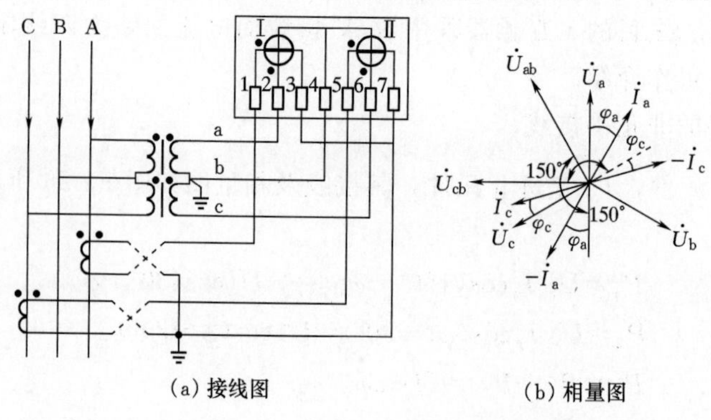

(a) 接线图　　　　(b) 相量图

图 1－28　$\dot{I}_a$ 反进Ⅰ元件，$\dot{I}_c$ 反进Ⅱ元件接线及相量图

则有

$$P_1=U_{ab}I_a\cos(150°-\varphi_a)=-UI\cos(30°+\varphi)$$
$$P_2=U_{cb}I_c\cos(150°+\varphi_c)=-UI\cos(\varphi-30°)$$
$$P'=P_1+P_2=-\sqrt{3}UI\cos\varphi$$
$$K=-1$$

4）$\dot{I}_a$、$\dot{I}_b$ 互接错，其接线及相量图如图 1-29 所示。

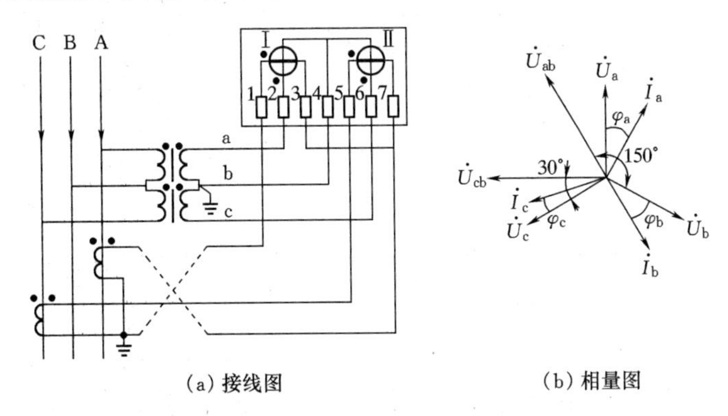

(a) 接线图　　(b) 相量图

图 1-29　$\dot{I}_a$、$\dot{I}_b$ 互接错接线及相量图

则有

$$P_1=U_{ab}I_a\cos(150°+\varphi_a)=-UI\cos(\varphi-30°)$$
$$P_2=U_{cb}I_c\cos(\varphi_c-30°)=UI\cos(\varphi-30°)$$
$$P'=P_1+P_2=0$$

5）$\dot{I}_b$、$\dot{I}_c$ 互接错，其接线及相量图如图 1-30 所示。

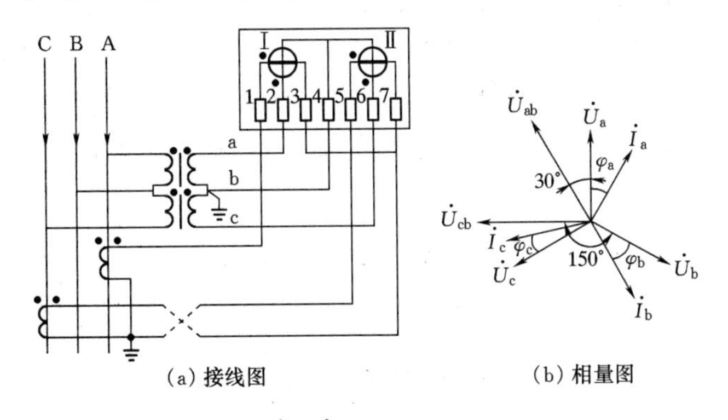

(a) 接线图　　(b) 相量图

图 1-30　$\dot{I}_b$、$\dot{I}_c$ 互接错接线及相量图

则有

$$P_1=U_{ab}I_a\cos(30°+\varphi_a)=UI\cos(30°+\varphi)$$
$$P_2=U_{cb}I_b\cos(150°-\varphi_b)=-UI\cos(30°+\varphi)$$
$$P'=P_1+P_2=0$$

6）$\dot{I}_c$、$\dot{I}_a$ 互接错，其接线及相量图如图 1-31 所示。

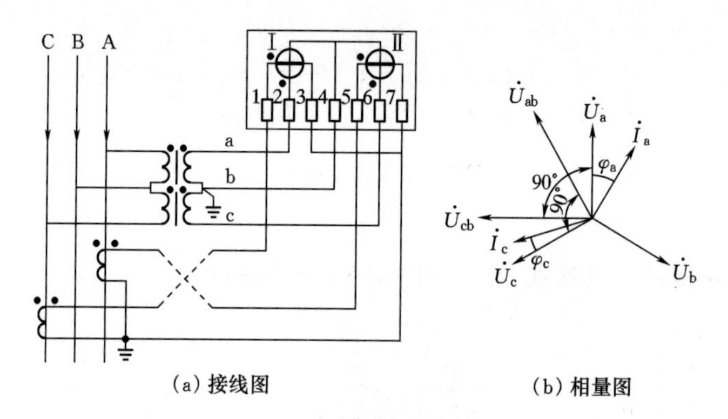

(a) 接线图 (b) 相量图

图 1-31 $\dot{I}_c$、$\dot{I}_a$ 互接错接线及相量图

则有

$$P_1=U_{ab}I_c\cos(90°-\varphi_c)=UI\cos(90°-\varphi)$$
$$P_2=U_{cb}I_a\cos(90°+\varphi_a)=-UI\cos(90°-\varphi)$$
$$P'=P_1+P_2=0$$

7) $\dot{I}_c$ 正进 Ⅰ 元件，$\dot{I}_b$ 正进 Ⅱ 元件，其接线及相量图如图 1-32 所示。

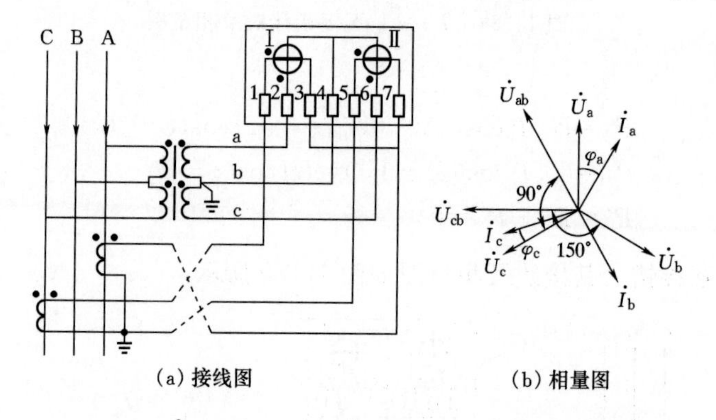

(a) 接线图 (b) 相量图

图 1-32 $\dot{I}_c$ 正进 Ⅰ 元件，$\dot{I}_b$ 正进 Ⅱ 元件接线及相量图

则有

$$P_1=U_{ab}I_c\cos(90°-\varphi_c)=UI\cos(90°-\varphi)$$
$$P_2=U_{cb}I_b\cos(150°-\varphi_b)=-UI\cos(30°+\varphi)$$
$$P'=P_1+P_2=\sqrt{3}UI\left(\frac{\sqrt{3}}{2}\sin\varphi-\frac{1}{2}\cos\varphi\right)$$
$$K=1/\left(-0.5+\frac{\sqrt{3}}{2}\tan\varphi\right)$$

8) $\dot{I}_b$ 正进 Ⅰ 元件，$\dot{I}_a$ 正进 Ⅱ 元件，其接线及相量图如图 1-33 所示。则有

$$P_1=U_{ab}I_b\cos(150°+\varphi_b)=-UI\cos(\varphi-30°)$$
$$P_2=U_{cb}I_a\cos(90°+\varphi_a)=UI\cos(90°+\varphi)$$

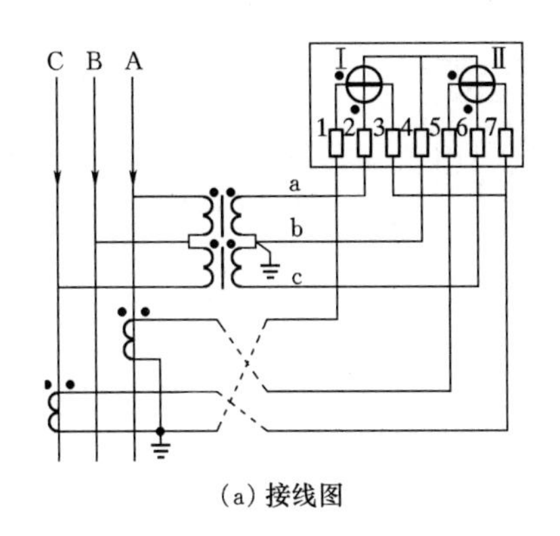

(a) 接线图

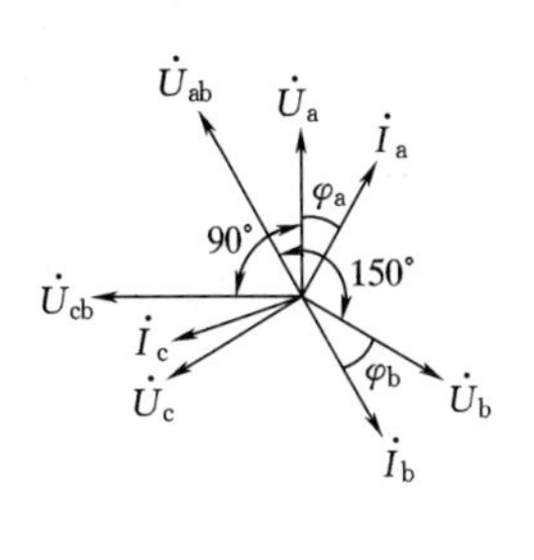

(b) 相量图

图 1-33 $\dot{I}_b$ 正进Ⅰ元件，$\dot{I}_a$ 正进Ⅱ元件接线及相量图

$$P'=P_1+P_2=\sqrt{3}UI\left(-\frac{1}{2}\cos\varphi-\frac{\sqrt{3}}{2}\sin\varphi\right)$$

$$K=1/(-0.5-0.866\tan\varphi)$$

9) $\dot{I}_a$ 正进Ⅰ元件，($\dot{I}_c-\dot{I}_a$) 正进Ⅱ元件，其接线及相量图如图 1-34 所示。

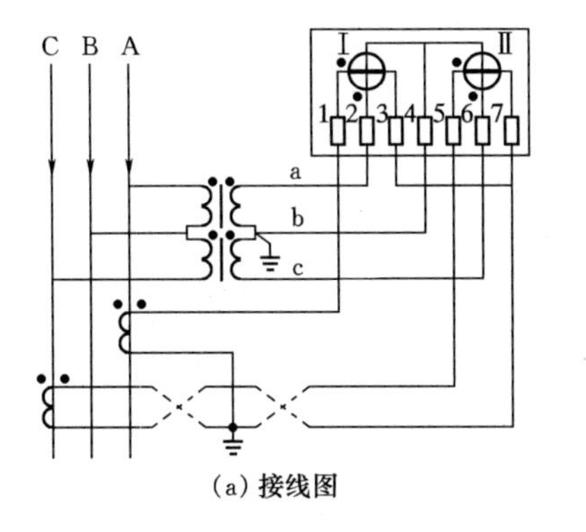

(a) 接线图

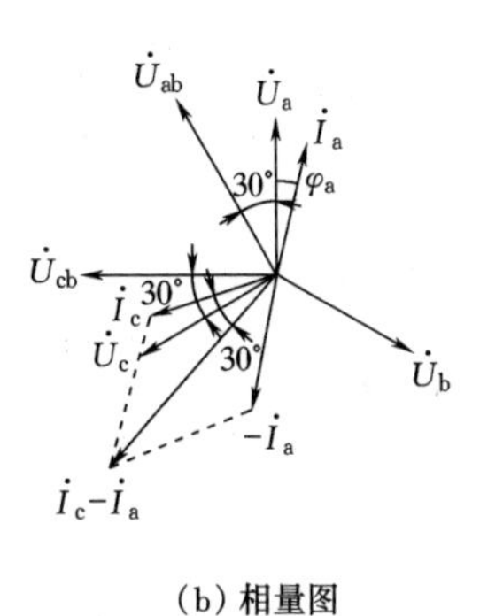

(b) 相量图

图 1-34 $\dot{I}_a$ 正进Ⅰ元件，($\dot{I}_c-\dot{I}_a$) 正进Ⅱ元件接线及相量图

则有

$$P_1=U_{ab}I_a\cos(30°+\varphi_a)=UI\cos(30°+\varphi)$$

$$P_2=U_{cb}(I_c-I_a)\cos(60°-\varphi_c)=\sqrt{3}UI\cos(\varphi-60°)$$

$$P'=P_1+P_2=\sqrt{3}UI\left(\cos\varphi+\frac{\sqrt{3}}{3}\sin\varphi\right)$$

$$K=1/(1+0.577\tan\varphi)$$

(2) 电压互感器的非正确接线。

1) 电压互感器二次侧 U_{ab} 反接，其接线及相量图如图 1-35 所示。

则有

$$P_1=U_{ba}I_a\cos(150°-\varphi_a)=-UI\cos(\varphi+30°)$$

$$P_2=U_{cb}I_c\cos(\varphi_c-30°)=UI\cos(\varphi-30°)$$

$$P'=P_1+P_2=UI\sin\varphi$$

$$K=\sqrt{3}/\tan\varphi$$

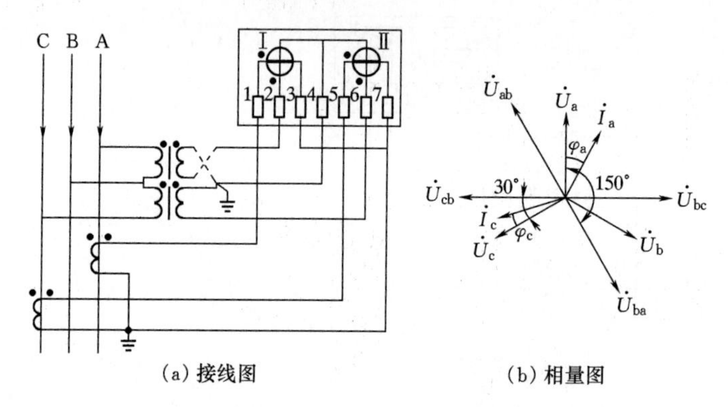

(a) 接线图 (b) 相量图

图 1-35 电压互感器二次侧 U_{ab} 反接接线及相量图

2）电压互感器二次侧 U_{cb} 反接，其接线及相量图如图 1-36 所示。

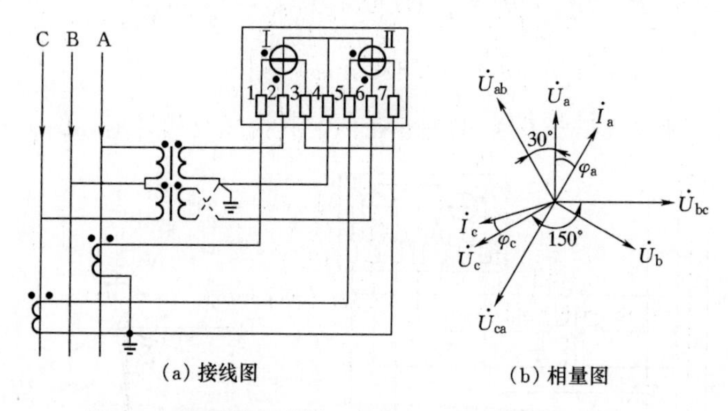

(a) 接线图 (b) 相量图

图 1-36 电压互感器二次侧 U_{cb} 反接接线及相量图

则有

$$P_1=U_{ab}I_a\cos(30°+\varphi_a)=UI\cos(30°+\varphi)$$

$$P_2=U_{bc}I_c\cos(150°+\varphi_c)=-UI\cos(\varphi-30°)$$

$$P'=P_1+P_2=-UI\sin\varphi$$

$$K=-\sqrt{3}/\tan\varphi$$

3）电能表尾电压相序错接成 bac，其接线及相量图如图 1-37 所示。

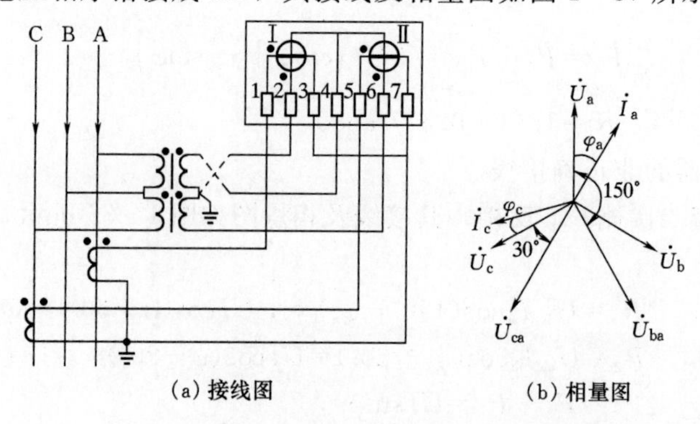

(a) 接线图 (b) 相量图

图 1-37 电能表尾电压相序错接成 bac 接线及相量图

则有

$$P_1=U_{ba}I_a\cos(150°-\varphi_a)=-UI\cos(30°+\varphi)$$
$$P_2=U_{ca}I_c\cos(30°+\varphi_c)=UI\cos(30°+\varphi)$$
$$P'=P_1+P_2=0$$

4）电能表尾电压相序错接成 acb，其接线及相量图如图1－38 所示。

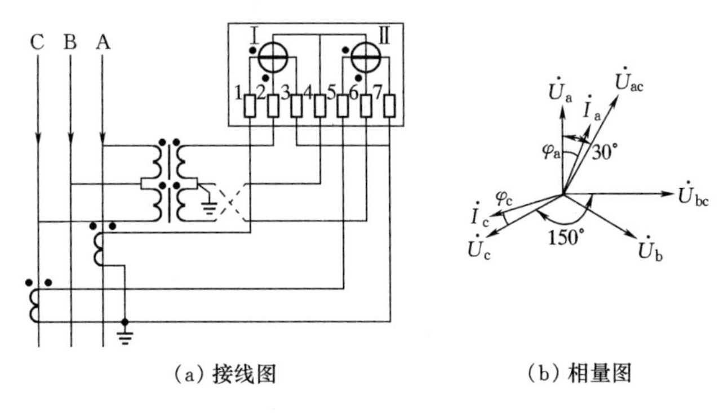

（a）接线图　（b）相量图

图 1－38　电能表尾电压相序错接成 acb 接线及相量图

则有

$$P_1=U_{ac}I_a\cos(\varphi_a-30°)=UI\cos(\varphi-30°)$$
$$P_2=U_{bc}I_c\cos(150°+\varphi_c)=-UI\cos(\varphi-30°)$$
$$P'=P_1+P_2=0$$

5）电能表尾电压相序错接成 cba，其接线及相量图如图 1－39 所示。

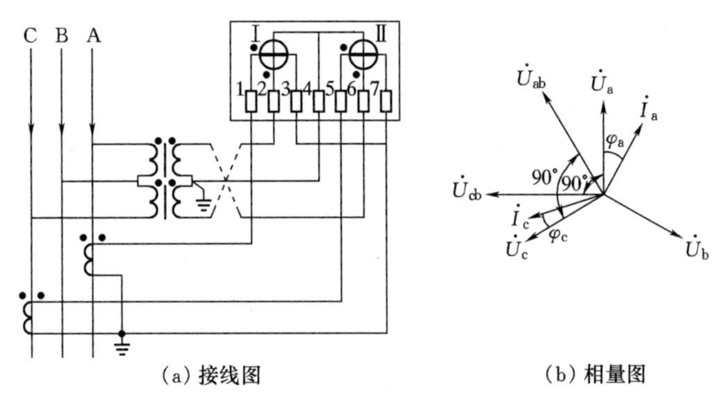

（a）接线图　（b）相量图

图 1－39　电能表尾电压相序错接成 cba 接线及相量图

则有

$$P_1=U_{cb}I_a\cos(90°+\varphi_a)=-UI\cos(90°-\varphi)$$
$$P_2=U_{ab}I_c\cos(90°-\varphi_c)=UI\cos(90°-\varphi)$$
$$P'=P_1+P_2=0$$

6）电压互感器二次侧 U_{ab} 及 U_{cb} 均反接，其接线及相量图如图 1－40 所示。

则有

$$P_1=U_{ba}I_a\cos(150°-\varphi_a)=-UI\cos(30°+\varphi)$$

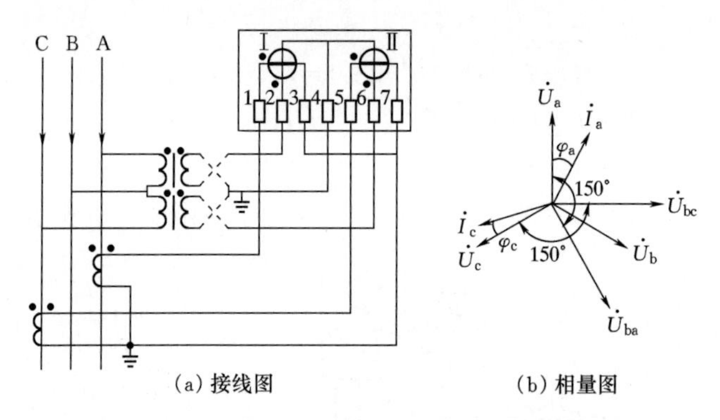

(a) 接线图 (b) 相量图

图 1-40 电压互感器二次侧 U_{ab} 及 U_{cb} 均反接接线及相量图

$$P_2=U_{bc}I_c\cos(150°+\varphi_c)=-UI\cos(\varphi-30°)$$

$$P'=P_1+P_2=-\sqrt{3}UI\cos\varphi$$

$$K=-1$$

7）电能表尾电压相序错接成 bca，其接线及相量图如图 1-41 所示。

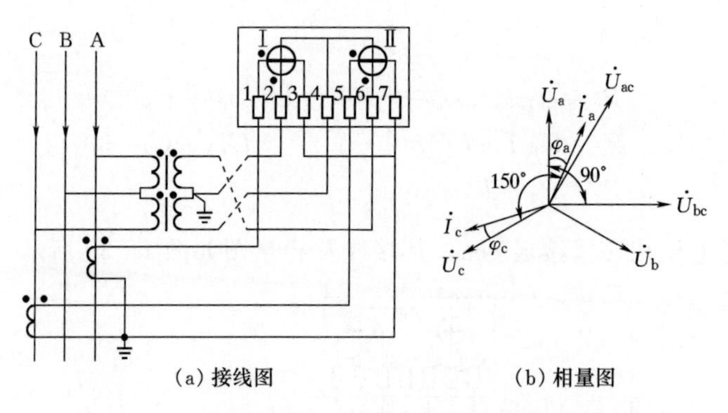

(a) 接线图 (b) 相量图

图 1-41 电能表尾电压相序错接成 bca 接线及相量图

则有

$$P_1=U_{bc}I_a\cos(90°-\varphi_a)=UI\cos(90°-\varphi)$$

$$P_2=U_{ac}I_c\cos(150°-\varphi_c)=-UI\cos(30°+\varphi)$$

$$P'=P_1+P_2=\sqrt{3}UI\left(-\frac{1}{2}\cos\varphi+\frac{\sqrt{3}}{2}\sin\varphi\right)$$

$$K=1/(-0.5+0.866\tan\varphi)$$

8）电能表尾电压相序错接成 cab，其接线及相量图如图 1-42 所示。

则有

$$P_1=U_{ca}I_a\cos(150°+\varphi_a)=-UI\cos(\varphi-30°)$$

$$P_2=U_{ba}I_c\cos(90°+\varphi_c)=UI\cos(90°+\varphi)$$

$$P'=P_1+P_2=\sqrt{3}UI\left(-\frac{1}{2}\cos\varphi-\frac{\sqrt{3}}{2}\sin\varphi\right)$$

$$K=1/(-0.5-0.866\tan\varphi)$$

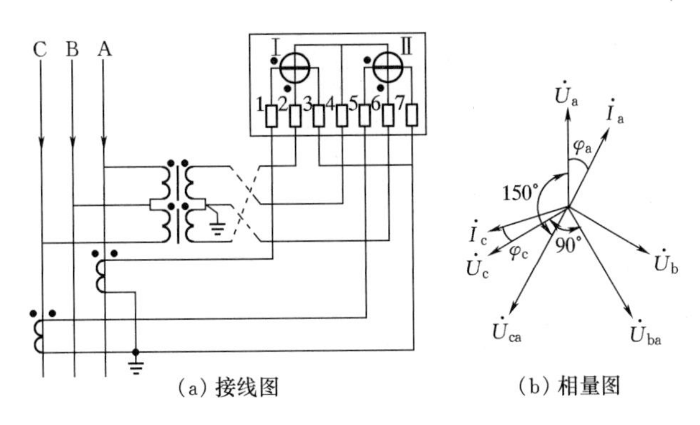

(a) 接线图　　(b) 相量图

图 1-42　电能表尾电压相序错接成 cab 接线及相量图

(3) 电流回路和电压回路同时非正确接线。电流回路和电压回路同时非正确接线的方式很多，从理论上讲，仅上述介绍的 9 种电流回路非正确接线和 8 种电压回路非正确接线就可以构成 72 种组合，在此只列出 6 种典型接线方式，类似的非正确接线可根据现场实际画出其接线图和相量图，并利用三角公式导出功率表达式。

1) 电能表尾电压相序错接成 bac，$\dot{I}_a$ 反进Ⅰ元件，$\dot{I}_c$ 正进Ⅱ元件，其接线及相量图如图 1-43 所示。

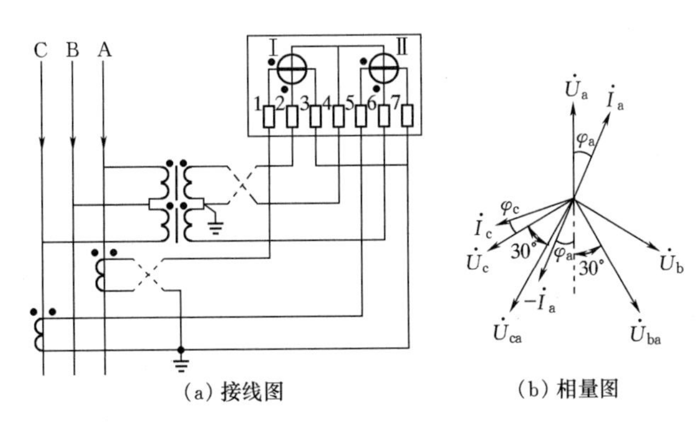

(a) 接线图　　(b) 相量图

图 1-43　电能表尾电压相序错接成 bac，$\dot{I}_a$ 反进Ⅰ元件，$\dot{I}_c$ 正进Ⅱ元件接线及相量图

则有

$$P_1 = U_{ba} I_a \cos(30° + \varphi_a) = UI\cos(30° + \varphi)$$

$$P_2 = U_{ca} I_c \cos(30° + \varphi_c) = UI\cos(30° + \varphi)$$

$$P' = P_1 + P_2 = \sqrt{3}UI\left(\cos\varphi - \frac{\sqrt{3}}{3}\sin\varphi\right)$$

$$K = 1/(1 - 0.577\tan\varphi)$$

2) 电能表尾电压相序错接成 bac，$\dot{I}_a$ 正进Ⅰ元件，$\dot{I}_c$ 反进Ⅱ元件，其接线及相量图如图 1-44 所示。

则有

$$P_1 = U_{ba} I_a \cos(150° - \varphi_a) = -UI\cos(30° + \varphi)$$

$$P_2 = U_{ca} I_c \cos(150° - \varphi_c) = -UI\cos(30° + \varphi)$$

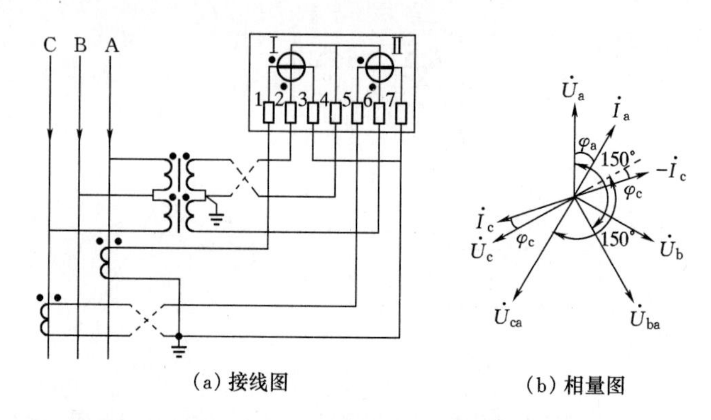

(a) 接线图　　(b) 相量图

图 1-44　电能表尾电压相序错接成 bac，$\dot{I}_a$ 正进Ⅰ元件，$\dot{I}_c$ 反进Ⅱ元件接线及相量图

$$P'=P_1+P_2=-\sqrt{3}UI\left(\cos\varphi-\frac{\sqrt{3}}{2}\sin\varphi\right)$$

$$K=1/(0.577\tan\varphi-1)$$

3）电能表尾电压相序错接成 cba，$\dot{I}_a$ 正进Ⅰ元件，$\dot{I}_c$ 反进Ⅱ元件，其接线及相量图如图 1-45 所示。

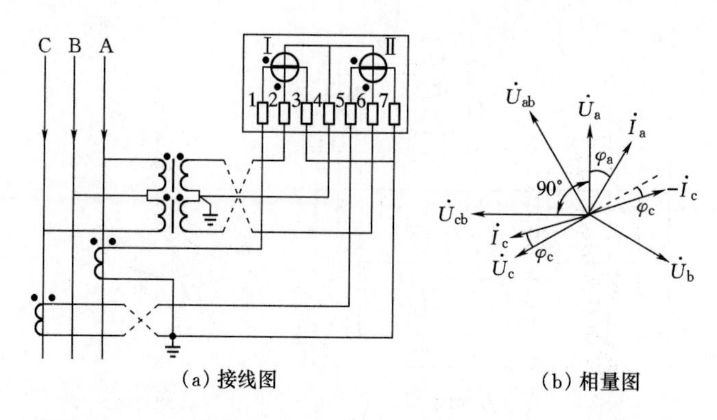

(a) 接线图　　(b) 相量图

图 1-45　电能表尾电压相序错接成 cba，$\dot{I}_a$ 正进Ⅰ元件，$\dot{I}_c$ 反进Ⅱ元件接线及相量图

则有

$$P_1=U_{cb}I_a\cos(90°+\varphi)=UI\cos(90°+\varphi)$$

$$P_2=U_{ab}I_c\cos(90°+\varphi)=-UI\cos(90°+\varphi)$$

$$P'=P_1+P_2=-2UI\sin\varphi$$

$$K=-\sqrt{3}/2\tan\varphi$$

4）电能表尾电压互感器二次侧 bc 相反接，$\dot{I}_c$ 正进Ⅰ元件，$\dot{I}_b$ 正进Ⅱ元件，其接线及相量图如图 1-46 所示。

则有

$$P_1=U_{ab}I_c\cos(90°-\varphi_c)=UI\cos(90°-\varphi)$$

$$P_2=U_{bc}I_b\cos(30°+\varphi_b)=UI\cos(30°+\varphi)$$

$$P'=P_1+P_2=UI\left(\frac{\sqrt{3}}{2}\cos\varphi+\frac{1}{2}\sin\varphi\right)$$

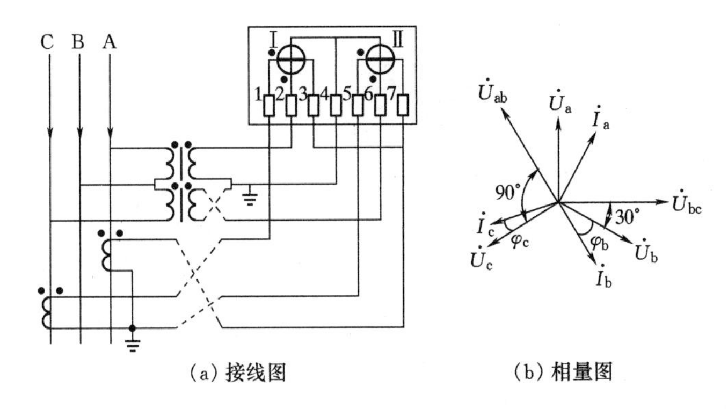

(a) 接线图 (b) 相量图

图 1-46 电压互感器二次侧 bc 相反接，$\dot{I}_c$ 正进Ⅰ元件，$\dot{I}_b$ 正进Ⅱ元件接线及相量图

$$K=1/(0.5+0.288\tan\varphi)$$

5）电压互感器二次侧 ab 及 cb 均反接，$\dot{I}_b$ 正进Ⅰ元件，$\dot{I}_a$ 正进Ⅱ元件，其接线及相量图如图 1-47 所示。

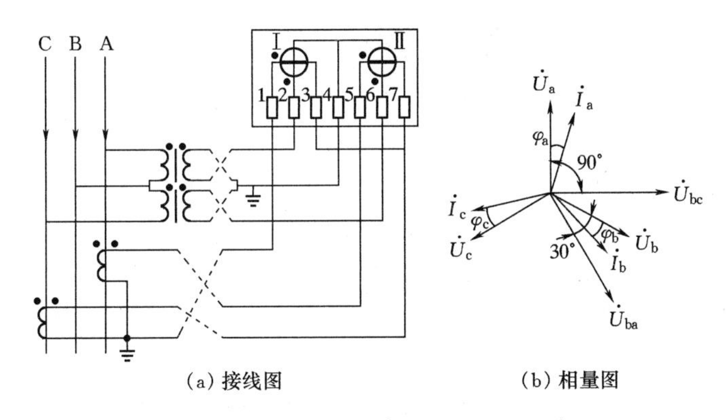

(a) 接线图 (b) 相量图

图 1-47 电压互感器二次侧 ab 及 cb 均反接，$\dot{I}_b$ 正进Ⅰ元件，$\dot{I}_a$ 正进Ⅱ元件接线及相量图

则有

$$P_1=U_{ba}I_b\cos(\varphi_b-30°)=UI\cos(\varphi-30°)$$
$$P_2=U_{bc}I_a\cos(90°-\varphi_a)=UI\cos(90°-\varphi)$$
$$P'=P_1+P_2=\sqrt{3}UI\left(\frac{1}{2}\cos\varphi+\frac{\sqrt{3}}{2}\sin\varphi\right)$$
$$K=1/(0.5+0.866\tan\varphi)$$

6）电能表尾电压相序错接成 bca，$\dot{I}_c$ 正进Ⅰ元件，$\dot{I}_b$ 正进Ⅱ元件，其接线及相量图如图 1-48 所示。

则有

$$P_1=U_{bc}I_c\cos(150°+\varphi_c)=-UI\cos(\varphi-30°)$$
$$P_2=U_{ac}I_b\cos(90°+\varphi_b)=UI\cos(90°+\varphi)$$
$$P'=P_1+P_2=-\sqrt{3}UI\left(\frac{1}{2}\cos\varphi+\frac{\sqrt{3}}{2}\sin\varphi\right)$$
$$K=-1/(0.5+0.866\tan\varphi)$$

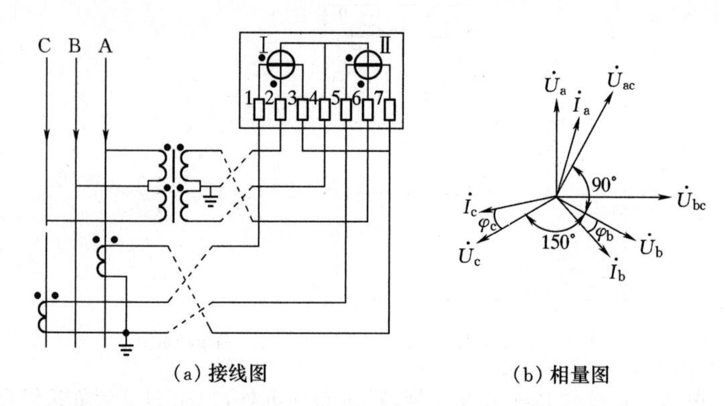

(a) 接线图　　(b) 相量图

图 1-48　电能表尾电压相序错接成 bca，$\dot{I}_c$ 正进Ⅰ元件，$\dot{I}_b$ 正进Ⅱ元件接线及相量图

(4) 电压回路断线。

1) 电压回路 B 相断线，其接线及相量图如图 1-49 所示。

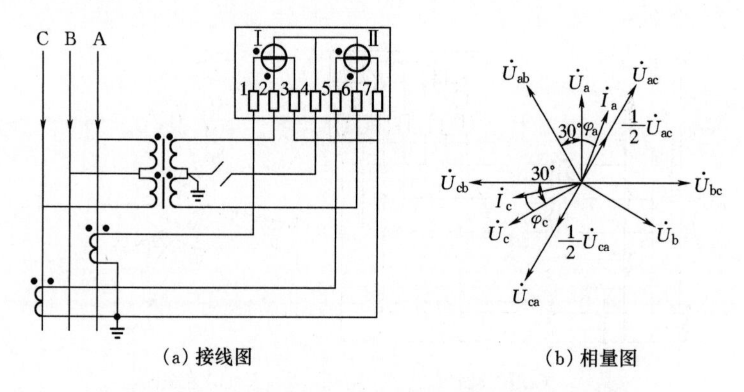

(a) 接线图　　(b) 相量图

图 1-49　电能表电压回路 B 相断线接线及相量图

则有

$$P_1=\frac{1}{2}U_{ac}I_a\cos(\varphi_a-30°)=\frac{1}{2}UI\cos(\varphi-30°)$$

$$P_2=\frac{1}{2}U_{ca}I_c\cos(30°+\varphi_c)=\frac{1}{2}UI\cos(30°+\varphi)$$

$$P'=P_1+P_2=\frac{\sqrt{3}}{2}UI\cos\varphi$$

$$K=2$$

2) 电压回路 C 相或 A 相断线，其接线及相量图如图 1-50 所示。

C 相断线时 $P_2=0$，则

$$P'=P_1=U_{ab}I_a\cos(30°+\varphi)=UI\cos(30°+\varphi)$$

$$K=\sqrt{3}\cos\varphi/(0.867\cos\varphi-0.5\sin\varphi)$$

同理可知 A 相断线时，则

$$P'=UI\cos(\varphi-30°)$$

$$K=\sqrt{3}\cos\varphi/(0.867\cos\varphi+0.5\sin\varphi)$$

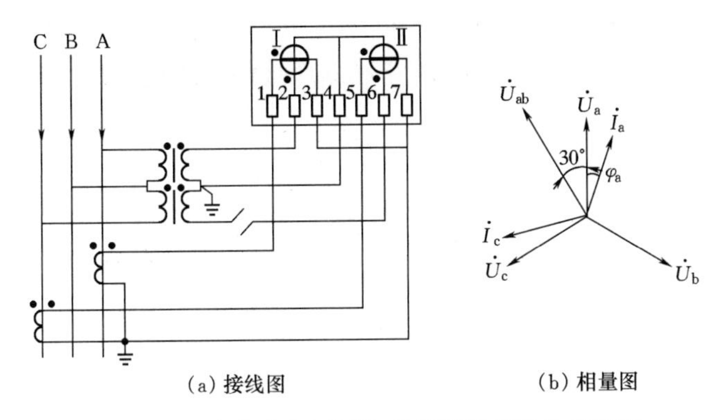

图 1-50　电能表电压回路 C 相断线接线及相量图

(5) 电流回路断线。

1) 电流回路 B 相断线，其接线及相量图如图 1-51 所示。

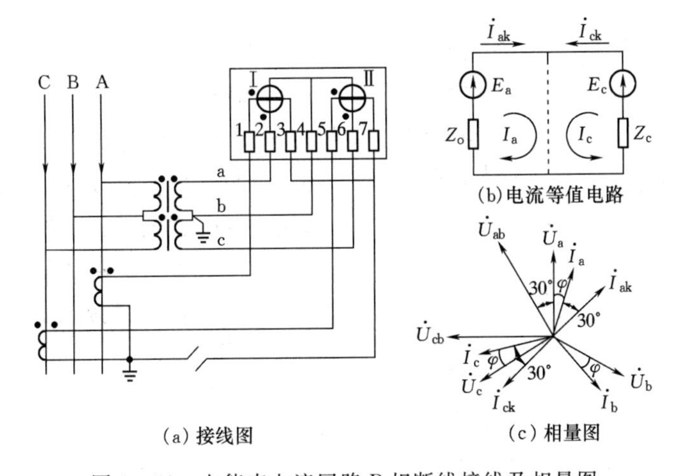

图 1-51　电能表电流回路 B 相断线接线及相量图

则有

$$I_{ak}=\frac{\dot{E}_a-\dot{E}_c}{2Z_0}=\frac{1}{2}(\dot{I}_a-\dot{I}_c)=\frac{1}{2}I_{ac}$$

$$P_1=U_{ab}I_{ak}\cos(60^\circ+\varphi)=\frac{1}{2}U_{ab}I_{ac}\cos(60^\circ+\varphi)$$

$$=\frac{\sqrt{3}}{2}U_{ab}I_a\cos(60^\circ+\varphi)$$

$$P_2=U_{cb}I_{ck}\cos(\varphi-60^\circ)=\frac{1}{2}U_{cb}I_{ac}\cos(\varphi-60^\circ)$$

$$=\frac{\sqrt{3}}{2}U_{cb}I_c\cos(\varphi-60^\circ)$$

$$P'=P_1+P_2=\frac{\sqrt{3}}{2}UI\cos\varphi$$

$K=2$（若考虑磁饱和影响，则 K 略大于 2）

2）电流回路 C 相或 A 相断线，其中 C 相断线接线及相量图如图 1-52 所示。

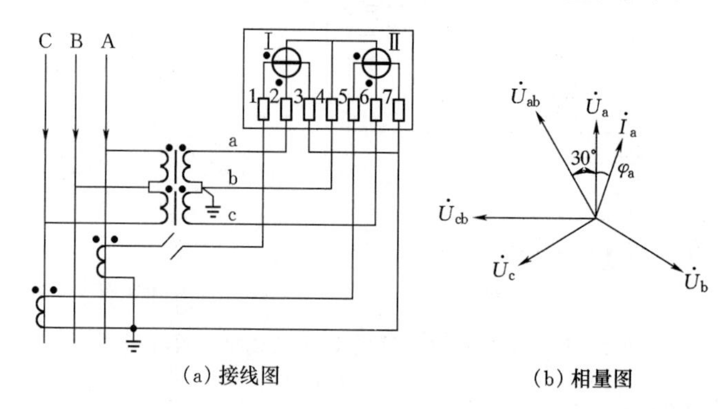

(a) 接线图　　(b) 相量图

图 1-52　电能表电流回路 C 相断线接线及相量图

C 相断线时，$P_2=0$，则

$$P'=P_1=U_{ab}I_a\cos(30°+\varphi)=UI\cos(30°+\varphi)$$

$$K=\sqrt{3}\cos\varphi/(0.867\cos\varphi-0.5\sin\varphi)$$

同理可求得 A 相电流回路断线和 A 相电压回路断线结论相同。

(6) 电流回路短路。电流回路短路，通常是短路线与正常的计量电流回路形成并联回路，致使电能表的电流线圈只通过部分电流，要精确计算其计量结果往往比较麻烦。因此，本书对这种情况以定性分析为主，定量计算则往往还应结合现场实测才有意义。

1）电流回路 C 相或 A 相短路，其中 C 相短路接线及相量图如图 1-53 所示。

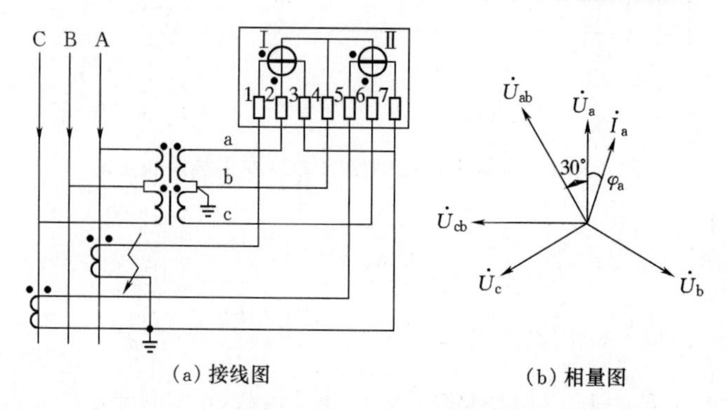

(a) 接线图　　(b) 相量图

图 1-53　电能表电流回路 C 相短路接线及相量图

则有 C 相短路时 $P_2=0$，其结果和 C 相开路时情况相同；A 相短路时 $P_1=0$，其结果和 A 相开路时情况相同。

2）电流回路 A、C 相间短路，其接线及相量图如图 1-54 所示。

则当三相对称且电能表的两个电流线圈阻抗相等时有

$$P_1=\frac{1}{2}U_{ab}I_b\cos(\varphi_b-30°)=\frac{1}{2}UI\cos(\varphi-30°)$$

$$P_2=\frac{1}{2}U_{cb}I_b\cos(30°+\varphi_b)=\frac{1}{2}UI\cos(30°+\varphi)$$

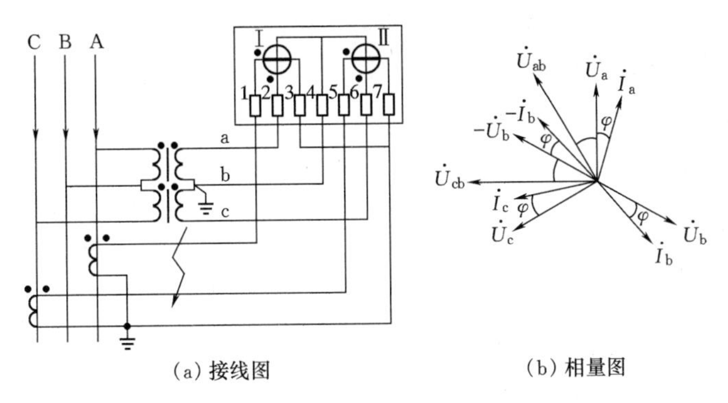

(a) 接线图　　(b) 相量图

图 1-54　电能表电流回路 A、C 相间短路接线及相量图

$$P'=P_1+P_2=\frac{\sqrt{3}}{2}UI\cos\varphi$$

$$K=2$$

三、三相三元件电能表

三相四线制低压交流电路通常采用三只单相电能表或者一只三相三元件电能表计量有功电能。当采用三只单相电能表计量时，其接线方法和原理分析在上述单相电能表各部分已经讨论过，在此不再赘述。

10kV 以上高压用户通常也是采用一只三相三元件电能表计量，但由于这类用户较少，而且与低压三相三元件电能表计量原理和分析方法大同小异，其共性之处则以三相三元件电能表计量低压三相电能为例，高压计量因电压互感器的接入而可能产生的各种异常状况见第二章。

1. 三相三元件电能表计量三相四线电源有功电能的正确接线

三相三元件电能表计量三相四线电源有功电能的正确接线及相量图如图 1-55 所示。

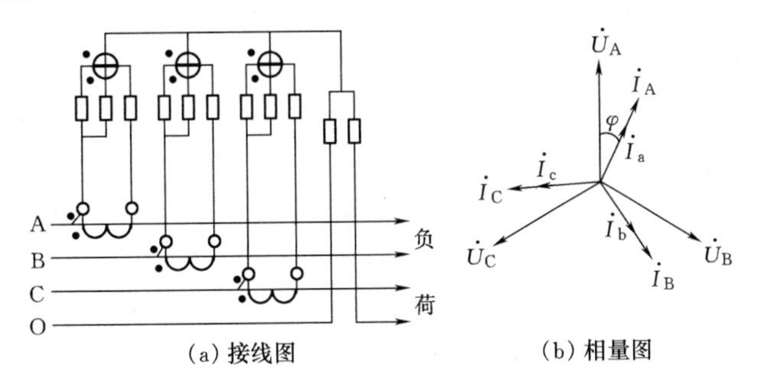

(a) 接线图　　(b) 相量图

图 1-55　三相三元件电能表计量三相四线电源有功电能的正确接线及相量图

直接接入式的测量功率为

$$\begin{aligned}P&=P_1+P_2+P_3\\&=U_AI_A\cos\varphi_A+U_BI_B\cos\varphi_B+U_CI_C\cos\varphi_C\end{aligned}$$

经电流互感器接入式的测量功率为

$$P=U_AI_a\cos\varphi_a+U_BI_b\cos\varphi_b+U_CI_c\cos\varphi_c$$

这种接法原理和采用三只单相电能表测量三相四线制的有功电能相似，无论三相电路是否对称，都能正确计量三相电能。

2. 三相三元件电能表的非正确接线

（1）电流回路存在开路故障，如图 1-56 所示。

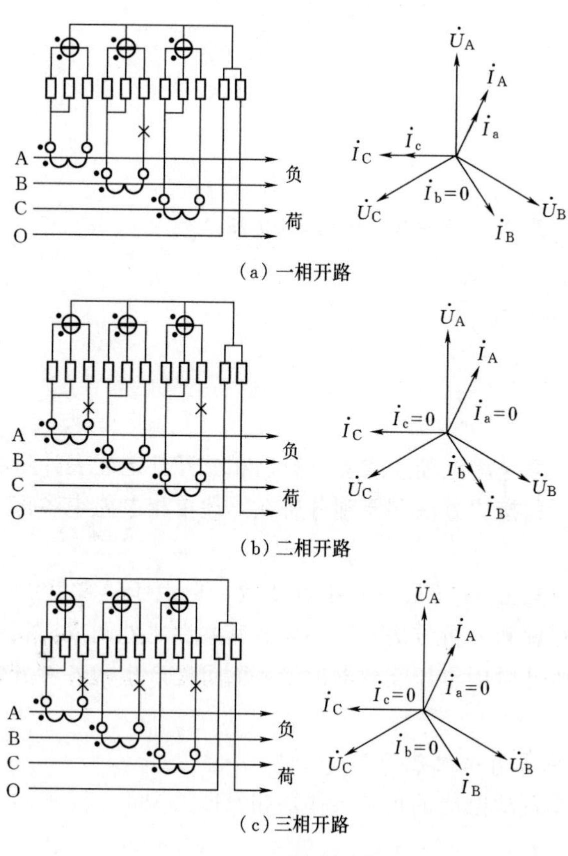

（a）一相开路

（b）二相开路

（c）三相开路

图 1-56 电能表电流回路开路

1）一相开路时，一个元件的测值为 0，电能表仅计量两相电量。

2）二相开路时，两个元件的测值为 0，电能表仅计量一相电量。

3）三相开路时，三个元件的测值均为 0，电能表停转。

（2）电流回路存在短路故障，如图 1-57 所示。

1）一相短路时，一个元件的测值为 0，电能表仅计量两相电量。

2）两相短路时，两个元件的测值为 0，电能表仅计量一相电量。

3）三相短路时，三个元件的测值均为 0，电能表停转。

（3）电压回路存在开路故障，如图 1-58 所示。

1）一相开路时，一个元件的测值为 0，电能表仅计量两相电量。

2）两相开路时，两个元件的测值为 0，电能表仅计量一相电量。

3）三相开路时，三个元件的测值均为 0，电能表停转。

（4）电流互感器二次（或一次）极性接反。

1）一相电流反接，其 A 相电流反接接线及相量图如图 1-59 所示。

一相电流反接时，测值为两正一负，例如 A 相反接，则有

$$P=U_B I_b \cos\varphi_B+U_C I_c \cos\varphi_C-U_A I_a \cos\varphi_A$$

2）两相电流反接，其接线及相量图如图 1-60 所示。

两相电流反接时，测值为两负一正，例如 A、B 相接反，则有

$$P=U_C I_c \cos\varphi_C-U_A I_a \cos\varphi_A-U_B I_b \cos\varphi_B$$

这时电能表可能反转。

3）三相电流全反接，其接线及相量图如图 1-61 所示。

三相电流全反接时，三个元件的测值均为负值，则有

$$P=-U_A I_a \cos\varphi_A-U_B I_b \cos\varphi_B-U_C I_c \cos\varphi_C$$

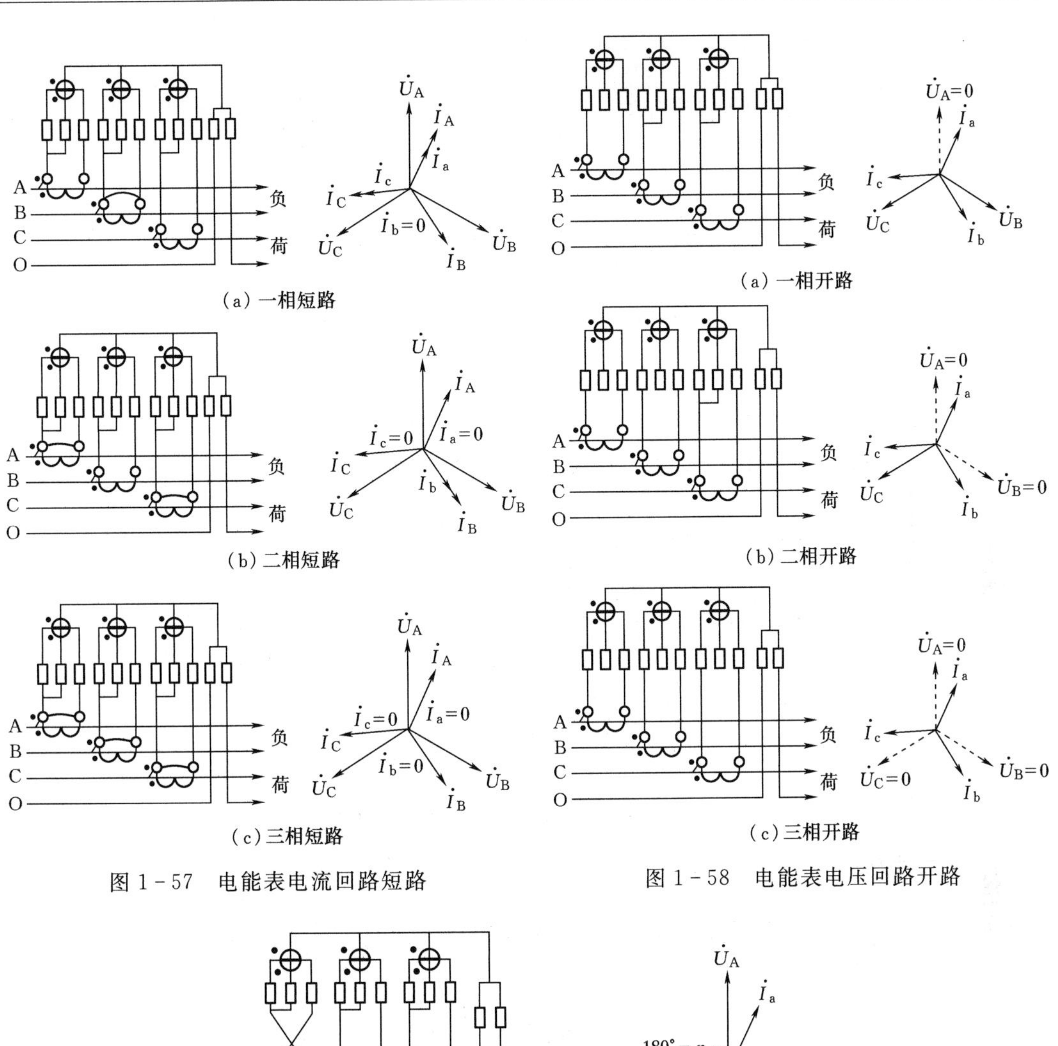

(a) 一相短路　　(a) 一相开路

(b) 二相短路　　(b) 二相开路

(c) 三相短路　　(c) 三相开路

图 1-57　电能表电流回路短路　　图 1-58　电能表电压回路开路

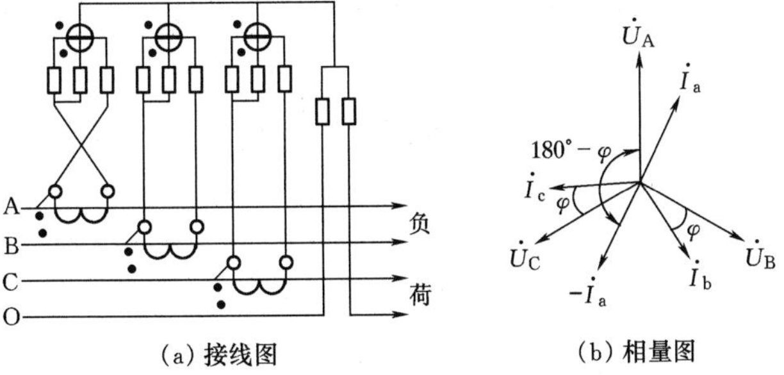

(a) 接线图　　(b) 相量图

图 1-59　电能表 A 相电流反接

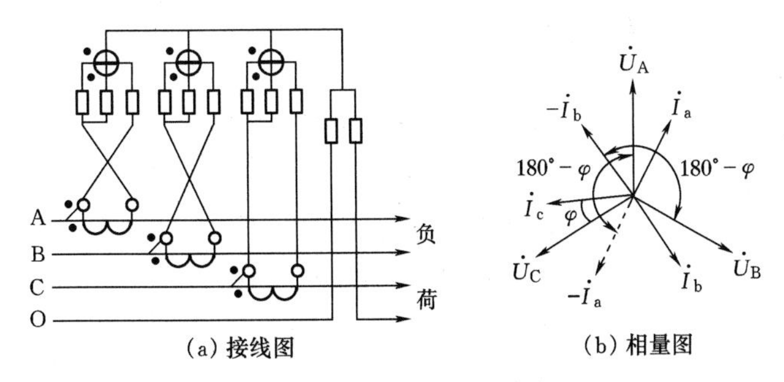

(a) 接线图　　(b) 相量图

图 1-60　电能表两相电流反接

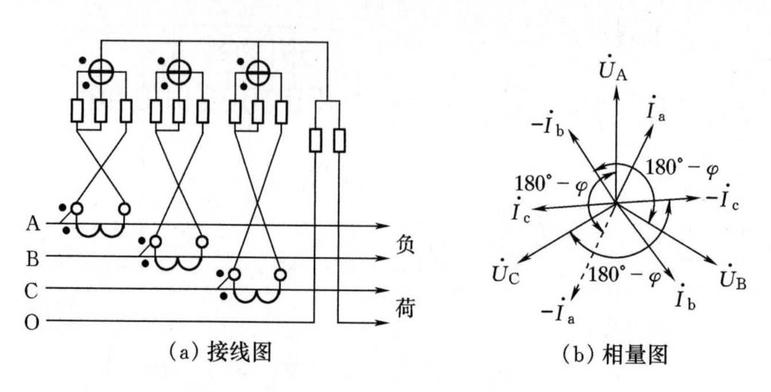

(a) 接线图 (b) 相量图

图 1-61 电能表三相电流全反接

这时电能表反转。

4) A、B 两相电流电压不同相，其接线及相量图如图 1-62 所示。

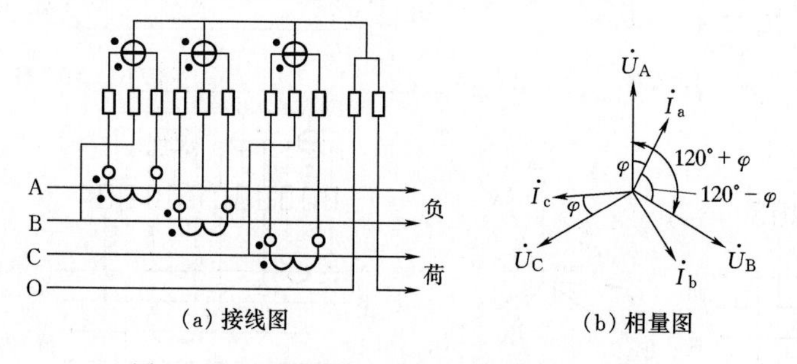

(a) 接线图 (b) 相量图

图 1-62 电能表 A、B 两相电流电压不同相

功率计算为

$$P_1=U_B I_a\cos(120°-\varphi)=U_B I_a\left(-\frac{1}{2}\cos\varphi+\frac{\sqrt{3}}{2}\sin\varphi\right)$$

$$P_2=U_A I_b\cos(120°+\varphi)=U_A I_b\left(-\frac{1}{2}\cos\varphi-\frac{\sqrt{3}}{2}\sin\varphi\right)$$

$$P_3=U_C I_c\cos\varphi$$

当三相负载平衡时，$U_A=U_B=U_C=U_e$，$I_a=I_b=I_c=I$，则有

$$\begin{aligned}P&=P_1+P_2+P_3\\&=U_e I\left(-\frac{1}{2}\cos\varphi+\frac{\sqrt{3}}{2}\sin\varphi\right)+U_e I\left(-\frac{1}{2}\cos\varphi-\frac{\sqrt{3}}{2}\sin\varphi\right)\\&\quad+U_e I\cos\varphi=0\end{aligned}$$

这时电能表不转。

5) 三相电流电压不同相，其接线及相量图如图 1-63 所示。

功率计算为

$$P_1=U_B I_a\cos(120°-\varphi)$$

$$P_2=U_C I_b\cos(120°-\varphi)$$

$$P_3=U_A I_c\cos(120°-\varphi)$$

$$P=P_1+P_2+P_3$$

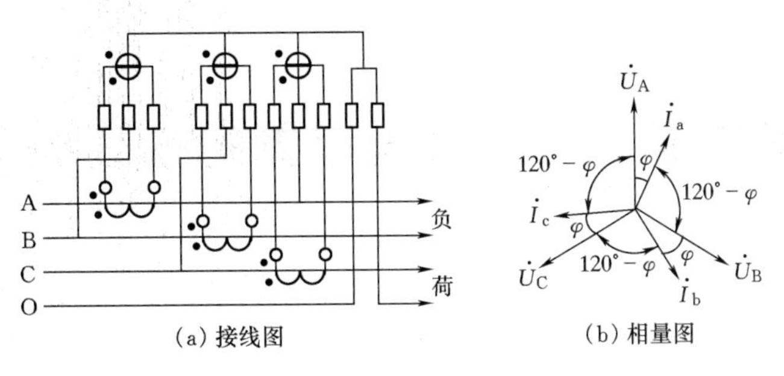

（a）接线图　　（b）相量图

图 1－63　电能表三相电流电压不同相

当三相负载平衡时，$U_A=U_B=U_C=U_e$，$I_a=I_b=I_c=I$，则有

$$P=U_AI_c\cos(120°-\varphi)+U_BI_a\cos(120°-\varphi)+U_CI_b\cos(120°-\varphi)$$

$$=3U_eI\cos(120°-\varphi)=3U_eI\left(-\frac{1}{2}\cos\varphi+\frac{\sqrt{3}}{2}\sin\varphi\right)$$

电能表计量电量无意义。

6）A、B 两相电流电压不同相，且 A 相电流反接，其接线及相量图如图 1－64 所示。

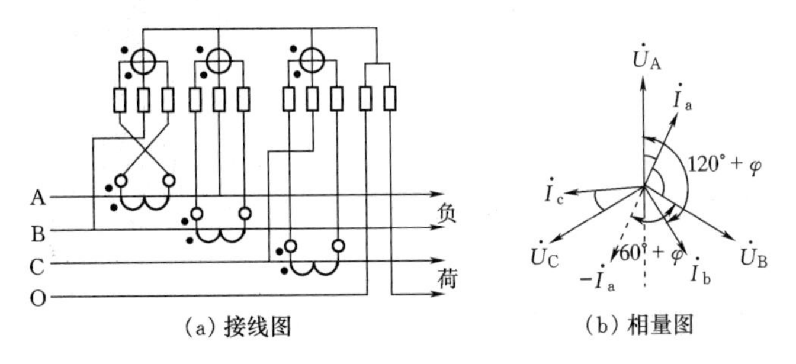

（a）接线图　　（b）相量图

图 1－64　电能表 A、B 两相电流电压不同相，且 A 相电流反接

功率计算为

$$P_1=U_BI_a\cos(60°+\varphi)=U_BI_a\left(\frac{1}{2}\cos\varphi-\frac{\sqrt{3}}{2}\sin\varphi\right)$$

$$P_2=U_AI_b\cos(120°+\varphi)=U_AI_b\left(-\frac{1}{2}\cos\varphi-\frac{\sqrt{3}}{2}\sin\varphi\right)$$

$$P_3=U_CI_c\cos\varphi$$

当三相平衡时，$U_A=U_B=U_C=U_e$，$I_a=I_b=I_c=I$，则有

$$P=P_1+P_2+P_3$$

$$=U_eI\left(\frac{1}{2}\cos\varphi-\frac{\sqrt{3}}{2}\sin\varphi\right)+U_eI\left(-\frac{1}{2}\cos\varphi-\frac{\sqrt{3}}{2}\cos\varphi\right)+U_eI\cos\varphi$$

$$=U_eI(\cos\varphi-\sqrt{3}\sin\varphi)$$

$$K=3U_eI\cos\varphi/U_eI(\cos\varphi-\sqrt{3}\sin\varphi)=3/(1-\sqrt{3}\tan\varphi)$$

第二章　电能计量装置的接线检查

电能计量装置在安装、检修过程可能由于工作失误而造成接线故障，运行中也可能由于自然因素或窃电者的故意行为而造成接线故障，而接线故障造成的计量误差通常又远远大于电能表和互感器的基本误差。因此，为了正确计量电能，接线的正确完好便至关重要。

电能计量装置的接线检查可分为停电检查和带电检查。停电检查主要用于新安装和更换互感器后的计量装置，在一次侧停电并做好安全措施的情况下，对互感器、二次线和电能表接线根据接线图进行检查。带电检查则主要用于新安装和更换互感器后的计量装置在带负荷实验时的接线检查，以及配合周期性校表时进行的接线检查。

第一节　停　电　检　查

停电检查的内容主要是检查互感器的极性和二次回路接线的正确性。由于互感器的变比和极性一般在产品出厂试验时已经做过，供电部门在安装前通常也做过该项试验。因此，现场停电检查的重点是二次回路接线检查，互感器的极性检查通常是在对其有怀疑或标志模糊不清时才进行。

一、用直流法检查互感器极性和二次回路接线的正确性

由于通常情况下用户计量装置的电能表和互感器相距很近，检查互感器极性和二次回路正确性就可以同时进行，这样做既可一举两得，简化检查手续，而且可有效避免检查工作的失误概率。因此，除非互感器和电能表相距较远（例如 35kV 及以上用户），采用这种检查方案无疑是最佳选择。

1. 电流互感器极性和二次电流回路正确性检查

检查的接线方法如图 2－1 所示。图中Ⓥ为机械指针式电压表（例如万能表），E 为 1 节大号干电池。试验时先把电压表按图示极性接线至电能表尾相应的电流接线端子，同时断开进表线（断开一根线即可），电池的负极则先接至电流互感器一次侧 L_2 端，这时把电池正极经连接导线或夹子在电流互感器一次侧 L_1 端按图示方向（从上向下）轻轻划过（接触、划动、断开），在电池接通电流互感器一次回路瞬间电压表即往正方向向偏转则电流互感器极性正确，若电压表反向偏转则电流互感器反极性。试验时应注意先把电压表挡位置于高电压挡，如果偏转幅度太小则切换至低电压挡，其挡位选择以能看出电压表明显偏转即可；其次是电池接通电流互感器一次侧的时间不宜太短，因为电压表指针偏转有一定惯性，太快断开会造成误判断。

2. 电压互感器极性和二次电压回路正确性检查

检查的接线方法如图 2－2 所示。图中㎷为机械指针式毫伏表，E 为 2～3 节大号干电

池。试验时先把毫伏表按图示极性接至电能表尾相应的电压接线端子，同时断开其中一条进表线，电池的负极则先接至电压互感器一次侧 X 端，此后的试验方法与电流互感器和二次电流回路正确性检查一样。

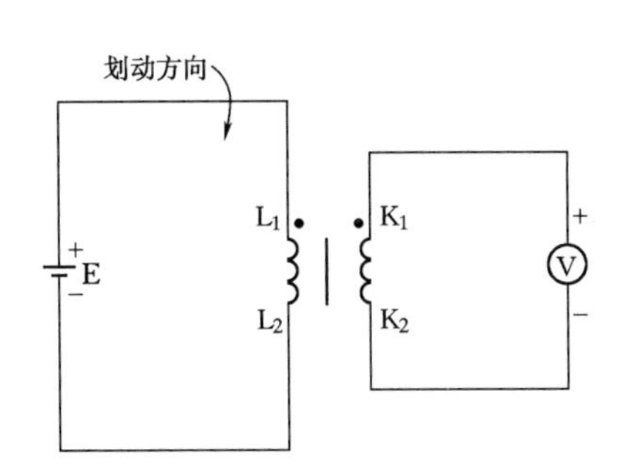

图 2-1 电流互感器极性和二次电流回路检查接线图

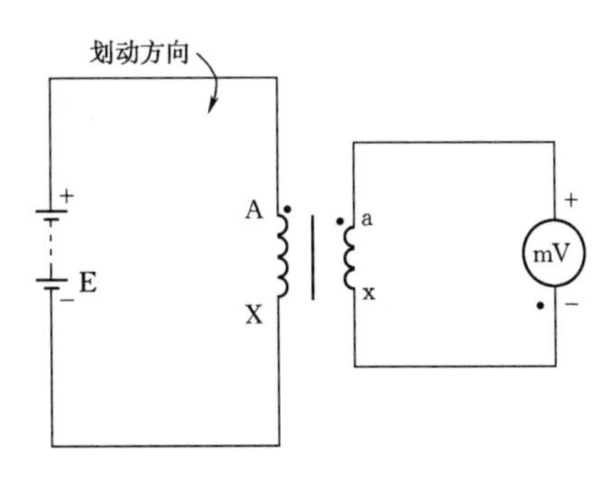

图 2-2 电压互感器极性和二次电压回路检查接线图

用直流法检查互感器极性是利用电磁感应原理，在电池接通瞬间相当于加上一个正脉冲，在电池断开瞬间则相当于加上一个负脉冲。另外，试验时电流互感器可看成一台升压变压器，电压互感器则可看成一台降压变压器。因此，做电流互感器极性试验时应根据变比大小选择容量合适的干电池，而 1.5V 电压已经足够；做电压互感器极性试验时应根据变比大小选择适当个数干电池串联，而容量大小则较为次要。

二、用欧姆法检查互感器二次回路的正确性

1. 电流互感器二次回路的检查

以 10kV 用户电能计量装置的典型接线为例，其接线图如图 2-3 所示。检查 A 相电流互感器二次回路时，先将电流互感器二次端子 K_1 和电能表尾进线 1 号电流端子断开，同时断开 A 相和 C 相二次 K_2 端接地连线，这时就可用万能表欧姆挡检测。

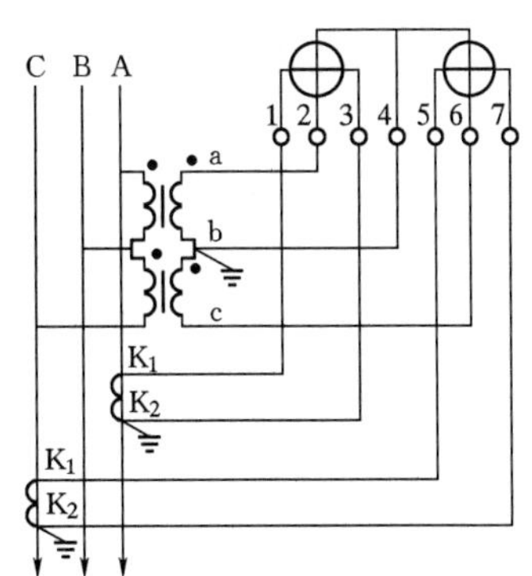

图 2-3 电流互感器二次回路检查示意图

（1）A 相电流互感器二次回路接线正确完好时测值。

1）所断开的导线头至尾电阻 $R_{头-尾}\approx 0$。

2）未断开的导线 K_2 至表尾 3 号端子电阻 $R_{K_{2-3}}\approx 0$。

3）两段导线之间的电阻 $R_{头-K_2}=\infty$。

4）电流互感器二次端子 K_1 至表尾 1 号端子之间的电阻$R_{K_{1-1}}\approx 0.1\sim 1\Omega$。

（2）测值异常及其原因。

1）$R_{头-尾}=\infty$，其他三项测值正常，原因是该段导线断线。

2）$R_{K_{2-3}}=\infty$，其他三项测值正常，原因是该段导线断线。

3）$R_{头-尾}=\infty$，$R_{K_{2-3}}=\infty$，$R_{头-K_2}=\infty$，$R_{K_{1-1}}=\infty$，原因可能是表尾电流进线 1 号、3 号端子互接错或者 A 相和 C 相电流互接错；进一步判断可补测 $R_{头-3}$ 和 $R_{K_{2-尾}}$，若均为 0 则是表尾 A 相电流进出线互接错，否则就可能是 A 相和 C 相电流互接错。

4）$R_{K_{1-1}}$ 测值大至几百上千欧，其他测值正常，原因是接触不良。

5）$R_{头-K_2}=0$，其他测值正常，原因是两段导线短路。

6）$R_{K_{1-1}}=\infty$，其他测值正常，原因是电流互感器二次线圈开路或电表线圈开路，进一步判断可补测 $R_{K_{1-3}}$，若测值正常则为电表线圈开路，否则就是电流互感器二次线圈开路。

7）若检测 C 相电流互感器二次回路时也出现第 3 种异常情况，则可能原因是 A 相和 C 相电流互接错（因为电流线同时断的可能性较小），进一步判断可调换 A 相和 C 相电流互感器再行检测。

检查 C 相电流互感器二次回路的方法可参照进行。

当上述检测无异常或故障原因排除后，应先接上电流互感器二次 K_1 至表尾连线，然后分别测量 A 相电流互感器和 C 相电流互感器之间的电阻以及电流互感器与电压互感器之间的电阻值，正常情况下其测值均为∞，否则存在短路故障；最后接上电流互感器二次接地线，并测 K_2 至接地点之间的电阻值以判断接地是否良好。

2. 电压互感器二次回路的检查

以图 2-3 为例，由于电表电压线圈的直流电阻 r_b 通常为 0.5～1kΩ，电压互感器副边直流电阻 r_n 通常为几欧，因此，检测时可先保持接线原状。

（1）电压互感器二次接线正确完好时测值如下：

1）电压互感器二次端子至表尾对应端子电阻应为 0，即 $R_{a-2}=R_{b-4}=R_{c-6}=0$。

2）电压互感器二次相间电阻应为几欧，且 $R_{ab}\approx R_{cb}\approx r_n$，$R_{ac}\approx 2r_n$。

3）B 相对接地极电阻应为 0。

4）电压互感器二次端子与表尾非对应端子应等于相间电阻，即 $R_{a-4}=R_{c-4}\approx r_n$，$R_{a-6}=R_{c-2}\approx 2R_{a-4}\approx 2R_{c-4}\approx 2r_n$。

（2）测值异常及其原因。

1）电压互感器二次端子至表尾对应端子电阻约等于 r_b，原因是该段导线断芯。

2）电压互感器二次端子至表尾对应端子电阻约等于 $2r_n$，原因是表尾 A、C 相互接错。

3）电压互感器二次端子至表尾对应端子电阻约等于 r_n，原因是表尾 A、B 相或 C、B 相互接错。

4）电压互感器二次相间电阻为 0，原因是相间短路。

5）B 相对接地极电阻∞，原因是未接地极或断线。

6）B 相对接地极电阻达欧姆级至千欧姆级，原因是接触不良或非 B 相接地（此时测值约为 r_n）。

（3）电表电压线圈检测。可将表尾 2 号端子和 6 号端子进线拆除，然后测 R_{2-4} 和 R_{6-4}，其值应在 0.5～1kΩ 左右，若为∞则开路，为 0 则短路。

最后可顺便检测电压互感器一次电阻 R_{AB} 和 R_{BC}，其值为几欧，若为∞则开路，为 0 则短路。

判断 B 相通常和测量对地电阻一起进行，相序测定则要在带电检查时进行。

电压互感器和电流互感器二次回路 b 相的确认还可以利用万能表欧姆挡实测 R_{ab}、

R_{bc}、R_{ca}，若某个测值为另两个测值的 2 倍，则另外一条相线即为 b 相。但是测试时应注意，电流互感器接至表尾处应在断开状态下测量。

第二节 带 电 检 查

带电检查是在互感器二次回路上工作，因而首先要遵守安全规程，尤其要注意电流互感器二次不能开路，电压互感器二次不能短路。

带电检查主要是对停电检查的进一步确认，因而其检查内容大同小异；但是在检查的方法和步骤上却因条件和目的不同，应遵循其特殊的规律。检查的方法目前普遍采用切割法，即把电能计量装置分成电压互感器、电流互感器和电能表，检查程序则按电压互感器接线检查、电流互感器接线检查、电能表尾接线检查（含互感器至表尾二次线）依次进行。

（1）电压互感器接线检查。内容主要包括检测电压互感器二次端子的三个线电压 U_{ab}、U_{bc}、U_{ca}，检测对地电压和判断 B 相并测定三相电压相序。

（2）电流互感器接线检查。内容主要包括检测电流互感器二次端子的电流和电流接地点。必要时还应做电流互感器变比测试。

（3）电能表尾接线检查。内容主要包括检测三相电压、确认 B 相和三相电压相序，检测 A、C 相电流及和电流，检测功角并判断错接线原因。

一、电压互感器的接线检查

电压互感器接线的常见故障有断线和极性接反两类。2 只单相电压互感器组成 V/V－12 接线时的断线故障见表 2－1；3 只单相电压互感器组成 Y/Y－12 接线时的断线故障见表 2－2；表中假定有功电能表电压线圈阻抗与无功表相同。2 只单相电压互感器组成 V/V－12 接线时的极性接反故障见表 2－3；3 只单相电压互感器组成 Y/Y－12 接线时的极性接反故障见表 2－4。

表 2－1　　2 只单相电压互感器（V/V－12）一次或二次断线时的线电压

序号	断线接线图	电压互感器二次线电压/V								
		二次空载时			二次接 1 只有功表			二次接 1 只有功表和 1 只无功表		
		U_{ab}	U_{bc}	U_{ca}	U_{ab}	U_{bc}	U_{ca}	U_{ab}	U_{bc}	U_{ca}
1	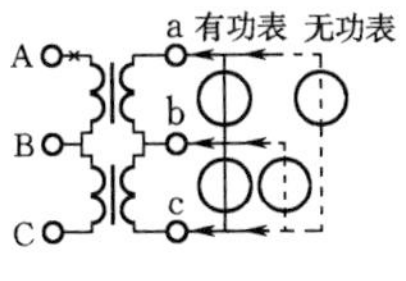 A B C a b c 有功表 无功表	0	100	100	0	100	100	50	100	50
2	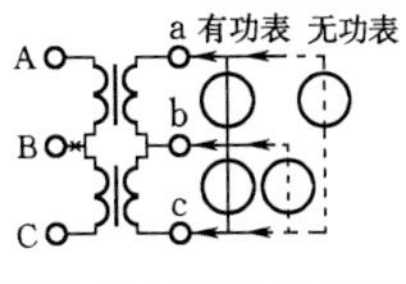 A B C a b c 有功表 无功表	50	50	100	50	50	100	50	50	100

续表

序号	断线接线图	电压互感器二次线电压/V								
		二次空载时			二次接1只有功表			二次接1只有功表和1只无功表		
		U_{ab}	U_{bc}	U_{ca}	U_{ab}	U_{bc}	U_{ca}	U_{ab}	U_{bc}	U_{ca}
3	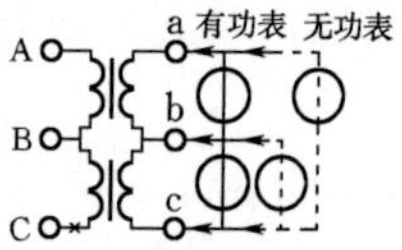	100	0	100	100	0	100	100	33	67
4	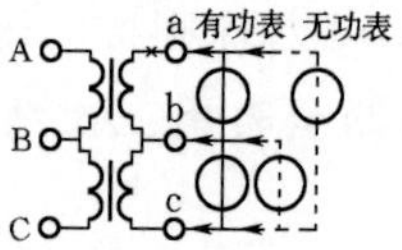	0	100	0	0	100	100	50	100	50
5	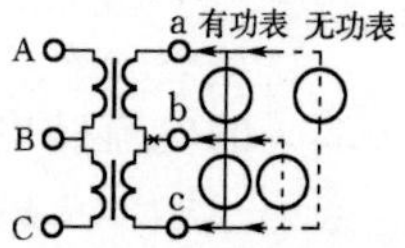	0	0	100	50	50	100	67	33	100
6	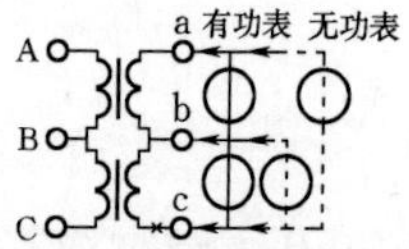	100	0	0	100	0	100	100	33	67

表 2-2　　3只单相电压互感器（Y/Y-12）一次或二次断线时的线电压

序号	断线接线图	电压互感器二次线电压/V								
		二次空载时			二次接1只有功表			二次接1只有功表和1只无功表		
		U_{ab}	U_{bc}	U_{ca}	U_{ab}	U_{bc}	U_{ca}	U_{ab}	U_{bc}	U_{ca}
1	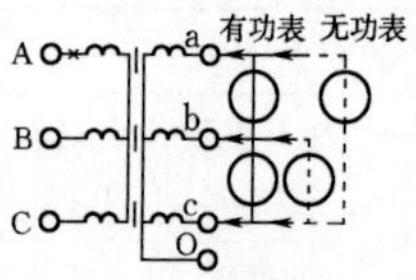	$\frac{100}{\sqrt{3}}$	100	$\frac{100}{\sqrt{3}}$	$\frac{100}{\sqrt{3}}$	100	$\frac{100}{\sqrt{3}}$	$\frac{100}{\sqrt{3}}$	100	$\frac{100}{\sqrt{3}}$
2	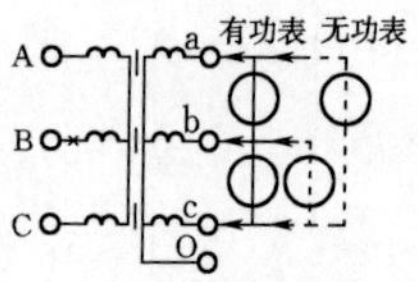	$\frac{100}{\sqrt{3}}$	$\frac{100}{\sqrt{3}}$	100	$\frac{100}{\sqrt{3}}$	$\frac{100}{\sqrt{3}}$	100	$\frac{100}{\sqrt{3}}$	$\frac{100}{\sqrt{3}}$	100
3	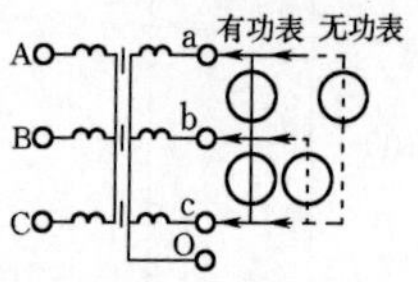	100	$\frac{100}{\sqrt{3}}$	$\frac{100}{\sqrt{3}}$	100	$\frac{100}{\sqrt{3}}$	$\frac{100}{\sqrt{3}}$	100	$\frac{100}{\sqrt{3}}$	$\frac{100}{\sqrt{3}}$

续表

序号	断线接线图	电压互感器二次线电压/V								
		二次空载时			二次接1只有功表			二次接1只有功表和1只无功表		
		U_{ab}	U_{bc}	U_{ca}	U_{ab}	U_{bc}	U_{ca}	U_{ab}	U_{bc}	U_{ca}
4	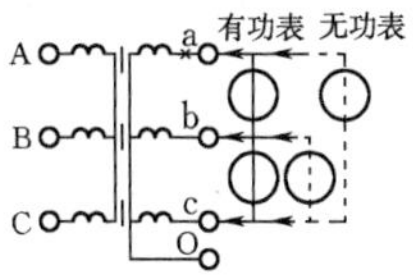	0	100	0	0	100	100	50	100	50
5	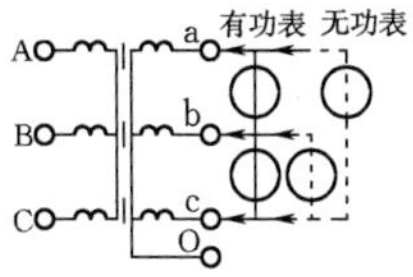	0	0	100	50	50	100	67	33	100
6	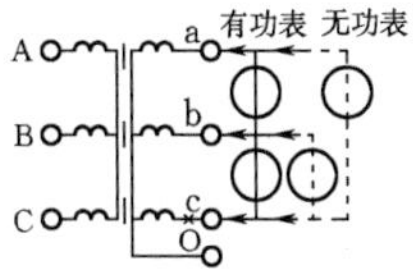	100	0	0	100	0	100	100	33	67

表 2-3　　2只单相电压互感器（V/V-12）极性接反的相量图及线电压

序号	极性接反相别	接 线 图	相 量 图	线电压/V
1	a相极性接反	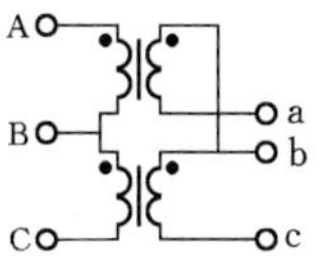	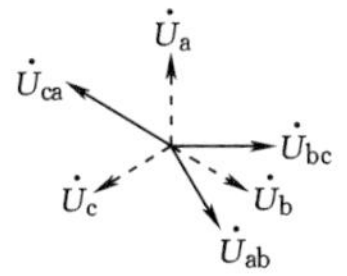	$U_{ab}=100$ $U_{bc}=100$ $U_{ca}=173$
2	c相极性接反	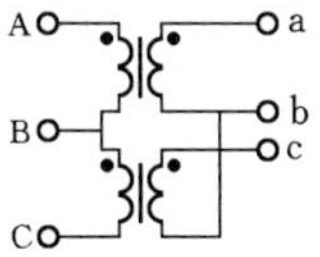	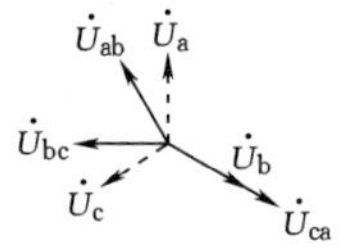	$U_{ab}=100$ $U_{bc}=100$ $U_{ca}=173$
3	a、c相极性接反	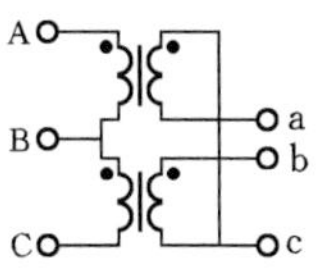	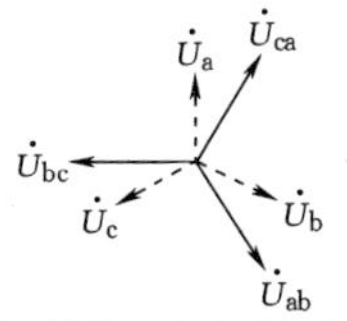	$U_{ab}=100$ $U_{bc}=100$ $U_{ca}=100$

表 2-4　　3只单相电压互感器（Y/Y-12）极性接反的相量图及线电压

序号	极性接反相别	接 线 图	相 量 图	线电压/V
1	a相极性接反	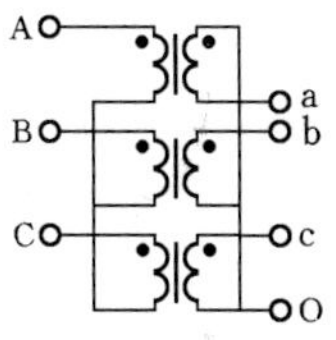	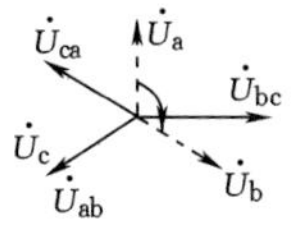	$U_{ab}=\frac{100}{\sqrt{3}}$ $U_{bc}=100$ $U_{ca}=\frac{100}{\sqrt{3}}$

续表

序号	极性接反相别	接 线 图	相 量 图	线电压/V
2	b 相极性接反	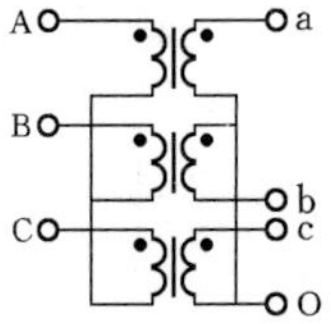	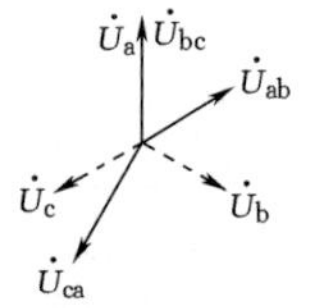	$U_{ab}=\frac{100}{\sqrt{3}}$ $U_{bc}=\frac{100}{\sqrt{3}}$ $U_{ca}=100$
3	c 相极性接反	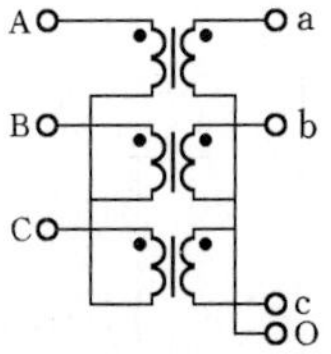	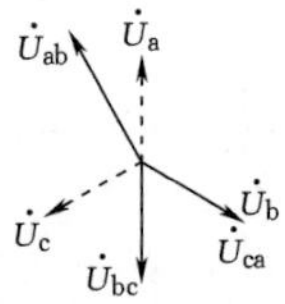	$U_{ab}=100$ $U_{bc}=\frac{100}{\sqrt{3}}$ $U_{ca}=\frac{100}{\sqrt{3}}$
4	a、b 两相极性接反	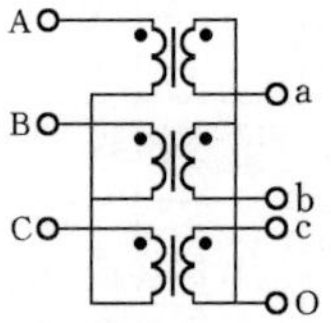	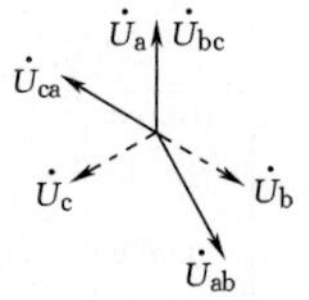	$U_{ab}=100$ $U_{bc}=\frac{100}{\sqrt{3}}$ $U_{ca}=\frac{100}{\sqrt{3}}$
5	b、c 两相极性接反	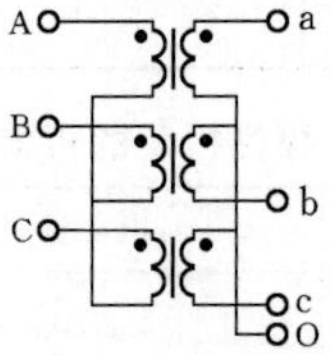	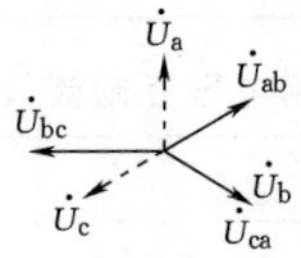	$U_{ab}=\frac{100}{\sqrt{3}}$ $U_{bc}=100$ $U_{ca}=\frac{100}{\sqrt{3}}$
6	c、a 两相极性接反	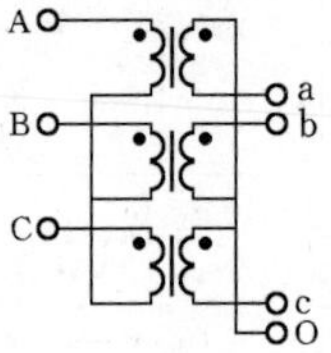	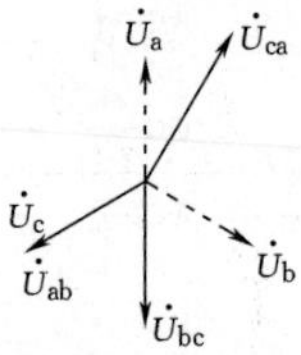	$U_{ab}=\frac{100}{\sqrt{3}}$ $U_{bc}=\frac{100}{\sqrt{3}}$ $U_{ca}=100$
7	a、b、c 三相极全接反	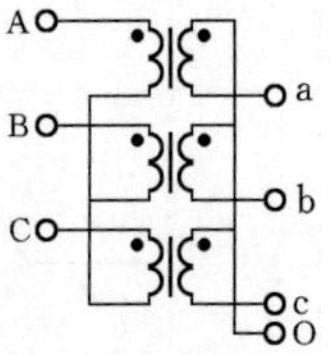	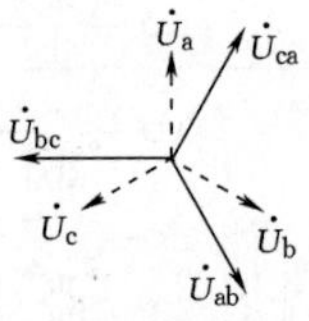	$U_{ab}=100$ $U_{bc}=100$ $U_{ca}=100$

现以 2 只单相电压互感器组成的 V/V－12 型接线为例，如图 2－4 所示，检测的方法如下：

（1）电压互感器二次端子三相电压检测。可用普通电压表或万能表的电压挡测量。正常情况下电压互感器二次端子电压 $U_{ab} \approx U_{bc} \approx U_{ca} \approx 100$V，若其中两个线电压明显小于 100V，则是电压互感器一次或二次存在断线故障（或接触不良），若某个线电压约为其他两个线电压的$\sqrt{3}$倍，则有 1 只电压互感器极性接反。判断故障的具体原因可对照表 2－1 和表 2－3 进行。其中 1 只电压互感器极性接反故障可通过补做极性试验或相量检测确认；

2 只电压互感器同时极性接反故障在三相电压检测时并无异常，因此通常在做整组试验有怀疑时才补做极性试验，加以确认。

（2）对地电压检测和判断 B 相。检测时先将电压表的一端接地，另一端依次触及电压互感器二次端子 a、b、c，若测得 $U_{ao}\approx 100$V，$U_{bo}\approx 0$V，$U_{co}\approx 100$V，则说明电压互感器是 V/V－12 型接线 B 相接地，对地电压为 0 者即是 B 相；若测得 $U_{ao}\approx U_{bo}\approx U_{co}\approx 0$V（或很小），则是电压互感器二次未接地或接地不良；若测得 $U_{bo}\approx 100$V，而 U_{ao} 或 $U_{co}\approx 0$，则接地相不是 B 相。

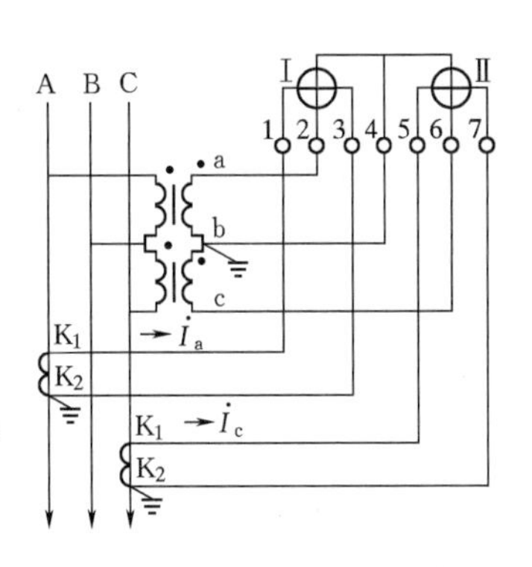

图 2－4　2 只单相电压互感器组成的 V/V－12 型接线图

（3）测定三相电压相序。此项检测应在前两项检测正常或故障排除后进行。检测设备通常采用相序表，将相序表 a、b、c 三条表笔对号入座接至电压互感器二次端子，即可测出三相电压相序。顺相序为正常，若反相序则可能是一次侧进线的相序接错，个别情况下也有可能是电压互感器二次侧引出线接错。

通常情况下高压架空线路和高压电缆线路都按一定的顺序排列相别和用色标识别，以便负荷侧设备核相（例如变压器需并列运行）或按相序要求连接。而对于电能计量装置来说，虽然逆相序不会影响有功电量计量结果，但对无功电量计量则可能造成影响。由于目前供电公司已对大户实行无功考核，如果无功电量不能准确计量，将造成供电公司或用户的利益受损，因此，为了准确计量和便于检查接线，习惯上还是采用顺相序。

高压进线的相别排列有 6 种情况：①ABC；②BCA；③CAB；④ACB；⑤CBA；⑥BAC。前 3 种为顺相序，后 3 种为逆相序。对于单独运行的变压器来说，往往不必核相而仅要求顺相序即可，这样前 3 种接法都是正确的。对于第②种排列，只要把 B 看作 A，则 C 就可看作 B，A 就可看作 C，这样就变成了第①种；对于第③种排列，只要把 C 看作 A，则 A 就可看作 B，B 就可看作 C，这样也变成了第①种。实际上 A、B、C 相别的命名可以看成是人为设定的，但 A 相设定后，B 相和 C 相则应按依次落后 120°确认。因此，从相序的角度来说，前 3 种可以都看成是顺相序 ABC，后 3 种则可以都看成是逆相序 ACB。三相交流电动机反转时只要调换任何两相都可变为正转，调相的时候实际上就是改变了三相电压的相序；同理，引起实测电压互感器二次逆相序的原因如果是一次侧进线的相序接错，只要把高压进线任意两相调换即可把相序改变过来，例如高压侧为电缆进线时，这往往是举手之劳；如果改变高压进线不方便，则可把电压互感器二次 a、c 对调，同时把电流互感器二次电流 $\dot{I}_a$ 和 $\dot{I}_c$ 接线互换。由于目前普遍采用高压计量箱，其内部错接线的概率非常小，因而这是常用的解决方法。

如果是电压互感器二次引出线相序接错，而电流互感器接线无误，则只需将电压互感器二次端子引出接线更正即可。

为了尽量避免失误，无论改动一次侧接线或电压互感器二次接线都应谨慎行事。如果用户变压器有两台及以上，且分开单独计量，则无论其低压侧是否有可能并列运行，更改前后都应注意核相以保证变压器之间相别对应。一次侧错一台则改一台，错两台则改两台。为了判定是一次侧进线接错还是电压互感器二次相序错，通常可采用功角测量，并作

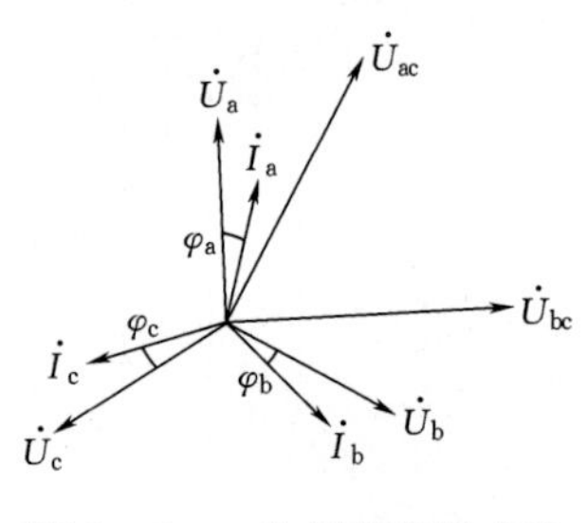

图 2-5 一次侧相序接成逆相序 ACB 相量图

出相量图加以分析。例如一次侧相序接成逆相序 ACB，则其相量图为如图 2-5 所示。

这时Ⅰ元件接入电压为 $\dot{U}_{ac}$，电流为 $\dot{I}_a$，功角为（$30°-\varphi_a$）；Ⅱ元件接入电压 $\dot{U}_{bc}$，电流为 $\dot{I}_b$，功角为（$30°+\varphi_b$）。三相对称时的测量功率为

$$P_1=U_{ac}I_a\cos(30°-\varphi_a)=UI\cos(30°-\varphi)$$

$$P_2=U_{bc}I_b\cos(30°+\varphi_b)=UI\cos(30°+\varphi)$$

$$P=P_1+P_2=UI\cos(30°-\varphi)+UI\cos(30°+\varphi)$$

$$=\sqrt{3}UI\cos\varphi$$

和正常接线时比较，测量功率不变，能正常计量，但功角Ⅰ变成了功角Ⅱ，功角Ⅱ变成了功角Ⅰ。如果是电压互感器二次相序接错，则电表停转，具体的错接原因可对照第一章图 1-37～图 1-39 分析判断。

二、电流互感器的接线检查

电流互感器接线的常见故障有断线和极性接反两类。2 只电流互感器组成 V/V-12 接线时的常见故障见表 2-5 和表 2-6，其中表 2-5 为二次接线三线制，表 2-6 为二次接线四线制；3 只电流互感器组成 Y/Y-12 接线时的常见故障见表 2-7。

表 2-5　　电流互感器 V/V-12 接线的常见故障

序号	接线图	电流相量图	备注			
			①线	②线	③线	三者关系
1	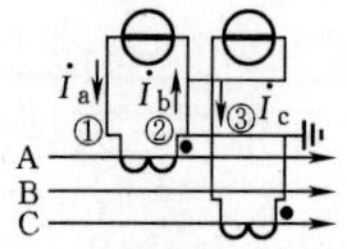	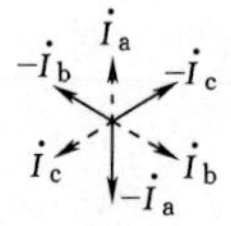	$-\dot{I}_a$	$-\dot{I}_b$	$-\dot{I}_c$	$-\dot{I}_b=\dot{I}_a+\dot{I}_c=\dot{I}$
2	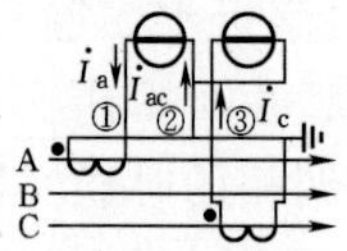	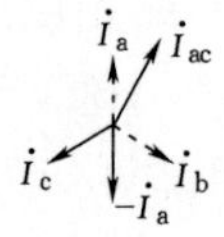	$-\dot{I}_a$	$\dot{I}_{ac}$	$\dot{I}_c$	$\dot{I}_{ac}=\dot{I}_a-\dot{I}_c=\sqrt{3}\dot{I}$
3	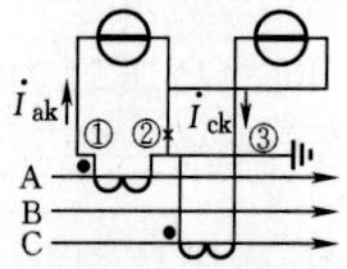	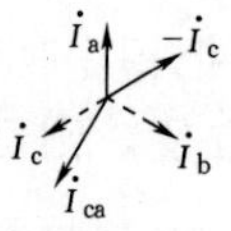	$\dot{I}_a$	$\dot{I}_{ca}$	$-\dot{I}_c$	$\dot{I}_{ca}=\dot{I}_c-\dot{I}_a=\sqrt{3}\dot{I}$
4	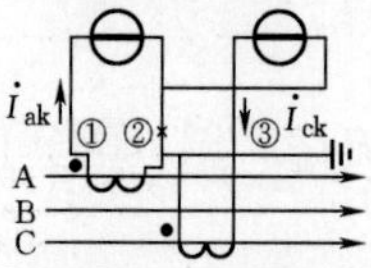	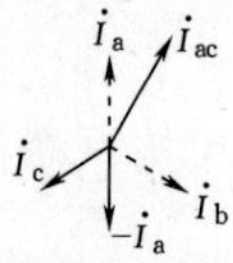	$\dot{I}_{ac}$	$-\dot{I}_a$	$\dot{I}_c$	$\dot{I}_{ac}=\dot{I}_a-\dot{I}_c=\sqrt{3}\dot{I}$
5	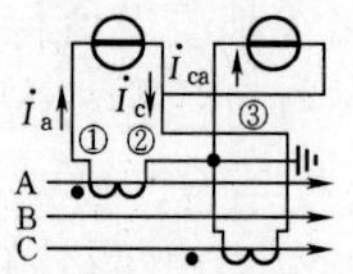	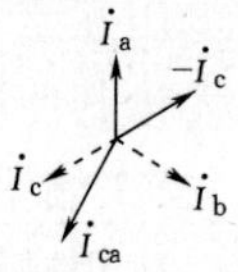	$\dot{I}_a$	$-\dot{I}_c$	$\dot{I}_{ca}$	$\dot{I}_{ca}=\dot{I}_c-\dot{I}_a=\sqrt{3}\dot{I}$

续表

序号	接 线 图	电流相量图	备 注			
			①线	②线	③线	三者关系
6	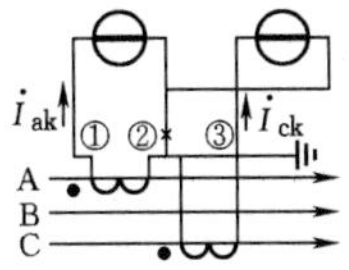	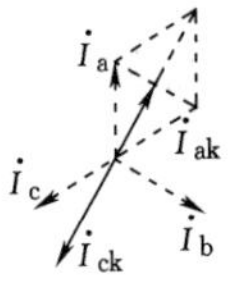	$\dot{I}_{ak}$	0	$\dot{I}_{ck}$	$\dot{I}_{ak}=-\dot{I}_{ck}=\frac{1}{2}(\dot{I}_a-\dot{I}_c)$
7		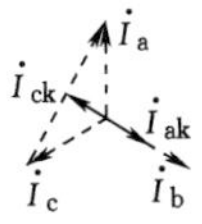	$-\dot{I}_{ak}$	0	$\dot{I}_{ck}$	$\dot{I}_{ck}=-\dot{I}_{ak}=\frac{1}{2}(\dot{I}_c+\dot{I}_a)$
8	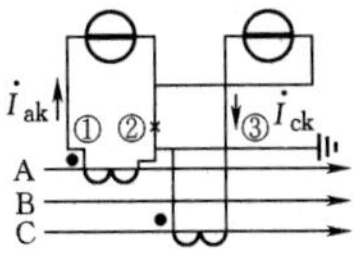	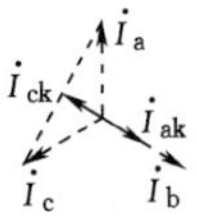	$\dot{I}_{ak}$	0	$-\dot{I}_{ck}$	$\dot{I}_{ck}=-\dot{I}_{ak}=\frac{1}{2}(\dot{I}_c+\dot{I}_a)$

表 2－6 电流互感器 V/V－12 接线的常见故障

序号	接 线 图	电流相量图	备 注		
			①线	③线	②④线和电流
1	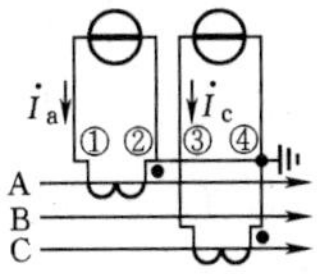	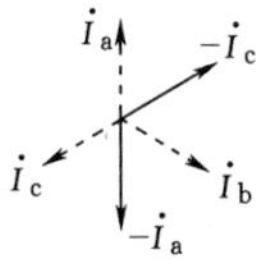	$-\dot{I}_a$	$-\dot{I}_c$	$\dot{I}_a+\dot{I}_c=\dot{I}$
2	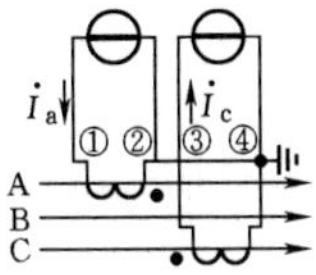	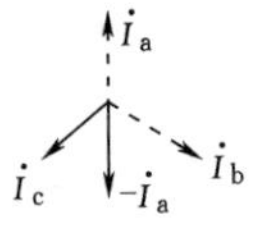	$-\dot{I}_a$	$\dot{I}_c$	$\dot{I}_c-\dot{I}_a=\sqrt{3}\,\dot{I}$
3	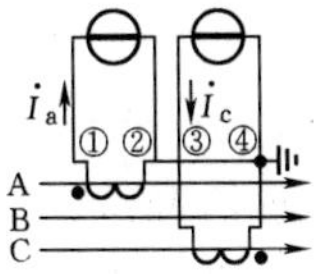	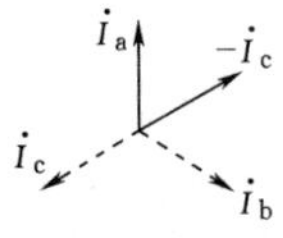	$\dot{I}_a$	$-\dot{I}_c$	$\dot{I}_a-\dot{I}_c=\sqrt{3}\,\dot{I}$

表 2－7 电流互感器 Y/Y－12 型接线的常见故障

序号	接 线 图	电流相量图	备 注			
			①线	②线	③线	④线
1	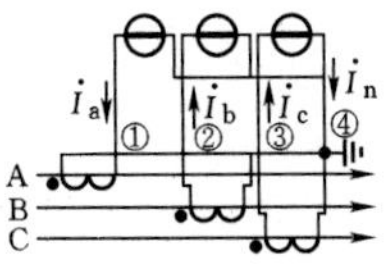	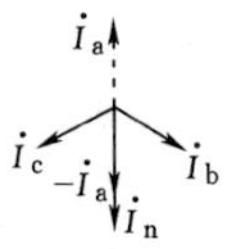	$-\dot{I}_a$	$\dot{I}_b$	$\dot{I}_c$	$\dot{I}_n=-\dot{I}_a+\dot{I}_b+\dot{I}_c=-2\dot{I}_a$

续表

序号	接线图	电流相量图	备注			
			①线	②线	③线	④线
2	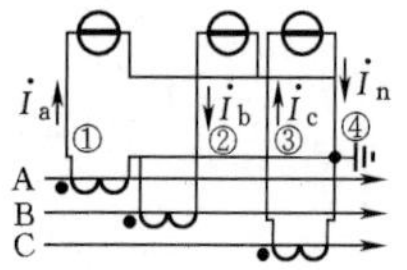	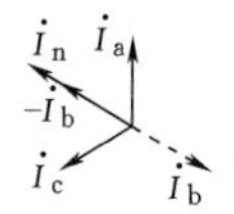	$\dot{I}_a$	$-\dot{I}_b$	$\dot{I}_c$	$\dot{I}_n=\dot{I}_a-\dot{I}_b+\dot{I}_c=-2\dot{I}_b$
3	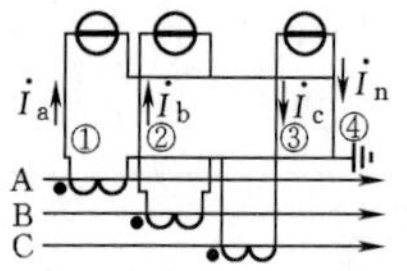	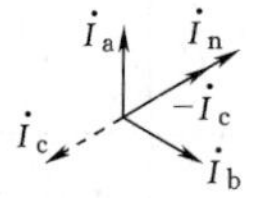	$\dot{I}_a$	$\dot{I}_b$	$-\dot{I}_c$	$\dot{I}_n=\dot{I}_a+\dot{I}_b-\dot{I}_c=-2\dot{I}_c$

检查项目通常有三项：①检测电流互感器二次电流；②检查电流互感器二次接地点；③检查电流互感器变比。

1. 检测电流互感器二次电流

用钳型电流表依次检测相电流及和电流，此举目的是检查电流互感器是否有极性接错，以及开路、短路故障。检查时要求三相基本对称且保持稳定。以电流互感器接线 V/V-12 型为例，若相电流及和电流接近相等，则说明电流互感器接线正确完好，或者全部极性接反（此类故障在做极性试验或相量图检测时才能查出）；若相电流及和电流有的接近为 0，则说明有断线或短路故障；若和电流为$\sqrt{3}$倍相电流，则说明有一只电流互感器一次侧或二次侧极性反接，具体是哪一相电流互感器反接可通过极性试验或相量检测确认。

现结合表 2-5～表 2-7 介绍检测与分析的方法。

（1）电流互感器 V/V-12 型接线二次三线制的检测与分析。

对照表 2-5 接线图，用钳型电流表检测电流互感器二次端子出线①线、②线和③线电流，检测结果分析如下：

1）①线、②线和③线电流接近相等，这是接线正确完好或两只电流互感器均反接。

2）②线电流约为①线和③线的$\sqrt{3}$倍，这是其中一只电流互感器极性反。

3）①线电流为 0，②线电流等于③线电流，这是 A 相电流互感器断线。

4）③线电流为 0，②线电流等于①线电流，这是 C 相电流互感器断线。

5）②线电流为 0，①线电流等于③线电流，这是公共端子断线。

6）①线、②线、③线均为 0，这是 A 相和 C 相电流互感器均断线。

7）①线电流明显偏小，②线电流约等于③线电流，这是 A 相电流互感器短路。

8）③线电流明显偏小，②线电流约等于①线电流，这是 C 相电流互感器短路。

9）①线电流或③线电流明显偏小的原因还有可能是电流互感器变比不对或当时该相一次电流明显偏小所致，遇到这种情况还应实测一次电流并换算变比。

10）②线电流为零时的原因除了公共端子断线，还有可能同时存在电流互感器极性接反，遇到这种情况应实测电流互感器变比，若实测电流互感器变比约为铭牌变比的 2 倍，则同时有一只电流互感器极性反；若实测电流互感器变比约为铭牌变比的1.2倍，则2只电流互感器极性正确或全接反。

11）①线、②线、③线若同时明显偏小，则有可能是电流互感器变比不对或负荷波动引起。

（2）电流互感器V/V－12型接线二次四线制的检测与分析。

对照表2－6接线图，用钳型电流表检测电流互感器二次端子出线①线、②线、③线、④线电流，再将钳口卡入②线和④线测出和电流，检测结果分析如下：

1）①线、②线、③线、④线电流等于和电流，这是电流互感器接线正确完好或均反接。

2）①线、②线电流为0，③线、④线电流等于和电流，这是A相电流互感器断线。

3）③线、④线电流为0，①线、②线电流等于和电流，这是C相电流互感器断线。

4）和电流约等于①线、②线、③线、④线电流的$\sqrt{3}$倍，这是其中一只电流互感器反极性。

5）①线、②线电流明显偏小，③线、④线电流约等于和电流，这可能是A相电流互感器短路。

6）③线、④线电流明显偏小，①线、②线电流约等于和电流，这可能是C相电流互感器短路。

7）①线、②线、③线、④线及和电流均很小，这可能是电流互感器变比不对或一次负荷太小。

8）①线、②线或③线、④线电流明显偏小的原因也可能是该相电流互感器变比不对或该相一次电流明显偏小引起。

9）①线、②线或③线、④线电流也可能出现明显偏大的情况，原因则可能是该相变比不对（变比较小）或该相一次电流偏大引起。

对变比及负荷电流有怀疑时可实测一次电流和换算变比确定。

（3）电流互感器Y/Y－12型接线的检测与分析。

对照表2－7接线图，用钳型电流表检测电流互感器二次端子出线①线、②线、③线、④线电流。检测结果分析如下：

1）①线、②线、③线电流接近相等，④线电流接近为0，这是电流互感器接线正确完好或均反接。

2）④线电流约等于①线、②线、③线的2倍，这是一只或二只电流互感器极性反接。

3）①线电流为0，②线、③线电流约等于④线电流，这是A相电流互感器断线。

4）②线电流为0，①线、③线电流约等于④线电流，这是B相电流互感器断线。

5）③线电流为0，①线、②线电流约等于④线电流，这是C相电流互感器断线。

6）④线电流为0，①线、②线、③线电流接近相等，这是中线断线。

7）①线、②线、③线中有一个或两个电流测值明显偏小，这可能是电流互感器变比不对或该相一次电流偏小，也有可能是电流互感器短路引起。

8）①线、②线、③线中有一个或两个电流测值明显偏大，这可能是电流互感器变比不对（变比小）或该相一次电流偏大引起。

对变比及负荷电流有怀疑的也可实测一次电流和换算变比确认。

2. 检查电流互感器二次接地点

V/V－12型接线二次电流回路三线制是A相电流互感器和C相电流互感器的K_2公共端（b相）接地，V/V－12型接线二次电流回路四线制是A相电流互感器和C相电流互感器的K_2端集中接地（或分开接地），Y/Y－12型接线二次回路是中线集中接地。检查时可用万能表低电压挡测量电流互感器二次出线端子对地电压，正常情况下接地者电压为零，非接地者通常有0.1～1V电压（因负荷电流大小不同及二次阻抗不同略有差异）。若皆有电压，则是未接地或接地不良；若非接地者对地电压为0而应接地者不为0，则是接地方式错误。

3. 检查电流互感器变比

对于低压计量用户，可用钳型电流表直接测量同相电流互感器的一次电流及二次电流，两者比值即是实测变比；对于10kV高压计量用户，可用钳型电流表测量变低总电流（或分路电流之和）及二次电流，两者的比值再除以变压器运行挡位下的变压比即是电流互感器变比的近似值；对于无法直接或间接测量电流互感器一次电流的高压电流互感器，其变比通常是通过单独做电流互感器变比试验确定，或者已知其他有关电流互感器的实际变比，则可通过测量有关电流互感器的二次电流经换算后比较确定。例如检查110kV/10kV变压器的110kV侧电流互感器变比，当已知其10kV侧电流互感器变比时，则可通过测量其10kV侧电流互感器的二次电流，然后换算成110kV侧一次电流，再与110kV侧电流互感器二次电流的实测值比较。

三、电能表尾接线的检查

电能表尾接线的检查内容包括检查表尾接线盒的接线是否正确，以及电表电压、电流回路是否存在开路或短路故障。由于本项检测是电能计量装置接线的整组检查，从程序上说是最后一道工序，因而可不考虑互感器本身的极性错误以及开路、短路故障，即假定互感器本身接线是正确完好的，即使原来存在故障而此时也已经排除。这样不但使问题简化，而且也符合一般实际情况。

检查的基本思路是采用分步逼近法。先从检查表尾电压入手，再检查表尾电流及电压、电流间的功角，最后对整组接线作出判断。

电能表尾接线检查的重点是误接线，其次是接线开路、短路故障。互感器V/V－12型接线二次电流回路四线制常见误接线见表2－8，其中电压组合有6种，电流组合有8种，电压、电流全组合有48种；互感器V/V－12型接线二次电流回路三线制常见误接线见表2－9，其中电压组合有6种，电流组合也有6种，电压、电流全组合有36种；互感器Y/Y－12型接线电流四线制常见误接线见表2－10，其中电压组合有6种，电流组合也有6种（中线接错概率很小，不予考虑），电压、电流全组合有36种。计量装置电压或电流回路开路时电表的测量功率、相量图和功率方向见表2－11～表2－13。其中，表2－11是三相两元件电流四线制回路开路对照表；表2－12是三相两元件电流三线制回路开路对照表；表2－13是三相三元件电流四线制回路开路对照表。电压、电流虽然也有全接反而尚未检出的可能，但由于采用电压为基准，电压、电流同时全接反则可当作接线正确对待，电压全接反而电流未接反则可看作电流全接反，这样做并不影响计量结果及检测结果的分析判断。

表 2-8　　互感器 V/V-12 型接线二次电流回路四线制常见误接线

电流接线方式		a↑ a↓ c↑ c↓		
序号	电压接线方式	相量图	功率表达式	功率方向（感性）
1	a b c	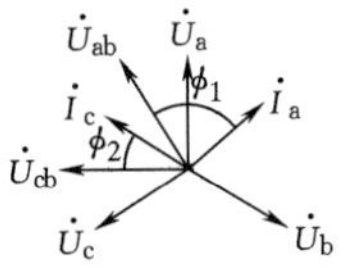	$P=\cos(\varphi+30°)+\cos(\varphi-30°)=\sqrt{3}\cos\varphi$	正
			$Q=\cos(\varphi-60°)+\cos(\varphi-120°)=\sqrt{3}\sin\varphi$	正
2	a c b	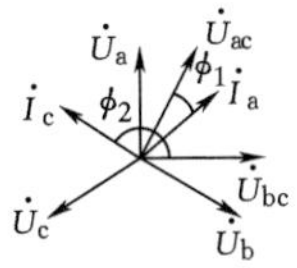	$P=\cos(\varphi-30°)+\cos(\varphi+150°)=0$	0
			$Q=\cos(\varphi-120°)+\cos(\varphi+60°)=0$	0
3	b c a	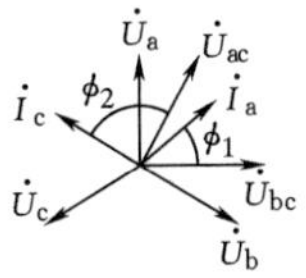	$P=\cos(\varphi-90°)+\cos(\varphi-150°)=-\frac{\sqrt{3}}{2}\cos\varphi+\frac{3}{2}\sin\varphi$	$\varphi<30°$，反 $\varphi=30°$，0 $\varphi>30°$，正
			$Q=\cos(\varphi-180°)+\cos(\varphi-240°)=-\frac{3}{2}\cos\varphi-\frac{\sqrt{3}}{2}\sin\varphi$	反
4	b a c	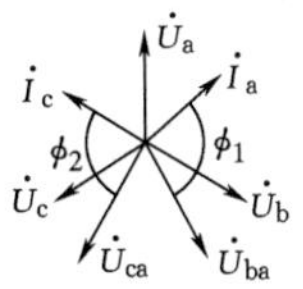	$P=\cos(\varphi+210°)+\cos(\varphi+30°)=0$	0
			$Q=\cos(\varphi+120°)+\cos(\varphi-60°)=0$	0
5	c a b	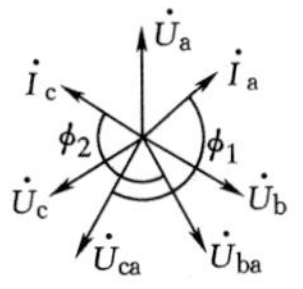	$P=\cos(\varphi+150°)+\cos(\varphi+90°)=-\frac{\sqrt{3}}{2}\cos\varphi-\frac{3}{2}\sin\varphi$	反
			$Q=\cos(\varphi+60°)+\cos\varphi=\frac{3}{2}\cos\varphi-\frac{\sqrt{3}}{2}\sin\varphi$	$\varphi<60°$，正 $\varphi=60°$，0 $\varphi>60°$，反
6	c b a	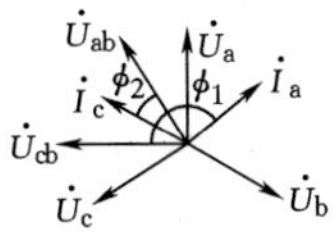	$P=\cos(\varphi+90°)+\cos(\varphi-90°)=0$	0
			$Q=\cos\varphi+\cos(\varphi-180°)=0$	0

续表

电流接线方式		c↑ c↓ a↑ a↓		
序号	电压接线方式	相量图	功率表达式	功率方向（感性）
1	a b c	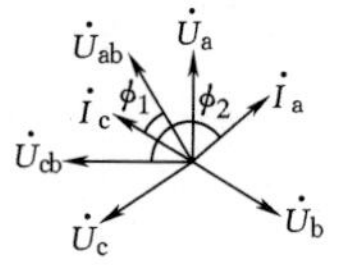	$P=\cos(\varphi-90°)+\cos(\varphi+90°)=0$	0
			$Q=\cos(\varphi-180°)+\cos\varphi=0$	0
2	a c b	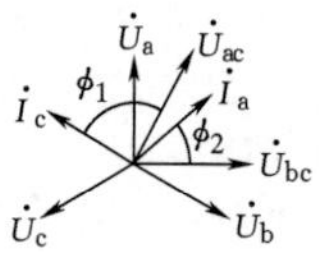	$P=\cos(\varphi-150°)+\cos(\varphi-90°)=-\frac{\sqrt{3}}{2}\cos\varphi+\frac{3}{2}\sin\varphi$	$\varphi<30°$，反 $\varphi=30°$，0 $\varphi>30°$，正
			$Q=\cos(\varphi+120°)+\cos(\varphi+180°)=-\frac{3}{2}\cos\varphi-\frac{\sqrt{3}}{2}\sin\varphi$	反
3	b c a	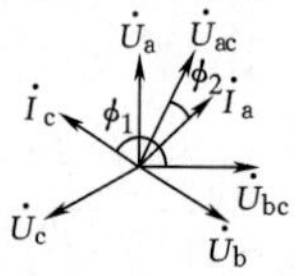	$P=\cos(\varphi-210°)+\cos(\varphi-30°)=0$	0
			$Q=\cos(\varphi+60°)+\cos(\varphi-120°)=0$	0
4	b a c	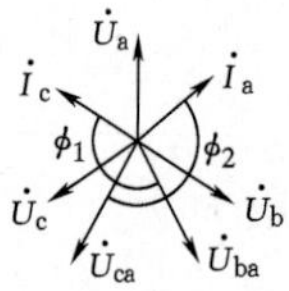	$P=\cos(\varphi+90°)+\cos(\varphi+150°)=-\frac{\sqrt{3}}{2}\cos\varphi-\frac{3}{2}\sin\varphi$	反
			$Q=\cos\varphi+\cos(\varphi+60°)=\frac{3}{2}\cos\varphi-\frac{\sqrt{3}}{2}\sin\varphi$	$\varphi<60°$，正 $\varphi=60°$，0 $\varphi>60°$，反
5	c a b	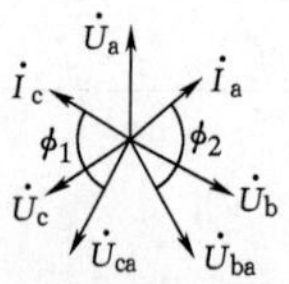	$P=\cos(\varphi+30°)+\cos(\varphi+210°)=0$	0
			$Q=\cos(\varphi-60°)+\cos(\varphi+120°)=0$	0
6	c b a	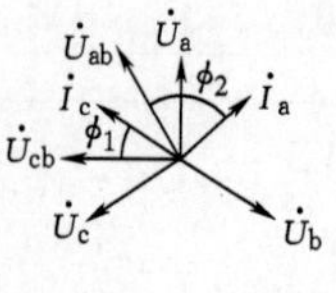	$P=\cos(\varphi-30°)+\cos(\varphi+30°)=\sqrt{3}\cos\varphi$	正
			$Q=\cos(\varphi-120°)+\cos(\varphi-60°)=\sqrt{3}\sin\varphi$	正

续表

电流接线方式		c↑ c↓ a↓ a↑		
序号	电压接线方式	相量图	功率表达式	功率方向（感性）
1	a b c	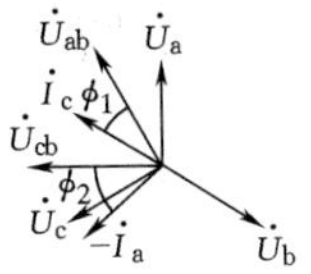	$P=\cos(\varphi-90°)+\cos(\varphi-90°)=2\sin\varphi$	正
			$Q=\cos(\varphi-180°)+\cos(\varphi-180°)=-2\cos\varphi$	反
2	a c b	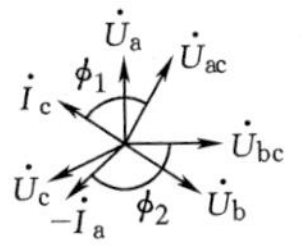	$P=\cos(\varphi-150°)+\cos(\varphi+90°)=-\frac{\sqrt{3}}{2}\cos\varphi-\frac{1}{2}\sin\varphi$	反
			$Q=\cos(\varphi+120°)+\cos\varphi=\frac{1}{2}\cos\varphi-\frac{\sqrt{3}}{2}\sin\varphi$	$\varphi<30°$，正 $\varphi=30°$，0 $\varphi>30°$，反
3	b c a	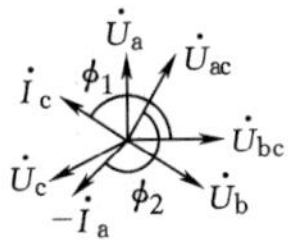	$P=\cos(\varphi-210°)+\cos(\varphi-210°)=-\sqrt{3}\cos\varphi-\sin\varphi$	反
			$Q=\cos(\varphi+60°)+\cos(\varphi+60°)=\cos\varphi-\sqrt{3}\sin\varphi$	$\varphi<30°$，正 $\varphi=30°$，0 $\varphi>30°$，反
4	b a c	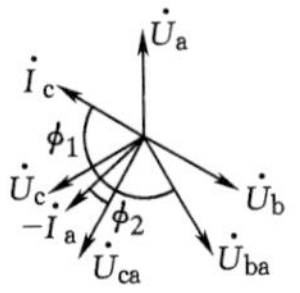	$P=\cos(\varphi+90°)+\cos(\varphi-30°)=\frac{\sqrt{3}}{2}\cos\varphi-\frac{1}{2}\sin\varphi$	$\varphi<60°$，正 $\varphi=60°$，0 $\varphi>60°$，反
			$Q=\cos\varphi+\cos(\varphi-120°)=\frac{1}{2}\cos\varphi+\frac{\sqrt{3}}{2}\sin\varphi$	正
5	c a b	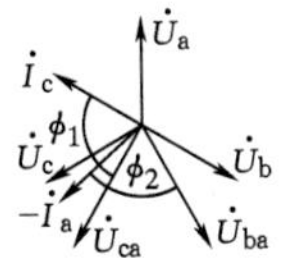	$P=\cos(\varphi+30°)+\cos(\varphi+30°)=\sqrt{3}\cos\varphi-\sin\varphi$	$\varphi<60°$，正 $\varphi=60°$，0 $\varphi>60°$，反
			$Q=\cos(\varphi-60°)+\cos(\varphi-60°)=\cos\varphi+\sqrt{3}\sin\varphi$	正
6	c b a	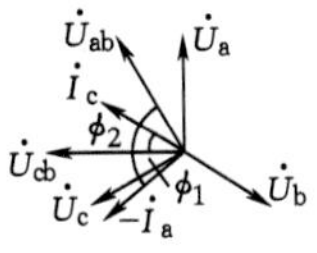	$P=\cos(\varphi-30°)+\cos(\varphi+210°)=\sin\varphi$	正
			$Q=\cos(\varphi-120°)+\cos(\varphi+120°)=-\cos\varphi$	反

续表

电流接线方式		a↓ a↑ c↑ c↓		
序号	电压接线方式	相量图	功率表达式	功率方向（感性）
1	a b c	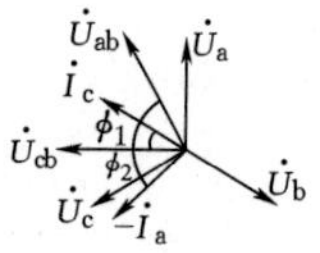	$P=\cos(\varphi+210°)+\cos(\varphi-30°)$ $=\sin\varphi$	正
			$Q=\cos(\varphi+120°)+\cos(\varphi-120°)$ $=-\cos\varphi$	反
2	a c b	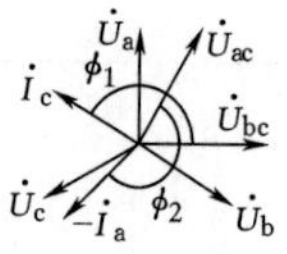	$P=\cos(\varphi+150°)+\cos(\varphi+150°)$ $=-\sqrt{3}\cos\varphi-\sin\varphi$	反
			$Q=\cos(\varphi+60°)+\cos(\varphi+60°)$ $=\cos\varphi-\sqrt{3}\sin\varphi$	$\varphi<30°$，正 $\varphi=30°$，0 $\varphi>30°$，反
3	b c a	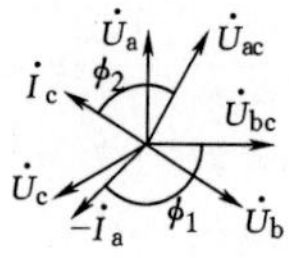	$P=\cos(\varphi+90°)+\cos(\varphi-150°)$ $=-\frac{\sqrt{3}}{2}\cos\varphi-\frac{1}{2}\sin\varphi$	反
			$Q=\cos\varphi+\cos(\varphi-240°)$ $=\frac{1}{2}\cos\varphi-\frac{\sqrt{3}}{2}\sin\varphi$	$\varphi<30°$，正 $\varphi=30°$，0 $\varphi>30°$，反
4	b a c	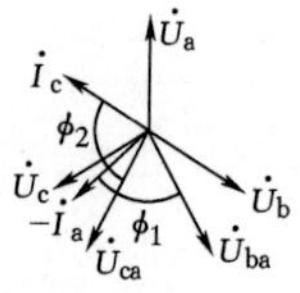	$P=\cos(\varphi+30°)+\cos(\varphi+30°)$ $=\sqrt{3}\cos\varphi-\sin\varphi$	$\varphi<60°$，正 $\varphi=60°$，0 $\varphi>60°$，反
			$Q=\cos(\varphi-60°)+\cos(\varphi-60°)$ $=\cos\varphi+\sqrt{3}\sin\varphi$	正
5	c a b	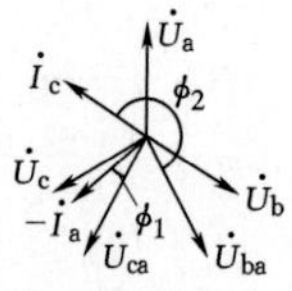	$P=\cos(\varphi-30°)+\cos(\varphi+90°)$ $=\frac{\sqrt{3}}{2}\cos\varphi-\frac{1}{2}\sin\varphi$	$\varphi<60°$，正 $\varphi=60°$，0 $\varphi>60°$，反
			$Q=\cos(\varphi-120°)+\cos\varphi$ $=\frac{1}{2}\cos\varphi+\frac{\sqrt{3}}{2}\sin\varphi$	正
6	c b a	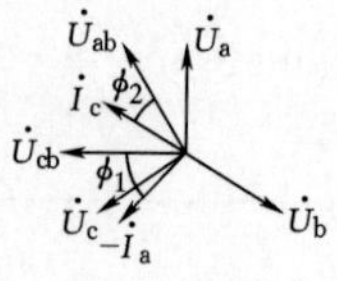	$P=\cos(\varphi-90°)+\cos(\varphi-90°)$ $=2\sin\varphi$	正
			$Q=\cos(\varphi-180°)+\cos(\varphi-180°)$ $=-2\cos\varphi$	反

续表

电流接线方式		a↑ a↓ c↓ c↑		
序号	电压接线方式	相量图	功率表达式	功率方向（感性）
1	a b c	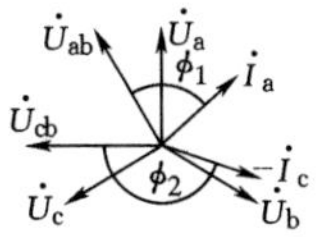	$P=\cos(\varphi+30°)+\cos(\varphi+150°)$ $=-\sin\varphi$	反
			$Q=\cos(\varphi-60°)+\cos(\varphi+60°)$ $=\cos\varphi$	正
2	a c b	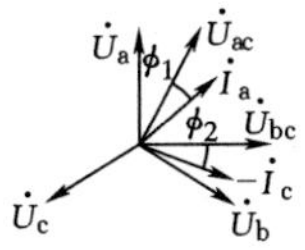	$P=\cos(\varphi-30°)+\cos(\varphi-30°)$ $=\sqrt{3}\cos\varphi+\sin\varphi$	正
			$Q=\cos(\varphi-120°)+\cos(\varphi-120°)$ $=-\cos\varphi+\sqrt{3}\sin\varphi$	$\varphi<30°$，反 $\varphi=30°$，0 $\varphi>30°$，正
3	b c a	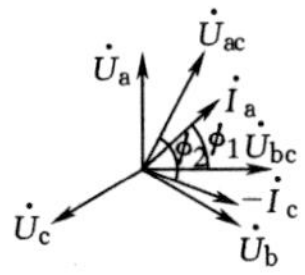	$P=\cos(\varphi-90°)+\cos(\varphi+30°)$ $=\frac{\sqrt{3}}{2}\cos\varphi+\frac{1}{2}\sin\varphi$	正
			$Q=\cos(\varphi-180°)+\cos(\varphi-60°)$ $=-\frac{1}{2}\cos\varphi+\frac{\sqrt{3}}{2}\sin\varphi$	$\varphi<30°$，反 $\varphi=30°$，0 $\varphi>30°$，正
4	b a c	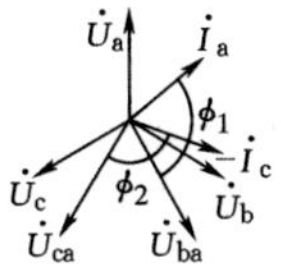	$P=\cos(\varphi+210°)+\cos(\varphi+210°)$ $=-\sqrt{3}\cos\varphi+\sin\varphi$	$\varphi<60°$，反 $\varphi=60°$，0 $\varphi>60°$，正
			$Q=\cos(\varphi+120°)+\cos(\varphi+120°)$ $=-\cos\varphi-\sqrt{3}\sin\varphi$	反
5	c a b	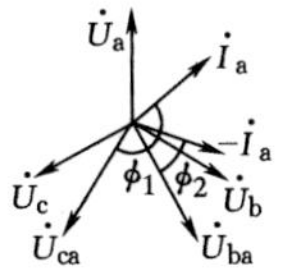	$P=\cos(\varphi+150°)+\cos(\varphi-90°)$ $=-\frac{\sqrt{3}}{2}\cos\varphi+\frac{1}{2}\sin\varphi$	$\varphi<60°$，反 $\varphi=60°$，0 $\varphi>0°$，正
			$Q=\cos(\varphi+60°)+\cos(\varphi+180°)$ $=-\frac{1}{2}\cos\varphi-\frac{\sqrt{3}}{2}\sin\varphi$	反
6	c b a	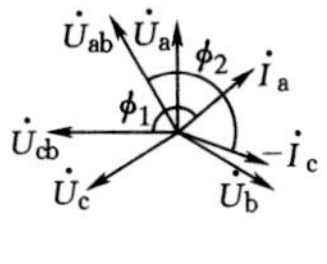	$P=\cos(\varphi+90°)+\cos(\varphi+90°)$ $=-2\sin\varphi$	反
			$Q=\cos\varphi+\cos\varphi$ $=2\cos\varphi$	正

续表

电流接线方式		c↓　c↑　a↑　a↓		
序号	电压接线方式	相量图	功率表达式	功率方向（感性）
1	a　b　c	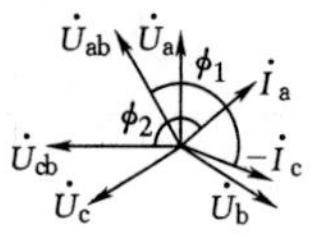	$P=\cos(\varphi+90°)+\cos(\varphi+90°)$ $=-2\sin\varphi$	反
			$Q=\cos\varphi+\cos\varphi$ $=2\cos\varphi$	正
2	a　c　b	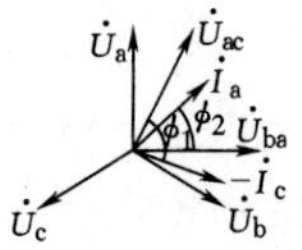	$P=\cos(\varphi+30°)+\cos(\varphi-90°)$ $=\frac{\sqrt{3}}{2}\cos\varphi+\frac{1}{2}\sin\varphi$	正
			$Q=\cos(\varphi-60°)+\cos(\varphi+180°)$ $=-\frac{1}{2}\cos\varphi+\frac{\sqrt{3}}{2}\sin\varphi$	$\varphi<30°$，反 $\varphi=30°$，0 $\varphi>30°$，正
3	b　c　a	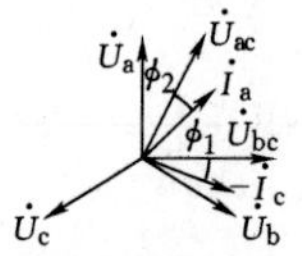	$P=\cos(\varphi-30°)+\cos(\varphi-30°)$ $=\sqrt{3}\cos\varphi+\sin\varphi$	正
			$Q=\cos(\varphi-120°)+\cos(\varphi-120°)$ $=-\cos\varphi+\sqrt{3}\sin\varphi$	$\varphi<30°$，反 $\varphi=30°$，0 $\varphi>30°$，正
4	b　a　c	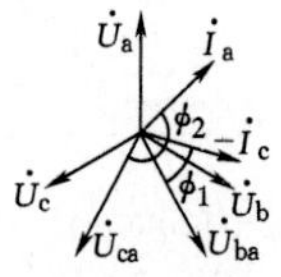	$P=\cos(\varphi-90°)+\cos(\varphi+150°)$ $=-\frac{\sqrt{3}}{2}\cos\varphi+\frac{1}{2}\sin\varphi$	$\varphi<60°$，反 $\varphi=60°$，0 $\varphi>60°$，正
			$Q=\cos(\varphi+180°)+\cos(\varphi+60°)$ $=-\frac{1}{2}\cos\varphi-\frac{\sqrt{3}}{2}\sin\varphi$	反
5	c　a　b	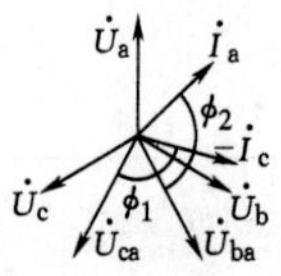	$P=\cos(\varphi+210°)+\cos(\varphi+210°)$ $=-\sqrt{3}\cos\varphi+\sin\varphi$	$\varphi<60°$，反 $\varphi=60°$，0 $\varphi>60°$，正
			$Q=\cos(\varphi+120°)+\cos(\varphi+120°)$ $=-\cos\varphi-\sqrt{3}\sin\varphi$	反
6	c　b　a	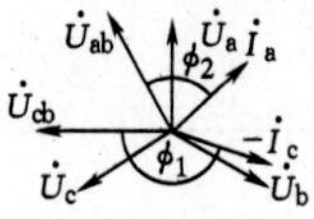	$P=\cos(\varphi+150°)+\cos(\varphi+30°)$ $=-\sin\varphi$	反
			$Q=\cos(\varphi+60°)+\cos(\varphi-60°)$ $=\cos\varphi$	正

续表

电流接线方式		c↓ c↑ a↓ a↑		
序号	电压接线方式	相量图	功率表达式	功率方向（感性）
1	a b c	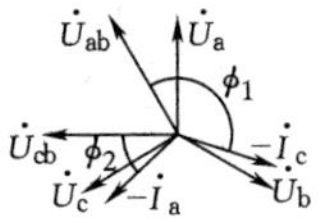	$P=\cos(\varphi+90°)+\cos(\varphi-90°)$ $=0$	0
			$Q=\cos\varphi+\cos(\varphi-180°)$ $=0$	0
2	a c b	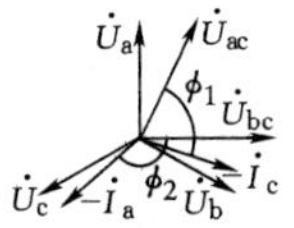	$P=\cos(\varphi+30°)+\cos(\varphi+90°)$ $=\frac{\sqrt{3}}{2}\cos\varphi-\frac{3}{2}\sin\varphi$	$\varphi<30°$，正 $\varphi=30°$，0 $\varphi>30°$，反
			$Q=\cos(\varphi-60°)+\cos\varphi$ $=\frac{3}{2}\cos\varphi+\frac{\sqrt{3}}{2}\sin\varphi$	正
3	b c a	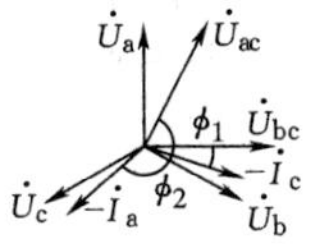	$P=\cos(\varphi-30°)+\cos(\varphi-210°)$ $=0$	0
			$Q=\cos(\varphi-120°)+\cos(\varphi+60°)$ $=0$	0
4	b a c	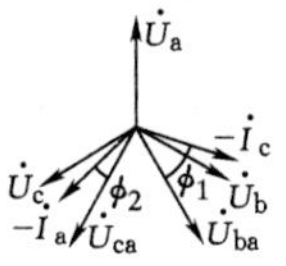	$P=\cos(\varphi-90°)+\cos(\varphi-30°)$ $=\frac{\sqrt{3}}{2}\cos\varphi+\frac{3}{2}\sin\varphi$	正
			$Q=\cos(\varphi+180°)+\cos(\varphi-120°)$ $=-\frac{3}{2}\cos\varphi+\frac{\sqrt{3}}{2}\sin\varphi$	$\varphi<60°$，反 $\varphi=60°$，0 $\varphi>60°$，正
5	c a b	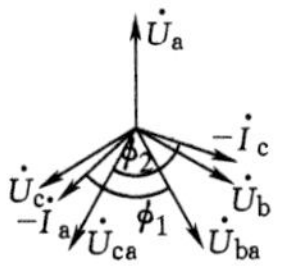	$P=\cos(\varphi+210°)+\cos(\varphi+30°)$	0
			$Q=\cos(\varphi+120°)+\cos(\varphi-60°)$	0
6	c b a	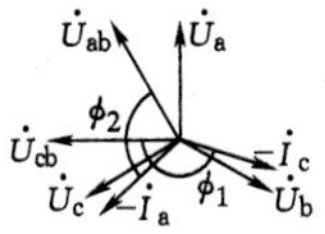	$P=\cos(\varphi+150°)+\cos(\varphi+210°)$ $=-\sqrt{3}\sin\varphi$	反
			$Q=\cos(\varphi+60°)+\cos(\varphi+120°)$ $=-\sqrt{3}\cos\varphi$	反

续表

电流接线方式		a↓ a↑ c↓ c↑		
序号	电压接线方式	相量图	功率表达式	功率方向（感性）
1	a b c	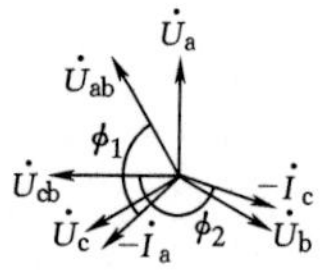 $\dot{U}_a$, $\dot{U}_{ab}$, ϕ_1, $\dot{U}_{cb}$, $\dot{U}_c$, $-\dot{I}_a$, ϕ_2, $-\dot{I}_c$, $\dot{U}_b$	$P=\cos(\varphi+210°)+\cos(\varphi+150°)=-\sqrt{3}\cos\varphi$	反
			$Q=\cos(\varphi+120°)+\cos(\varphi+60°)=-\sqrt{3}\sin\varphi$	反
2	a c b	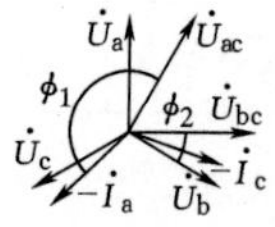 $\dot{U}_a$, $\dot{U}_{ac}$, ϕ_1, ϕ_2, $\dot{U}_{bc}$, $\dot{U}_c$, $-\dot{I}_c$, $-\dot{I}_a$, $\dot{U}_b$	$P=\cos(\varphi+150°)+\cos(\varphi-30°)=0$	0
			$Q=\cos(\varphi+60°)+\cos(\varphi-120°)=0$	0
3	b c a	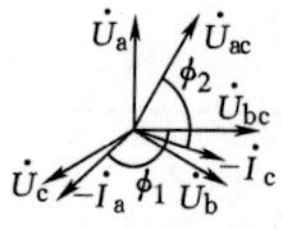 $\dot{U}_a$, $\dot{U}_{ac}$, ϕ_2, $\dot{U}_{bc}$, $\dot{U}_c$, $-\dot{I}_a$, ϕ_1, $\dot{U}_b$, $-\dot{I}_c$	$P=\cos(\varphi+90°)+\cos(\varphi+30°)=\frac{\sqrt{3}}{2}\cos\varphi-\frac{3}{2}\sin\varphi$	$\varphi<30°$，正 $\varphi=30°$，0 $\varphi>30°$，反
			$Q=\cos\varphi+\cos(\varphi-60°)=\frac{3}{2}\cos\varphi+\frac{\sqrt{3}}{2}\sin\varphi$	正
4	b a c	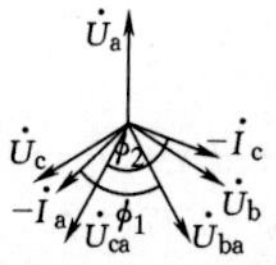 $\dot{U}_a$, $\dot{U}_c$, ϕ_2, $-\dot{I}_c$, $-\dot{I}_a$, ϕ_1, $\dot{U}_b$, $\dot{U}_{ca}$, $\dot{U}_{ba}$	$P=\cos(\varphi+30°)+\cos(\varphi+210°)$	0
			$Q=\cos(\varphi-60°)+\cos(\varphi+120°)$	0
5	c a b	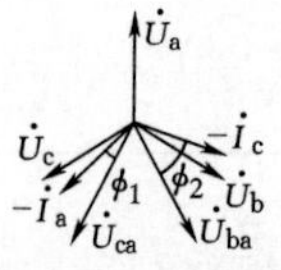 $\dot{U}_a$, $\dot{U}_c$, $-\dot{I}_c$, $-\dot{I}_a$, ϕ_1, ϕ_2, $\dot{U}_b$, $\dot{U}_{ca}$, $\dot{U}_{ba}$	$P=\cos(\varphi-30°)+\cos(\varphi-90°)=\frac{\sqrt{3}}{2}\cos\varphi+\frac{3}{2}\sin\varphi$	正
			$Q=\cos(\varphi-120°)+\cos(\varphi+180°)=-\frac{3}{2}\cos\varphi+\frac{\sqrt{3}}{2}\sin\varphi$	$\varphi<60°$，反 $\varphi=60°$，0 $\varphi>60°$，正
6	c b a	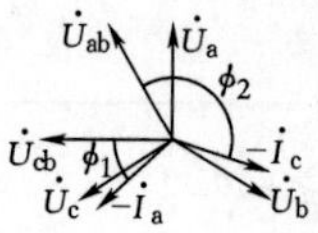 $\dot{U}_{ab}$, $\dot{U}_a$, ϕ_2, $\dot{U}_{cb}$, ϕ_1, $-\dot{I}_c$, $\dot{U}_c$, $-\dot{I}_a$, $\dot{U}_b$	$P=\cos(\varphi-90°)+\cos(\varphi+90°)=0$	0
			$Q=\cos(\varphi-180°)+\cos\varphi=0$	0

表 2-9 互感器 V/V-12 型接线二次电流回路三线制常见误接线

电流接线方式	a b c	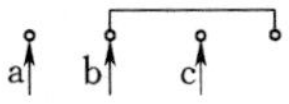		
序号	电压接线方式	相量图	功率表达式	功率方向（感性）
1	a b c	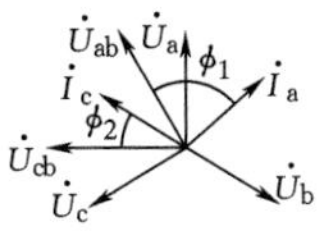	$P=\cos(\varphi+30°)+\cos(\varphi-30°)$ $=\sqrt{3}\cos\varphi$	正
			$Q=\cos(\varphi-60°)+\cos(\varphi-120°)$ $=\sqrt{3}\sin\varphi$	正
2	a c b	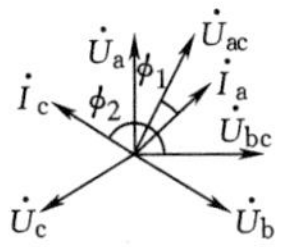	$P=\cos(\varphi-30°)+\cos(\varphi+150°)$ $=0$	0
			$Q=\cos(\varphi-120°)+\cos(\varphi+60°)$ $=0$	0
3	b c a	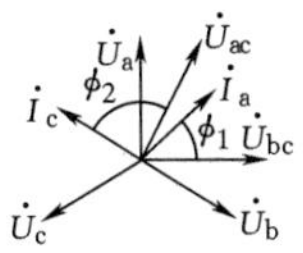	$P=\cos(\varphi-90°)+\cos(\varphi-150°)$ $=-\frac{\sqrt{3}}{2}\cos\varphi+\frac{3}{2}\sin\varphi$	$\varphi<30°$，反 $\varphi=30°$，0 $\varphi>30°$，正
			$Q=\cos(\varphi-180°)+\cos(\varphi-240°)$ $=-\frac{3}{2}\cos\varphi-\frac{\sqrt{3}}{2}\sin\varphi$	反
4	b a c	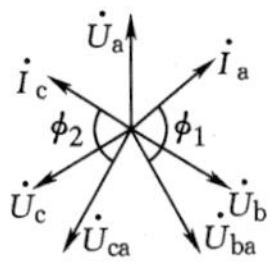	$P=\cos(\varphi+210°)+\cos(\varphi+30°)$ $=0$	0
			$Q=\cos(\varphi+120°)+\cos(\varphi-60°)$ $=0$	0
5	c a b	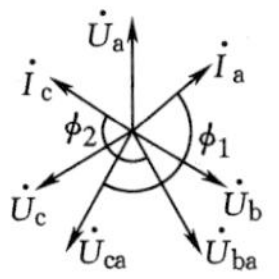	$P=\cos(\varphi+150°)+\cos(\varphi+90°)$ $=-\frac{\sqrt{3}}{2}\cos\varphi-\frac{3}{2}\sin\varphi$	反
			$Q=\cos(\varphi+60°)+\cos\varphi$ $=\frac{3}{2}\cos\varphi-\frac{\sqrt{3}}{2}\sin\varphi$	$\varphi<60°$，正 $\varphi=60°$，0 $\varphi>60°$，反
6	c b a	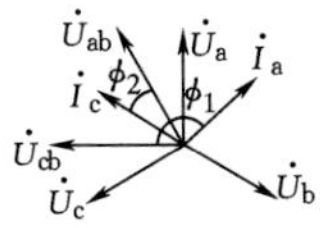	$P=\cos(\varphi+90°)+\cos(\varphi-90°)$ $=0$	0
			$Q=\cos\varphi+\cos(\varphi-180°)$ $=0$	0

续表

电流接线方式		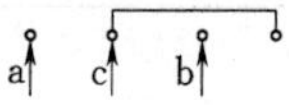 a c b		
序号	电压接线方式	相量图	功率表达式	功率方向（感性）
1	a b c	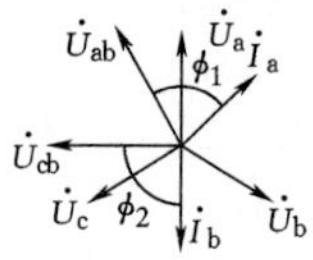	$P=\cos(\varphi+30°)+\cos(\varphi-150°)=0$	0
			$Q=\cos(\varphi-60°)+\cos(\varphi+120°)=0$	0
2	a c b	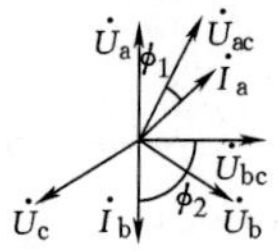	$P=\cos(\varphi-30°)+\cos(\varphi+30°)=\sqrt{3}\cos\varphi$	正
			$Q=\cos(\varphi-120°)+\cos(\varphi-60°)=\sqrt{3}\sin\varphi$	正
3	b c a	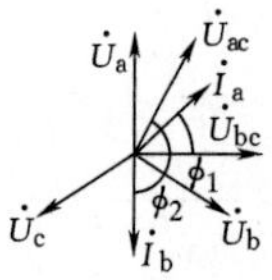	$P=\cos(\varphi-90°)+\cos(\varphi+90°)=0$	0
			$Q=\cos(\varphi-180°)+\cos\varphi=0$	0
4	b a c	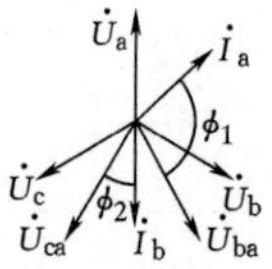	$P=\cos(\varphi+210°)+\cos(\varphi-90°)=-\frac{\sqrt{3}}{2}\cos\varphi+\frac{3}{2}\sin\varphi$	$\varphi<30°$，反 $\varphi=30°$，0 $\varphi>30°$，正
			$Q=\cos(\varphi+120°)+\cos(\varphi-180°)=-\frac{3}{2}\cos\varphi-\frac{\sqrt{3}}{2}\sin\varphi$	反
5	c a b	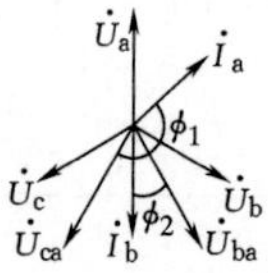	$P=\cos(\varphi+150°)+\cos(\varphi-30°)=0$	0
			$Q=\cos(\varphi+60°)+\cos(\varphi-120°)=0$	0
6	c b a	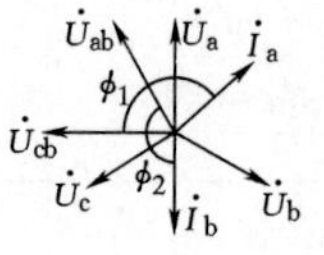	$P=\cos(\varphi+90°)+\cos(\varphi+150°)=-\frac{\sqrt{3}}{2}\cos\varphi-\frac{3}{2}\sin\varphi$	反
			$Q=\cos\varphi+\cos(\varphi+60°)=\frac{3}{2}\cos\varphi-\frac{\sqrt{3}}{2}\sin\varphi$	$\varphi<60°$，正 $\varphi=60°$，0 $\varphi>60°$，反

续表

电流接线方式		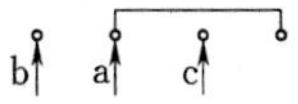 b a c		
序号	电压接线方式	相量图	功率表达式	功率方向（感性）
1	a b c	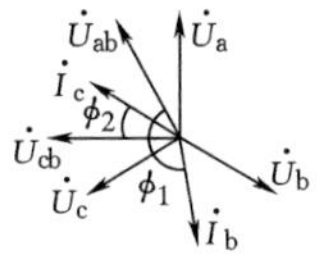	$P=\cos(\varphi+150°)+\cos(\varphi-30°)=0$	0
			$Q=\cos(\varphi+60°)+\cos(\varphi-120°)=0$	0
2	a c b	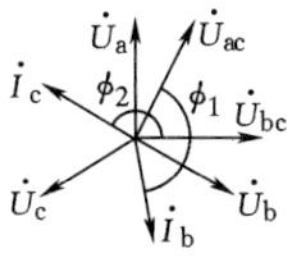	$P=\cos(\varphi+90°)+\cos(\varphi+150°)=-\frac{\sqrt{3}}{2}\cos\varphi-\frac{3}{2}\sin\varphi$	反
			$Q=\cos\varphi+\cos(\varphi+60°)=\frac{3}{2}\cos\varphi-\frac{\sqrt{3}}{2}\sin\varphi$	$\varphi<60°$，正 $\varphi=60°$，0 $\varphi>60°$，反
3	b c a	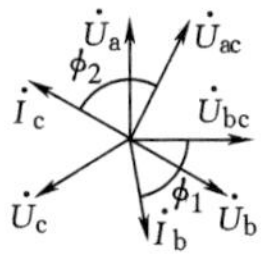	$P=\cos(\varphi+30°)+\cos(\varphi-150°)=0$	0
			$Q=\cos(\varphi-60°)+\cos(\varphi-240°)=0$	0
4	b a c	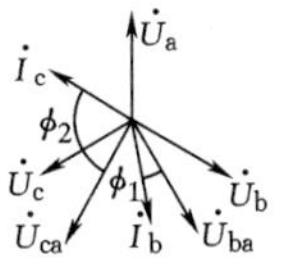	$P=\cos(\varphi-30°)+\cos(\varphi+30°)=\sqrt{3}\cos\varphi$	正
			$Q=\cos(\varphi-120°)+\cos(\varphi-60°)=\sqrt{3}\sin\varphi$	正反
5	c a b	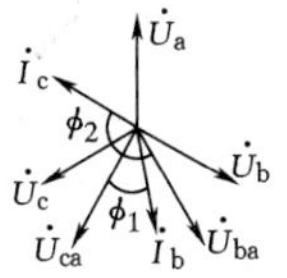	$P=\cos(\varphi-90°)+\cos(\varphi+90°)=0$	0
			$Q=\cos(\varphi+180°)+\cos\varphi=0$	0
6	c b a	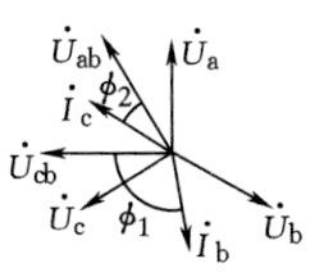	$P=\cos(\varphi-150°)+\cos(\varphi-90°)=-\frac{\sqrt{3}}{2}\cos\varphi+\frac{3}{2}\sin\varphi$	$\varphi<30°$，反 $\varphi=30°$，0 $\varphi>30°$，正
			$Q=\cos(\varphi+120°)+\cos(\varphi-180°)=-\frac{3}{2}\cos\varphi-\frac{\sqrt{3}}{2}\sin\varphi$	反

续表

电流接线方式		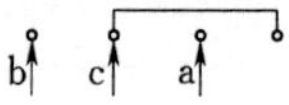 b c a		
序号	电压接线方式	相量图	功率表达式	功率方向（感性）
1	a b c	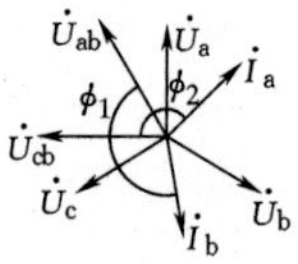	$P=\cos(\varphi+150°)+\cos(\varphi+90°)=-\frac{\sqrt{3}}{2}\cos\varphi-\frac{3}{2}\sin\varphi$	反
			$Q=\cos(\varphi+60°)+\cos\varphi=\frac{3}{2}\cos\varphi-\frac{\sqrt{3}}{2}\sin\varphi$	$\varphi<60°$，正 $\varphi=60°$，0 $\varphi>60°$，反
2	a c b	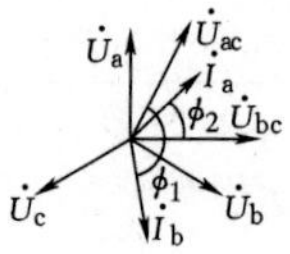	$P=\cos(\varphi+90°)+\cos(\varphi-90°)=0$	0
			$Q=\cos\varphi+\cos(\varphi+180°)=0$	0
3	b c a	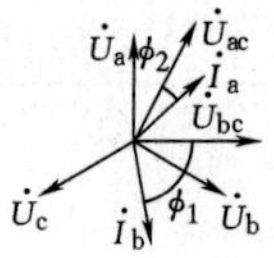	$P=\cos(\varphi+30°)+\cos(\varphi-30°)=\sqrt{3}\cos\varphi$	正
			$Q=\cos(\varphi-60°)+\cos(\varphi-120°)=\sqrt{3}\sin\varphi$	正
4	b a c	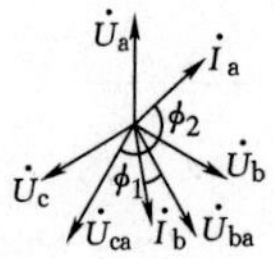	$P=\cos(\varphi-30°)+\cos(\varphi+150°)=0$	0
			$Q=\cos(\varphi-120°)+\cos(\varphi+60°)=0$	0
5	c a b	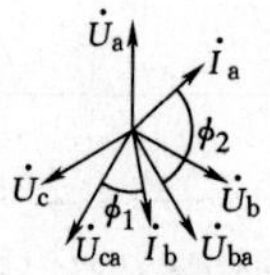	$P=\cos(\varphi-90°)+\cos(\varphi+210°)=-\frac{\sqrt{3}}{2}\cos\varphi+\frac{3}{2}\sin\varphi$	$\varphi<30°$，反 $\varphi=30°$，0 $\varphi>30°$，正
			$Q=\cos(\varphi+180°)+\cos(\varphi+120°)=-\frac{3}{2}\cos\varphi-\frac{\sqrt{3}}{2}\sin\varphi$	反
6	c b a	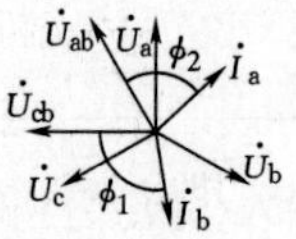	$P=\cos(\varphi-150°)+\cos(\varphi+30°)=0$	0
			$Q=\cos(\varphi+120°)+\cos(\varphi-60°)=0$	0

续表

电流接线方式		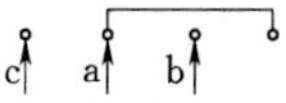 c a b		
序号	电压接线方式	相量图	功率表达式	功率方向（感性）
1	a b c	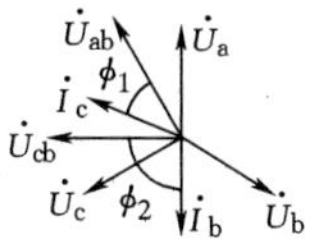	$P=\cos(\varphi-90°)+\cos(\varphi-150°)$ $=-\frac{\sqrt{3}}{2}\cos\varphi+\frac{3}{2}\sin\varphi$	$\varphi<30°$，反 $\varphi=30°$，0 $\varphi>30°$，正
			$Q=\cos(\varphi-180°)+\cos(\varphi+120°)$ $=-\frac{3}{2}\cos\varphi-\frac{\sqrt{3}}{2}\sin\varphi$	反
2	a c b	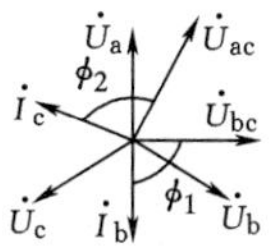	$P=\cos(\varphi-150°)+\cos(\varphi+30°)$ $=0$	0
			$Q=\cos(\varphi+120°)+\cos(\varphi-60°)$ $=0$	0
3	b c a	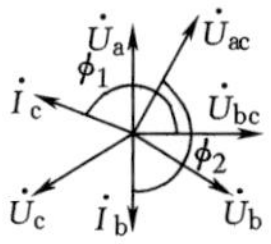	$P=\cos(\varphi+150°)+\cos(\varphi+90°)$ $=-\frac{\sqrt{3}}{2}\cos\varphi-\frac{3}{2}\sin\varphi$	反
			$Q=\cos(\varphi+60°)+\cos\varphi$ $=\frac{3}{2}\cos\varphi-\frac{\sqrt{3}}{2}\sin\varphi$	$\varphi<60°$，正 $\varphi=60°$，0 $\varphi>60°$，反
4	b a c	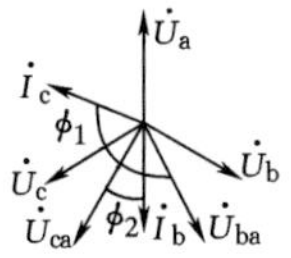	$P=\cos(\varphi+90°)+\cos(\varphi-90°)$ $=0$	0
			$Q=\cos\varphi+\cos(\varphi-180°)$ $=0$	0
5	c a b	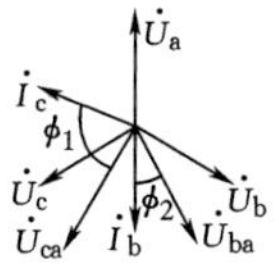	$P=\cos(\varphi+30°)+\cos(\varphi-30°)$ $=\sqrt{3}\cos\varphi$	正
			$Q=\cos(\varphi-60°)+\cos(\varphi-120°)$ $=\sqrt{3}\sin\varphi$	正
6	c b a	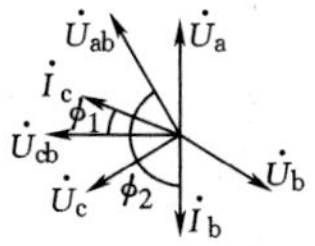	$P=\cos(\varphi-30°)+\cos(\varphi+150°)$ $=0$	0
			$Q=\cos(\varphi-120°)+\cos(\varphi+60°)$ $=0$	0

续表

电流接线方式		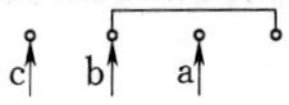 c b a		
序号	电压接线方式	相量图	功率表达式	功率方向（感性）
1	a b c	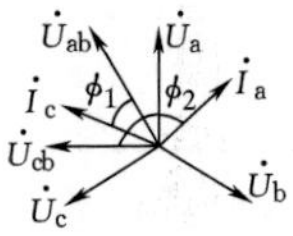	$P=\cos(\varphi-90°)+\cos(\varphi+90°)$ $=0$	0
			$Q=\cos(\varphi-180°)+\cos\varphi$ $=0$	0
2	a c b	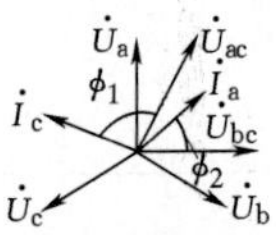	$P=\cos(\varphi-150°)+\cos(\varphi-90°)$ $=-\frac{\sqrt{3}}{2}\cos\varphi+\frac{3}{2}\sin\varphi$	$\varphi<30°$，反 $\varphi=30°$，0 $\varphi>30°$，正
			$Q=\cos(\varphi+120°)+\cos(\varphi+60°)$ $=-\sqrt{3}\sin\varphi$	反
3	b c a	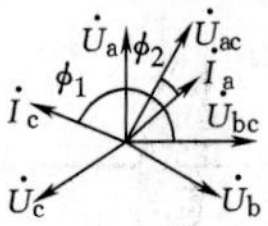	$P=\cos(\varphi+150°)+\cos(\varphi-30°)$ $=0$	0
			$Q=\cos(\varphi+60°)+\cos(\varphi-120°)$ $=0$	0
4	b a c	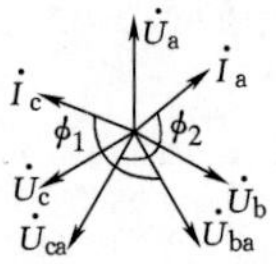	$P=\cos(\varphi+90°)+\cos(\varphi+150°)$ $=-\frac{\sqrt{3}}{2}\cos\varphi-\frac{3}{2}\sin\varphi$	反
			$Q=\cos\varphi+\cos(\varphi+60°)$ $=\frac{3}{2}\cos\varphi-\frac{\sqrt{3}}{2}\sin\varphi$	$\varphi<60°$，正 $\varphi=60°$，0 $\varphi>60°$，反
5	c a b	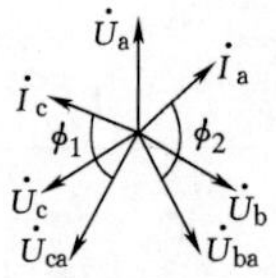	$P=\cos(\varphi+30°)+\cos(\varphi-150°)$ $=0$	0
			$Q=\cos(\varphi-60°)+\cos(\varphi+120°)$ $=0$	0
6	c b a	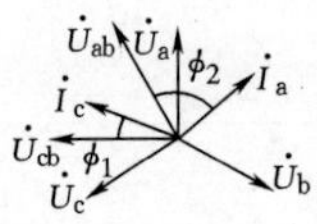	$P=\cos(\varphi-30°)+\cos(\varphi+30°)$ $=\sqrt{3}\cos\varphi$	正
			$Q=\cos(\varphi-120°)+\cos(\varphi-60°)$ $=\sqrt{3}\sin\varphi$	正

表 2-10　　互感器 Y/Y-12 型接线电流四线制常见误接线

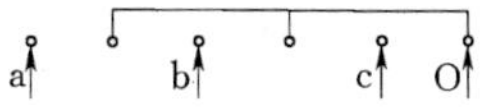

序号	电压接线方式	相量图	功率表达式	功率方向（感性）
电流接线方式		a b c O		
1	a b c	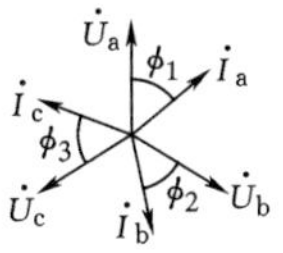	$P=\cos\varphi_a+\cos\varphi_b+\cos\varphi_c$ $=3\cos\varphi$	正
			$Q=\sin\varphi_a+\sin\varphi_b+\sin\varphi_c$ $=3\sin\varphi$	正
2	a c b	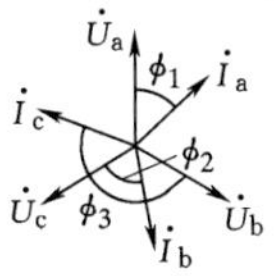	$P=\cos\varphi_a+\cos(\varphi_b-120°)+\cos(\varphi_c+120°)$ $=0$	0
			$Q=\sin\varphi_a+\sin(\varphi_b-120°)+\sin(\varphi_c+120°)$ $=0$	0
3	b c a	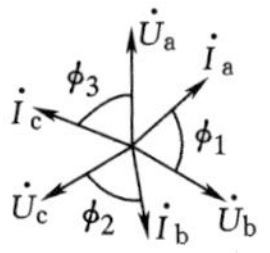	$P=\cos(\varphi_a-120°)+\cos(\varphi_b-120°)+\cos(\varphi_c-120°)$ $=-\dfrac{3}{2}\cos\varphi+\dfrac{3\sqrt{3}}{2}\sin\varphi$	$\varphi<30°$，反 $\varphi=30°$，0 $\varphi>30°$，正
			$Q=\sin(\varphi_a-120°)+\sin(\varphi_b-120°)+\sin(\varphi_c-120°)$ $=-\dfrac{3\sqrt{3}}{2}\cos\varphi-\dfrac{3}{2}\sin\varphi$	反
4	b a c	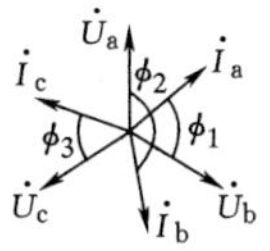	$P=\cos(\varphi_a-120°)+\cos(\varphi_b+120°)+\cos\varphi_c$ $=0$	0
			$Q=\sin(\varphi_a-120°)+\sin(\varphi_b+120°)+\sin\varphi_c$ $=0$	0
5	c a b	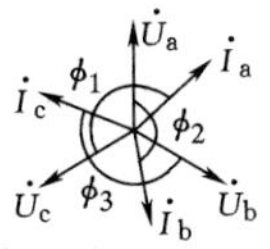	$P=\cos(\varphi_a+120°)+\cos(\varphi_b+120°)+\cos(\varphi_c+120°)$ $=-\dfrac{3}{2}\cos\varphi-\dfrac{3\sqrt{3}}{2}\sin\varphi$	反
			$Q=\sin(\varphi_a+120°)+\sin(\varphi_b+120°)+\sin(\varphi_c+120°)$ $=\dfrac{3\sqrt{3}}{2}\cos\varphi-\dfrac{3}{2}\sin\varphi$	$\varphi<60°$，正 $\varphi=60°$，0 $\varphi>60°$，反
6	c b a	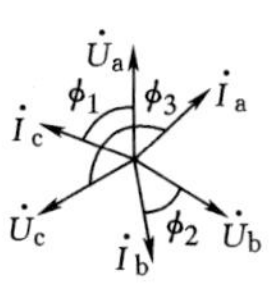	$P=\cos(\varphi_a+120°)+\cos\varphi_b+\cos(\varphi_c-120°)$ $=0$	0
			$Q=\sin(\varphi_a+120°)+\sin\varphi_b+\sin(\varphi_c-120°)$ $=0$	0

续表

电流接线方式	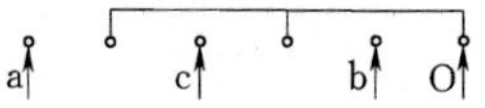	a c b O		
序号	电压接线方式	相量图	功率表达式	功率方向（感性）
1	a b c	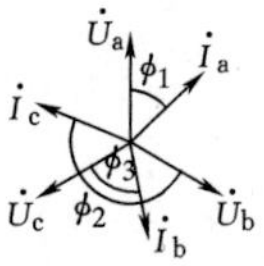 $\dot{U}_a$ $\dot{I}_a$ $\dot{I}_c$ $\dot{U}_c$ $\dot{I}_b$ $\dot{U}_b$ ϕ_1 ϕ_2 ϕ_3	$P=\cos\varphi_a+\cos(\varphi_c+120°)+\cos(\varphi_b-120°)$ $=0$	0
			$Q=\sin\varphi_a+\sin(\varphi_c+120°)+\sin(\varphi_b-120°)$ $=0$	0
2	a c b	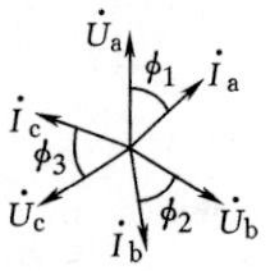 $\dot{U}_a$ $\dot{I}_a$ $\dot{I}_c$ $\dot{U}_c$ $\dot{I}_b$ $\dot{U}_b$ ϕ_1 ϕ_2 ϕ_3	$P=\cos\varphi_a+\cos\varphi_c+\cos\varphi_b$ $=3\cos\varphi$	正
			$Q=\sin\varphi_a+\sin\varphi_c+\sin\varphi_b$ $=3\sin\varphi$	正
3	b c a	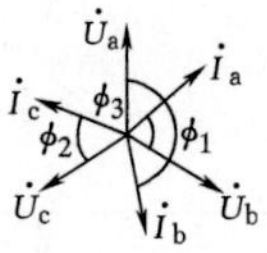 $\dot{U}_a$ $\dot{I}_a$ $\dot{I}_c$ $\dot{U}_c$ $\dot{I}_b$ $\dot{U}_b$ ϕ_1 ϕ_2 ϕ_3	$P=\cos(\varphi_a-120°)+\cos\varphi_c+\cos(\varphi_b+120°)$ $=0$	0
			$Q=\sin(\varphi_a-120°)+\sin\varphi_c+\sin(\varphi_b+120°)$ $=0$	0
4	b a c	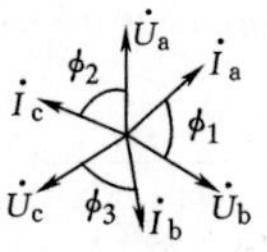 $\dot{U}_a$ $\dot{I}_a$ $\dot{I}_c$ $\dot{U}_c$ $\dot{I}_b$ $\dot{U}_b$ ϕ_1 ϕ_2 ϕ_3	$P=\cos(\varphi_a-120°)+\cos(\varphi_c-120°)+\cos(\varphi_b-120°)$ $=-\frac{3}{2}\cos\varphi+\frac{3\sqrt{3}}{2}\sin\varphi$	$\varphi<30°$，反 $\varphi=30°$，0 $\varphi>30°$，正
			$Q=\sin(\varphi_a-120°)+\sin(\varphi_c-120°)+\sin(\varphi_b-120°)$ $=-\frac{3\sqrt{3}}{2}\cos\varphi-\frac{3}{2}\sin\varphi$	反
5	c a b	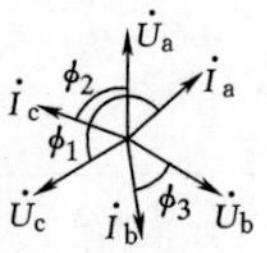 $\dot{U}_a$ $\dot{I}_a$ $\dot{I}_c$ $\dot{U}_c$ $\dot{I}_b$ $\dot{U}_b$ ϕ_1 ϕ_2 ϕ_3	$P=\cos(\varphi_a+120°)+\cos(\varphi_c-120°)+\cos\varphi_b$ $=0$	0
			$Q=\sin(\varphi_a+120°)+\sin(\varphi_c-120°)+\sin\varphi_b$ $=0$	0
6	c b a	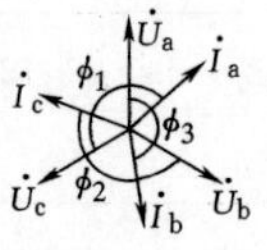 $\dot{U}_a$ $\dot{I}_a$ $\dot{I}_c$ $\dot{U}_c$ $\dot{I}_b$ $\dot{U}_b$ ϕ_1 ϕ_2 ϕ_3	$P=\cos(\varphi_a+120°)+\cos(\varphi_c+120°)+\cos(\varphi_b+120°)$ $=-\frac{3}{2}\cos\varphi-\frac{3\sqrt{3}}{2}\sin\varphi$	反
			$Q=\sin(\varphi_a+120°)+\sin(\varphi_c+120°)+\sin(\varphi_b+120°)$ $=\frac{3\sqrt{3}}{2}\cos\varphi-\frac{3}{2}\sin\varphi$	$\varphi<60°$，正 $\varphi=60°$，0 $\varphi>60°$，反

续表

电流接线方式		 b a c O		
序号	电压接线方式	相量图	功率表达式	功率方向（感性）
1	a b c	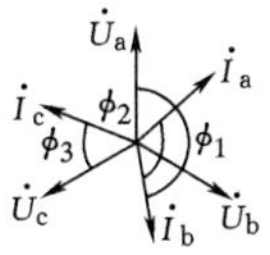	$P=\cos(\varphi_b+120°)+\cos(\varphi_a-120°)+\cos\varphi_c$ $=0$	0
			$Q=\sin(\varphi_b+120°)+\sin(\varphi_a-120°)+\sin\varphi_c$ $=0$	0
2	a c b	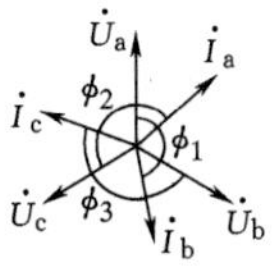	$P=\cos(\varphi_b+120°)+\cos(\varphi_a+120°)+\cos(\varphi_c+120°)$ $=-\frac{3}{2}\cos\varphi-\frac{3\sqrt{3}}{2}\sin\varphi$	反
			$Q=\sin(\varphi_b+120°)+\sin(\varphi_a+120°)+\sin(\varphi_c+120°)$ $=\frac{3\sqrt{3}}{2}\cos\varphi-\frac{3}{2}\sin\varphi$	$\varphi<60°$，正 $\varphi=60°$，0 $\varphi>60°$，反
3	b c a	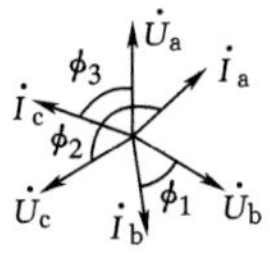	$P=\cos\varphi_b+\cos(\varphi_a+120°)+\cos(\varphi_c-120°)$ $=0$	0
			$Q=\sin\varphi_b+\sin(\varphi_a+120°)+\sin(\varphi_c-120°)$ $=0$	0
4	b a c	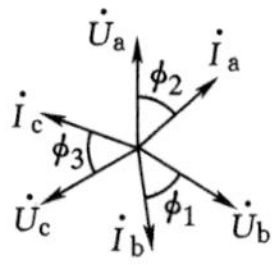	$P=\cos\varphi_b+\cos\varphi_a+\cos\varphi_c$ $=3\cos\varphi$	正
			$Q=\sin\varphi_b+\sin\varphi_a+\sin\varphi_c$ $=3\sin\varphi$	正
5	c a b	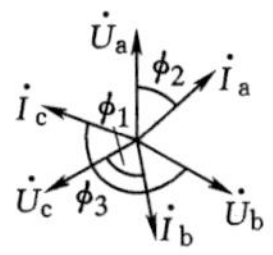	$P=\cos(\varphi_b-120°)+\cos\varphi_a+\cos(\varphi_c+120°)$ $=0$	0
			$Q=\sin(\varphi_b-120°)+\sin\varphi_a+\sin(\varphi_c+120°)$ $=0$	0
6	c b a	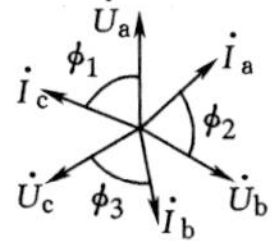	$P=\cos(\varphi_b-120°)+\cos(\varphi_a-120°)+\cos(\varphi_c-120°)$ $=-\frac{3}{2}\cos\varphi+\frac{3\sqrt{3}}{2}\sin\varphi$	$\varphi<30°$，反 $\varphi=30°$，0 $\varphi>30°$，正
			$Q=\sin(\varphi_b-120°)+\sin(\varphi_a-120°)+\sin(\varphi_c-120°)$ $=-\frac{3\sqrt{3}}{2}\cos\varphi-\frac{3}{2}\sin\varphi$	反

续表

电流接线方式		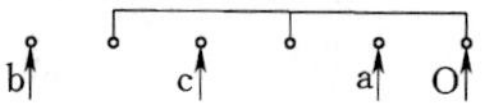 b c a O		
序号	电压接线方式	相量图	功率表达式	功率方向（感性）
1	a b c	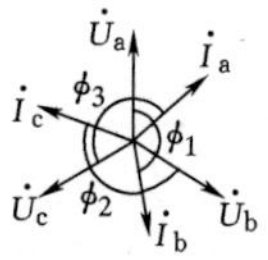	$P=\cos(\varphi_b+120°)+\cos(\varphi_c+120°)+\cos(\varphi_a+120°)$ $=-\frac{3}{2}\cos\varphi-\frac{3\sqrt{3}}{2}\sin\varphi$	反
			$Q=\sin(\varphi_b+120°)+\sin(\varphi_c+120°)+\sin(\varphi_a+120°)$ $=\frac{3\sqrt{3}}{2}\cos\varphi-\frac{3}{2}\sin\varphi$	$\varphi<60°$，正 $\varphi=60°$，0 $\varphi>60°$，反
2	a c b	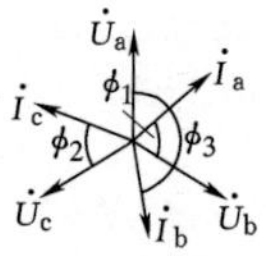	$P=\cos(\varphi_b+120°)+\cos\varphi_c+\cos(\varphi_a-120°)$ $=0$	0
			$Q=\sin(\varphi_b+120°)+\sin\varphi_c+\sin(\varphi_a-120°)$ $=0$	0
3	b c a	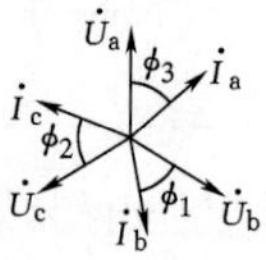	$P=\cos\varphi_b+\cos\varphi_c+\cos\varphi_a$ $=3\cos\varphi$	正
			$Q=\sin\varphi_b+\sin\varphi_c+\sin\varphi_a$ $=3\sin\varphi$	正
4	b a c	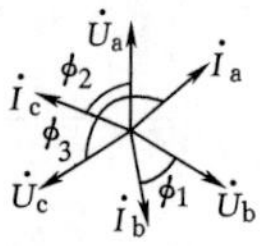	$P=\cos\varphi_b+\cos(\varphi_c-120°)+\cos(\varphi_a+120°)$ $=0$	0
			$Q=\sin\varphi_b+\sin(\varphi_c-120°)+\sin(\varphi_a+120°)$ $=0$	0
5	c a b	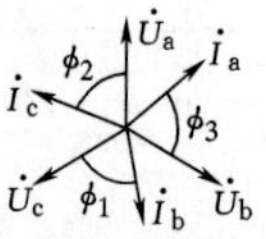	$P=\cos(\varphi_b-120°)+\cos(\varphi_c-120°)+\cos(\varphi_a-120°)$ $=-\frac{3}{2}\cos\varphi+\frac{3\sqrt{3}}{2}\sin\varphi$	$\varphi<30°$，反 $\varphi=30°$，0 $\varphi>30°$，正
			$Q=\sin(\varphi_b-120°)+\sin(\varphi_c-120°)+\sin(\varphi_a-120°)$ $=-\frac{3\sqrt{3}}{2}\cos\varphi-\frac{3}{2}\sin\varphi$	反
6	c b a	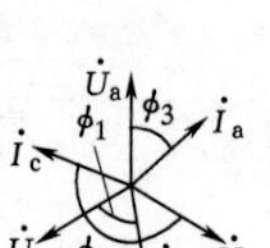	$P=\cos(\varphi_b-120°)+\cos(\varphi_c+120°)+\cos\varphi_a$ $=0$	0
			$Q=\sin(\varphi_b-120°)+\sin(\varphi_c+120°)+\sin\varphi_a$ $=0$	0

续表

电流接线方式		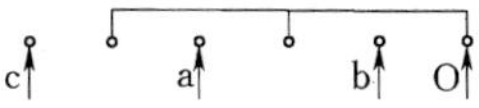 c a b O		
序号	电压接线方式	相量图	功率表达式	功率方向（感性）
1	a b c	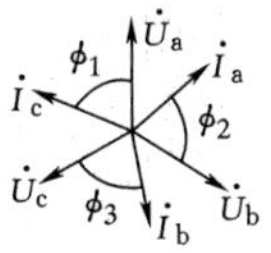	$P=\cos(\varphi_c-120°)+\cos(\varphi_a-120°)+\cos(\varphi_b-120°)$ $=-\frac{3}{2}\cos\varphi+\frac{3\sqrt{3}}{2}\sin\varphi$	$\varphi<30°$，反 $\varphi=30°$，0 $\varphi>30°$，正
			$Q=\sin(\varphi_c-120°)+\sin(\varphi_a-120°)+\sin(\varphi_b-120°)$ $=-\frac{3\sqrt{3}}{2}\cos\varphi-\frac{3}{2}\sin\varphi$	反
2	a c b	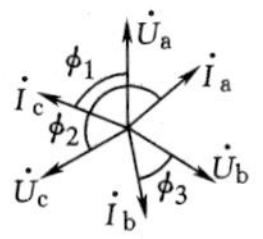	$P=\cos(\varphi_c-120°)+\cos(\varphi_a+120°)+\cos\varphi_b$ $=0$	0
			$Q=\sin(\varphi_c-120°)+\sin(\varphi_a+120°)+\sin\varphi_b$ $=0$	0
3	b c a	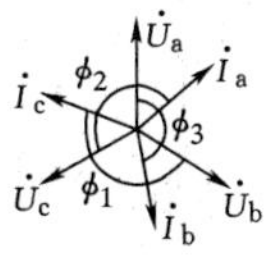	$P=\cos(\varphi_c+120°)+\cos(\varphi_a+120°)+\cos(\varphi_b+120°)$ $=-\frac{3}{2}\cos\varphi-\frac{3\sqrt{3}}{2}\sin\varphi$	反
			$Q=\sin(\varphi_c+120°)+\sin(\varphi_a+120°)+\sin(\varphi_b+120°)$ $=\frac{3\sqrt{3}}{2}\cos\varphi-\frac{3}{2}\sin\varphi$	$\varphi<60°$，正 $\varphi=60°$，0 $\varphi>60°$，反
4	b a c	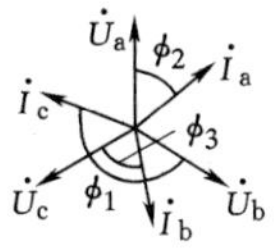	$P=\cos(\varphi_c+120°)+\cos\varphi_a+\cos(\varphi_b-120°)$ $=0$	0
			$Q=\sin(\varphi_c+120°)+\sin\varphi_a+\sin(\varphi_b-120°)$ $=0$	0
5	c a b	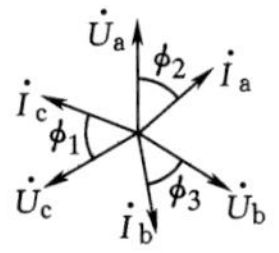	$P=\cos\varphi_c+\cos\varphi_a+\cos\varphi_b$ $=3\cos\varphi$	正
			$Q=\sin\varphi_c+\sin\varphi_a+\sin\varphi_b$ $=3\sin\varphi$	正
6	c b a	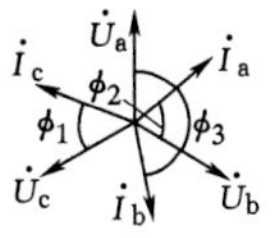	$P=\cos\varphi_c+\cos(\varphi_a-120°)+\cos(\varphi_b+120°)$ $=0$	0
			$Q=\sin\varphi_c+\sin(\varphi_a-120°)+\sin(\varphi_b+120°)$ $=0$	0

续表

电流接线方式		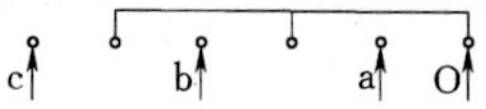 c b a O		
序号	电压接线方式	相量图	功率表达式	功率方向（感性）
1	a b c	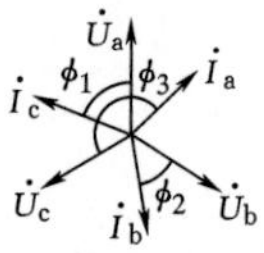	$P=\cos(\varphi_c-120°)+\cos\varphi_b+\cos(\varphi_a+120°)$ $=0$	0
			$Q=\sin(\varphi_c-120°)+\sin\varphi_b+\sin(\varphi_a+120°)$ $=0$	0
2	a c b	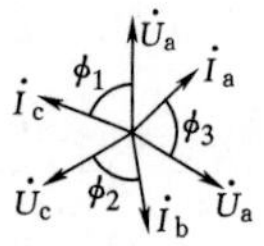	$P=\cos(\varphi_c-120°)+\cos(\varphi_b-120°)+\cos(\varphi_a-120°)$ $=-\frac{3}{2}\cos\varphi+\frac{3\sqrt{3}}{2}\sin\varphi$	$\varphi<30°$，反 $\varphi=30°$，0 $\varphi>30°$，正
			$Q=\sin(\varphi_c-120°)+\sin(\varphi_b-120°)+\sin(\varphi_a-120°)$ $=-\frac{3\sqrt{3}}{2}\cos\varphi-\frac{3}{2}\sin\varphi$	反
3	b c a	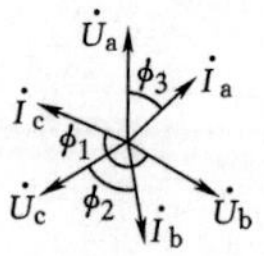	$P=\cos(\varphi_c+120°)+\cos(\varphi_b-120°)+\cos\varphi_a$ $=0$	0
			$Q=\sin(\varphi_c+120°)+\sin(\varphi_b-120°)+\sin\varphi_a$ $=0$	0
4	b a c	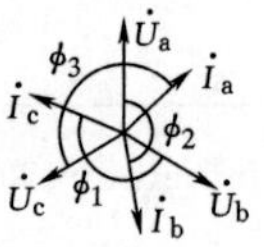	$P=\cos(\varphi_c+120°)+\cos(\varphi_b+120°)+\cos(\varphi_a+120°)$ $=-\frac{3}{2}\cos\varphi-\frac{3\sqrt{3}}{2}\sin\varphi$	反
			$Q=\sin(\varphi_c+120°)+\sin(\varphi_b+120°)+\sin(\varphi_a+120°)$ $=\frac{3\sqrt{3}}{2}\cos\varphi-\frac{3}{2}\sin\varphi$	$\varphi<60°$，正 $\varphi=60°$，0 $\varphi>60°$，反
5	c a b	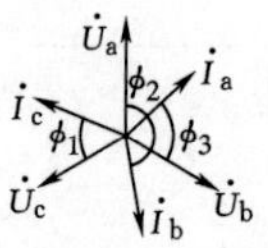	$P=\cos\varphi_c+\cos(\varphi_b+120°)+\cos(\varphi_a-120°)$ $=0$	0
			$Q=\sin\varphi_c+\sin(\varphi_b+120°)+\sin(\varphi_a-120°)$ $=0$	0
6	c b a	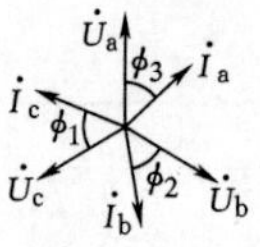	$P=\cos\varphi_c+\cos\varphi_b+\cos\varphi_a$ $=3\cos\varphi$	正
			$Q=\sin\varphi_c+\sin\varphi_b+\sin\varphi_a$ $=3\sin\varphi$	正

表 2-11　　三相两元件电流四线制回路开路对照表

电流接线方式		a↑　a↓　c↑　c↓		
序号	电压接线方式	相量图	功率表达式	功率方向（感性）
1	a　b　c	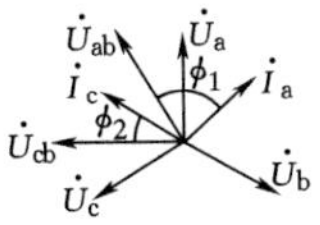	$P=\cos(\varphi+30°)+\cos(\varphi-30°)$ $=\sqrt{3}\cos\varphi$	正
			$Q=\cos(\varphi-60°)+\cos(\varphi-120°)$ $=\sqrt{3}\sin\varphi$	正
2	○　b　c	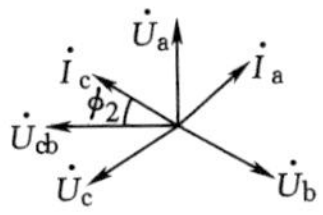	$P=\cos(\varphi-30°)$ $=\frac{\sqrt{3}}{2}\cos\varphi+\frac{1}{2}\sin\varphi$	正
			$Q=\cos(\varphi-120°)$ $=-\frac{1}{2}\cos\varphi+\frac{\sqrt{3}}{2}\sin\varphi$	$\varphi<30°$，反 $\varphi=30°$，0 $\varphi>30°$，正
3	a　○　c	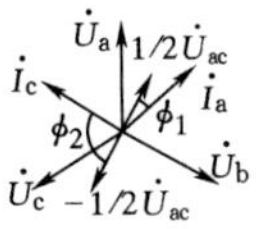	$P=\frac{1}{2}[\cos(\varphi-30°)+\cos(\varphi+30°)]$ $=\frac{\sqrt{3}}{2}\cos\varphi$	正
			$Q=\frac{1}{2}[\cos(\varphi-120°)+\cos(\varphi-60°)]$ $=\frac{\sqrt{3}}{2}\sin\varphi$	正
4	a　b　○	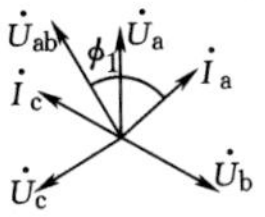	$P=\cos(\varphi+30°)$ $=\frac{\sqrt{3}}{2}\cos\varphi-\frac{1}{2}\sin\varphi$	$\varphi<60°$，正 $\varphi=60°$，0 $\varphi>60°$，反
			$Q=\cos(\varphi-60°)$ $=\frac{1}{2}\cos\varphi+\frac{\sqrt{3}}{2}\sin\varphi$	正
5	○　○　c	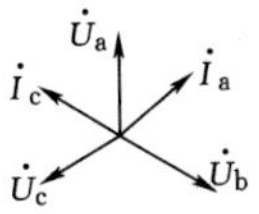	$P=0$	0
			$Q=0$	0

电流接线方式		○　○　c↑　c↓		
序号	电压接线方式	相量图	功率表达式	功率方向（感性）
1	a　b　c	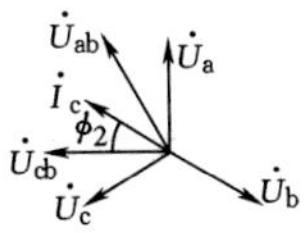	$P=\cos(\varphi-30°)$ $=\frac{\sqrt{3}}{2}\cos\varphi+\frac{1}{2}\sin\varphi$	正
			$Q=\cos(\varphi-120°)$ $=-\frac{1}{2}\cos\varphi+\frac{\sqrt{3}}{2}\sin\varphi$	$\varphi<30°$，反 $\varphi=30°$，0 $\varphi>30°$，正

续表

电流接线方式		c↑ c↓		
序号	电压接线方式	相量图	功率表达式	功率方向（感性）
2	b c	$\dot{U}_a$, $\dot{I}_c$, ϕ, $\dot{U}_{cb}$, $\dot{U}_c$, $\dot{U}_b$	$P=\cos(\varphi-30°)$ $=\frac{\sqrt{3}}{2}\cos\varphi+\frac{1}{2}\sin\varphi$	正
			$Q=\cos(\varphi-120°)$ $=-\frac{1}{2}\cos\varphi+\frac{\sqrt{3}}{2}\sin\varphi$	$\varphi<30°$，反 $\varphi=30°$，0 $\varphi>30°$，正
3	a c	$\dot{U}_a$, $1/2\dot{U}_{ac}$, $\dot{I}_c$, ϕ_2, $\dot{U}_c$, $-1/2\dot{U}_{ac}$, $\dot{U}_b$	$P=\frac{1}{2}\cos(\varphi+30°)$ $=\frac{\sqrt{3}}{4}\cos\varphi-\frac{1}{4}\sin\varphi$	$\varphi<60°$，正 $\varphi=60°$，0 $\varphi>60°$，反
			$Q=\frac{1}{2}\cos(\varphi-60°)$ $=\frac{1}{4}\cos\varphi+\frac{\sqrt{3}}{4}\sin\varphi$	正
4	a b	$\dot{U}_{ab}$, $\dot{U}_a$, $\dot{I}_c$, $\dot{U}_c$, $\dot{U}_b$	$P=0$	0
			$Q=0$	0
5	c	$\dot{U}_a$, $\dot{I}_c$, $\dot{U}_c$, $\dot{U}_b$	$P=0$	0
			$Q=0$	0

电流接线方式		a↑ a↓		
序号	电压接线方式	相量图	功率表达式	功率方向（感性）
1	a b c	$\dot{U}_{ab}$, $\dot{U}_a$, ϕ_1, $\dot{I}_a$, $\dot{U}_{cb}$, $\dot{U}_c$, $\dot{U}_b$	$P=\cos(\varphi+30°)$ $=\frac{\sqrt{3}}{2}\cos\varphi-\frac{1}{2}\sin\varphi$	$\varphi<60°$，正 $\varphi=60°$，0 $\varphi>60°$，反
			$Q=\cos(\varphi-60°)$ $=\frac{1}{2}\cos\varphi+\frac{\sqrt{3}}{2}\sin\varphi$	正
2	b c	$\dot{U}_a$, $\dot{I}_a$, $\dot{U}_{cb}$, $\dot{U}_c$, $\dot{U}_b$	$P=0$	0
			$Q=0$	0
3	a c	$\dot{U}_a$, $1/2\dot{U}_{ac}$, $\dot{I}_a$, ϕ_1, $\dot{U}_b$, $\dot{U}_c$, $-1/2\dot{U}_{ac}$	$P=\frac{1}{2}\cos(\varphi-30°)$ $=\frac{\sqrt{3}}{4}\cos\varphi+\frac{1}{4}\sin\varphi$	正
			$Q=\frac{1}{2}\cos(\varphi-120°)$ $=-\frac{1}{4}\cos\varphi+\frac{\sqrt{3}}{4}\sin\varphi$	$\varphi<60°$，反 $\varphi=60°$，0 $\varphi>60°$，正

续表

电流接线方式		a↑ a↓		
序号	电压接线方式	相量图	功率表达式	功率方向（感性）
4	a b	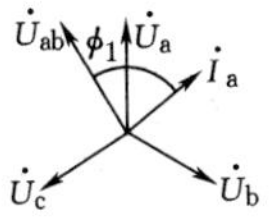	$P=\cos(\varphi+30°)$ $=\frac{\sqrt{3}}{2}\cos\varphi-\frac{1}{2}\sin\varphi$	$\varphi<60°$，正 $\varphi=60°$，0 $\varphi>60°$，反
			$Q=\cos(\varphi-60°)$ $=\frac{1}{2}\cos\varphi+\frac{\sqrt{3}}{2}\sin\varphi$	正
5	c	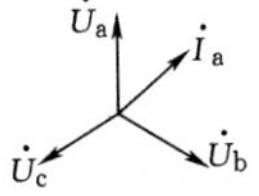	$P=0$	0
			$Q=0$	0

表 2-12　三相两元件电流三线制回路开路对照表

电流接线方式		a↑ b↑ c↑		
序号	电压接线方式	相量图	功率表达式	功率方向（感性）
1	a b c	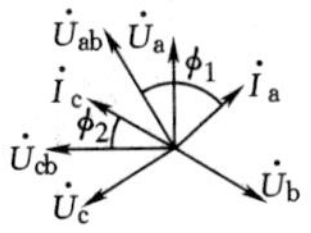	$P=\cos(\varphi+30°)+\cos(\varphi-30°)$ $=\sqrt{3}\cos\varphi$	正
			$Q=\cos(\varphi-60°)+\cos(\varphi-120°)$ $=\sqrt{3}\sin\varphi$	正
2	b c	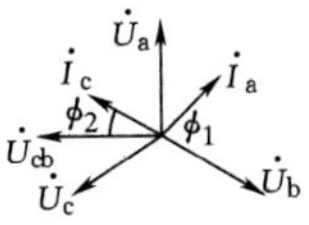	$P=\cos(\varphi-30°)$ $=\frac{\sqrt{3}}{2}\cos\varphi+\frac{1}{2}\sin\varphi$	正
			$Q=\cos(\varphi-120°)$ $=-\frac{1}{2}\cos\varphi+\frac{\sqrt{3}}{2}\sin\varphi$	$\varphi<30°$，反 $\varphi=30°$，0 $\varphi>30°$，正
3	a c	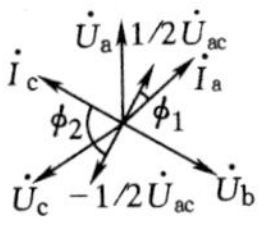	$P=\frac{1}{2}[\cos(\varphi-30°)+\cos(\varphi+30°)]$ $=\frac{\sqrt{3}}{2}\cos\varphi$	正
			$Q=\frac{1}{2}[\cos(\varphi-120°)+\cos(\varphi-60°)]$ $=\frac{\sqrt{3}}{2}\sin\varphi$	正
4	a b	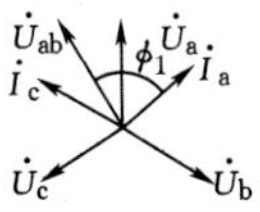	$P=\cos(\varphi+30°)$ $=\frac{\sqrt{3}}{2}\cos\varphi-\frac{1}{2}\sin\varphi$	$\varphi<60°$，正 $\varphi=60°$，0 $\varphi>60°$，反
			$Q=\cos(\varphi-60°)$ $=\frac{1}{2}\cos\varphi+\frac{\sqrt{3}}{2}\sin\varphi$	正
5	c	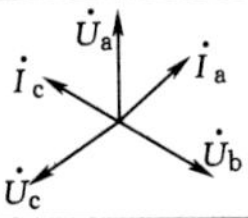	$P=0$	0
			$Q=0$	0

续表

电流接线方式		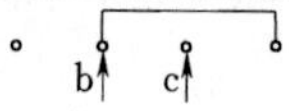 b↑ c↑		
序号	电压接线方式	相量图	功率表达式	功率方向（感性）
1	a b c	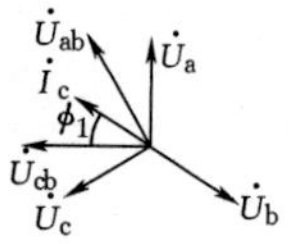 $\dot{U}_{ab}$, $\dot{U}_a$, $\dot{I}_c$, ϕ_1, $\dot{U}_{cb}$, $\dot{U}_c$, $\dot{U}_b$	$P=\cos(\varphi-30°)=\frac{\sqrt{3}}{2}\cos\varphi+\frac{1}{2}\sin\varphi$	正
			$Q=\cos(\varphi-120°)=-\frac{1}{2}\cos\varphi+\frac{\sqrt{3}}{2}\sin\varphi$	$\varphi<30°$，反 $\varphi=30°$，0 $\varphi>30°$，正
2	b c	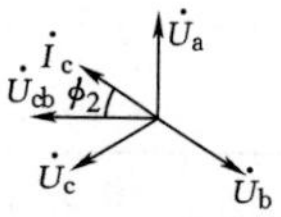 $\dot{I}_c$, $\dot{U}_a$, $\dot{U}_{cb}$, ϕ_2, $\dot{U}_c$, $\dot{U}_b$	$P=\cos(\varphi-30°)=\frac{\sqrt{3}}{2}\cos\varphi+\frac{1}{2}\sin\varphi$	正
			$Q=\cos(\varphi-120°)=-\frac{1}{2}\cos\varphi+\frac{\sqrt{3}}{2}\sin\varphi$	$\varphi<30°$，反 $\varphi=30°$，0 $\varphi>30°$，正
3	a c	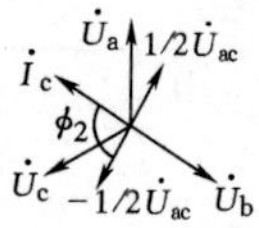 $\dot{U}_a$, $1/2\dot{U}_{ac}$, $\dot{I}_c$, ϕ_2, $\dot{U}_c$, $-1/2\dot{U}_{ac}$, $\dot{U}_b$	$P=\frac{1}{2}\cos(\varphi+30°)=\frac{\sqrt{3}}{4}\cos\varphi-\frac{1}{4}\sin\varphi$	$\varphi<60°$，正 $\varphi=60°$，0 $\varphi>60°$，反
			$Q=\frac{1}{2}\cos(\varphi-60°)=\frac{1}{4}\cos\varphi+\frac{\sqrt{3}}{4}\sin\varphi$	正
4	a b	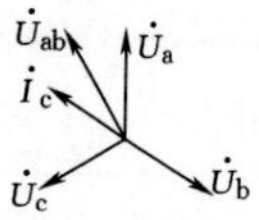 $\dot{U}_{ab}$, $\dot{U}_a$, $\dot{I}_c$, $\dot{U}_c$, $\dot{U}_b$	$P=0$	0
			$Q=0$	0
5	c	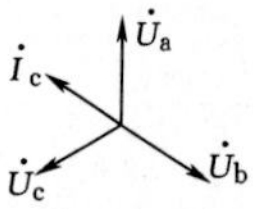 $\dot{U}_a$, $\dot{I}_c$, $\dot{U}_c$, $\dot{U}_b$	$P=0$	0
			$Q=0$	0

电流接线方式		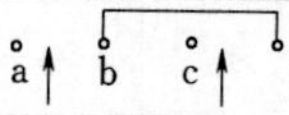 a↑ b c↑		
序号	电压接线方式	相量图	功率表达式	功率方向（感性）
1	a b c	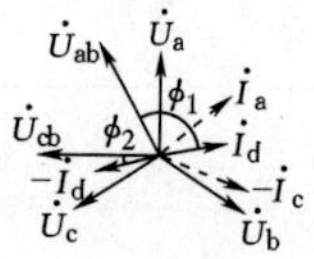 $\dot{U}_{ab}$, $\dot{U}_a$, ϕ_1, $\dot{I}_a$, $\dot{U}_{cb}$, ϕ_2, $\dot{I}_d$, $-\dot{I}_d$, $-\dot{I}_c$, $\dot{U}_c$, $\dot{U}_b$	$P=0.866[\cos(\varphi+60°)+\cos(\varphi-60°)]=\frac{\sqrt{3}}{2}\cos\varphi$	正
			$Q=0.866[\cos(\varphi-30°)+\cos(\varphi-150°)]=\frac{\sqrt{3}}{2}\sin\varphi$	正
2	b c	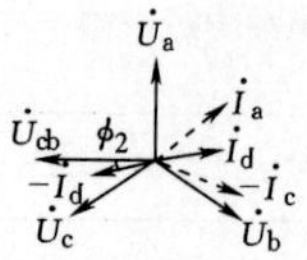 $\dot{U}_a$, $\dot{I}_a$, $\dot{U}_{cb}$, ϕ_2, $\dot{I}_d$, $-\dot{I}_d$, $-\dot{I}_c$, $\dot{U}_c$, $\dot{U}_b$	$P=0.866[\cos(\varphi-60°)]=\frac{\sqrt{3}}{4}\cos\varphi+\frac{3}{4}\sin\varphi$	正
			$Q=0.866[\cos(\varphi-150°)]=-\frac{3}{4}\cos\varphi+\frac{\sqrt{3}}{4}\sin\varphi$	$\varphi<60°$，反 $\varphi=60°$，0 $\varphi>60°$，正

续表

电流接线方式		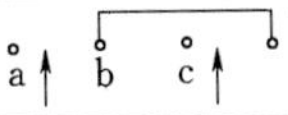 a↑ b c↑		
序号	电压接线方式	相量图	功率表达式	功率方向（感性）
3	a c	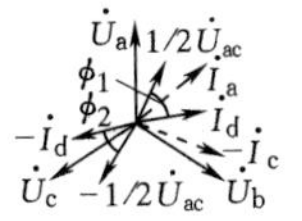	$P=0.433(\cos\varphi+\cos\varphi)=\frac{\sqrt{3}}{2}\cos\varphi$	正
			$Q=0.433[\cos(\varphi-90°)+\cos(\varphi-90°)]=\frac{\sqrt{3}}{2}\sin\varphi$	正
4	a b	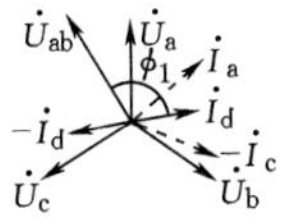	$P=0.866[\cos(\varphi+60°)]=\frac{\sqrt{3}}{4}\cos\varphi-\frac{3}{4}\sin\varphi$	$\varphi<30°$，正 $\varphi=30°$，0 $\varphi>30°$，反
			$Q=0.866[\cos(\varphi-30°)]=\frac{3}{4}\cos\varphi+\frac{\sqrt{3}}{4}\sin\varphi$	正
5	c	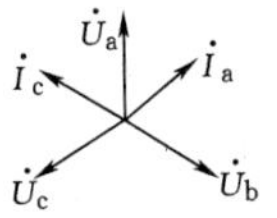	$P=0$	0
			$Q=0$	0

电流接线方式		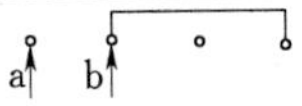 a↑ b↑		
序号	电压接线方式	相量图	功率表达式	功率方向（感性）
1	a b c	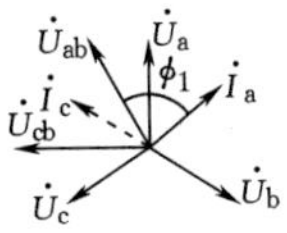	$P=\cos(\varphi+30°)=\frac{\sqrt{3}}{2}\cos\varphi-\frac{1}{2}\sin\varphi$	$\varphi<60°$，正 $\varphi=60°$，0 $\varphi>60°$，反
			$Q=\cos(\varphi-60°)=\frac{1}{2}\cos\varphi+\frac{\sqrt{3}}{2}\sin\varphi$	正
2	b c	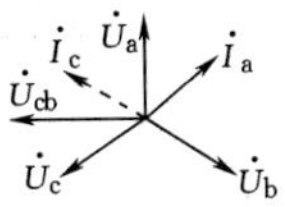	$P=0$	0
			$Q=0$	0
3	a c	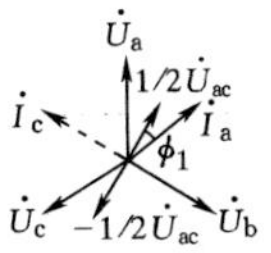	$P=\frac{1}{2}[\cos(\varphi-30°)]=\frac{\sqrt{3}}{4}\cos\varphi+\frac{1}{4}\sin\varphi$	正
			$Q=\frac{1}{2}[\cos(\varphi-120°)]=-\frac{1}{4}\cos\varphi+\frac{\sqrt{3}}{4}\sin\varphi$	$\varphi<30°$，反 $\varphi=30°$，0 $\varphi>30°$，正

续表

电流接线方式		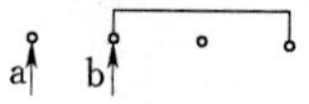 a b		
序号	电压接线方式	相量图	功率表达式	功率方向（感性）
4	a b	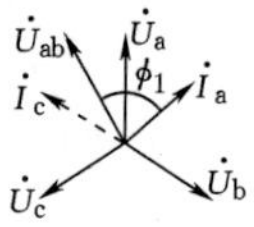	$P=\cos(\varphi+30°)=\frac{\sqrt{3}}{2}\cos\varphi-\frac{1}{2}\sin\varphi$	$\varphi<60°$，正 $\varphi=60°$，0 $\varphi>60°$，反
			$Q=\cos(\varphi-60°)=\frac{1}{2}\cos\varphi+\frac{\sqrt{3}}{2}\sin\varphi$	正
5	c	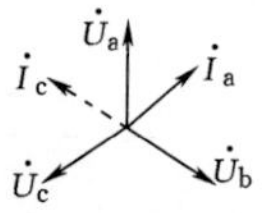	$P=0$	0
			$Q=0$	0

表 2-13　三相三元件电流四线制回路开路对照表

电流接线方式		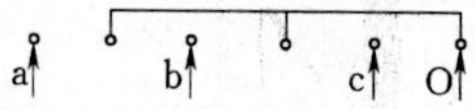 a b c O		
序号	电压接线方式	相量图	功率表达式	功率方向（感性）
1	a b c	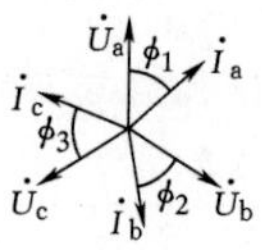	$P=\cos\varphi_a+\cos\varphi_b+\cos\varphi_c=3\cos\varphi$	正
			$Q=\sin\varphi_a+\sin\varphi_b+\sin\varphi_c=3\sin\varphi$	正
2	b c	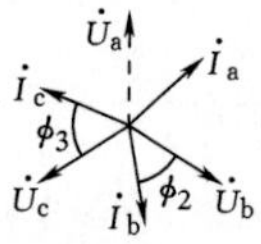	$P=\cos\varphi_b+\cos\varphi_c=2\cos\varphi$	正
			$Q=\sin\varphi_b+\sin\varphi_c=2\sin\varphi$	正
3	a c	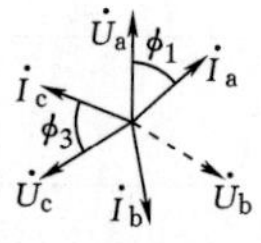	$P=\cos\varphi_a+\cos\varphi_c=2\cos\varphi$	正
			$Q=\sin\varphi_a+\sin\varphi_c=2\sin\varphi$	正
4	a b	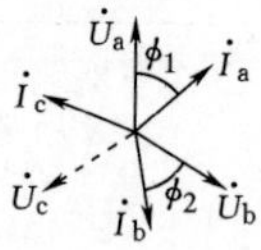	$P=\cos\varphi_a+\cos\varphi_b=2\cos\varphi$	正
			$Q=\sin\varphi_a+\sin\varphi_b=2\sin\varphi$	正
5	c	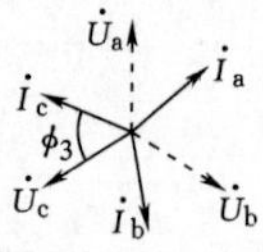	$P=\cos\varphi_c$	正
			$Q=\sin\varphi_c$	正

续表

电流接线方式		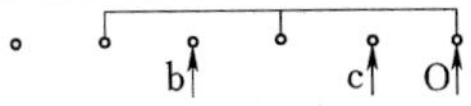 b c O		
序号	电压接线方式	相量图	功率表达式	功率方向（感性）
1	a b c	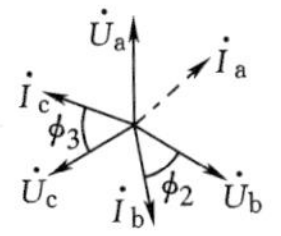	$P=\cos\varphi_b+\cos\varphi_c$ $=2\cos\varphi$	正
			$Q=\sin\varphi_b+\sin\varphi_c$ $=2\sin\varphi$	正
2	b c	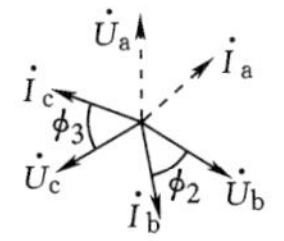	$P=\cos\varphi_b+\cos\varphi_c$ $=2\cos\varphi$	正
			$Q=\sin\varphi_b+\sin\varphi_c$ $=2\sin\varphi$	正
3	a c	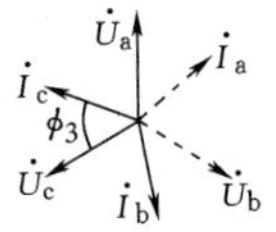	$P=\cos\varphi_c$	正
			$Q=\sin\varphi_c$	正
4	a b	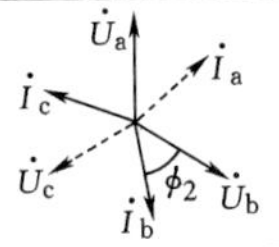	$P=\cos\varphi_b$	正
			$Q=\sin\varphi_b$	正
5	c	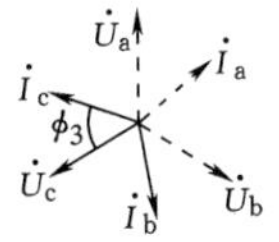	$P=\cos\varphi_c$	正
			$Q=\sin\varphi_c$	正

电流接线方式		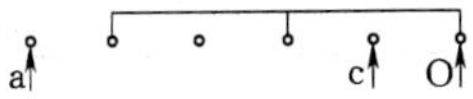 a c O		
序号	电压接线方式	相量图	功率表达式	功率方向（感性）
1	a b c	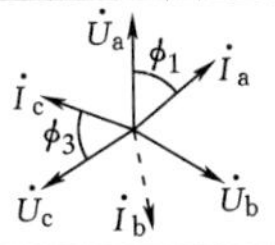	$P=\cos\varphi_a+\cos\varphi_c$ $=2\cos\varphi$	正
			$Q=\sin\varphi_a+\sin\varphi_c$ $=2\sin\varphi$	正
2	b c	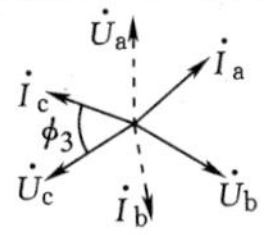	$P=\cos\varphi_c$	正
			$Q=\sin\varphi_c$	正
3	a c	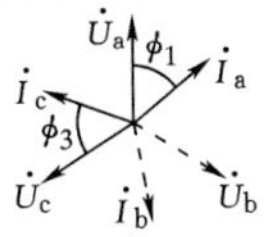	$P=\cos\varphi_a+\cos\varphi_c$ $=2\cos\varphi$	正
			$Q=\sin\varphi_a+\sin\varphi_c$ $=2\sin\varphi$	正
4	a b	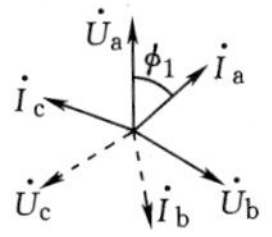	$P=\cos\varphi_a$	正
			$Q=\sin\varphi_a$	正
5	c	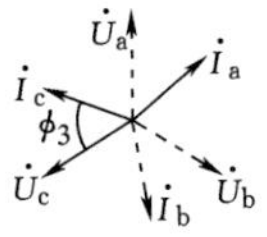	$P=\cos\varphi_c$	正
			$Q=\sin\varphi_c$	正

续表

电流接线方式		a b O		
序号	电压接线方式	相量图	功率表达式	功率方向（感性）
1	a b c		$P=\cos\varphi_a+\cos\varphi_b=2\cos\varphi$	正
			$Q=\sin\varphi_a+\sin\varphi_b=2\sin\varphi$	正
2	b c		$P=\cos\varphi_b$	正
			$Q=\sin\varphi_b$	正
3	a c		$P=\cos\varphi_a$	正
			$Q=\sin\varphi_a$	正
4	a b		$P=\cos\varphi_a+\cos\varphi_b=2\cos\varphi$	正
			$Q=\sin\varphi_a+\sin\varphi_b=2\sin\varphi$	正
5	c		$P=0$	0
			$Q=0$	0

检查时要求一次侧三相电压、三相负荷基本对称且保持基本稳定，并且最好是感性负载（装有无功补偿的可暂时退出）。

1. 互感器 V/V-12 型接线电流回路四线制的检测与分析

接线图如图 2-4 所示。

（1）用电压表测量表尾电压。正常情况下表尾电压端子 2、4、6 之间的三个线电压接近相等，约为 100V，若有一个或两个线电压测值明显偏低，则是存在开路或接触不良，具体原因可对照表 2-1 查找。

（2）测量表尾对地电压和判断 b 相。用电压表依次检测表尾电压端子 2、4、6 对地电压，为零者即为 b 相。

（3）测表尾电压相序。用相序表 a、b、c 三根表笔依次对号入座接入表尾电压端子 2、4、6（相当于先假设表尾电压接线正确）；测出相序即可根据前面已经确认的 b 相确定相序排列方式。因为顺相序时有 abc、bca、cab 三种可能，逆相序时则有 cba、bac、acb 三种可能。所以判断相序排列可以 b 相为基准，若表尾 4 号端子为接地 b 相，顺相序为 abc，逆相序为 cba；若表尾 2 号端子为接地 b 相，则顺相序为 bca，逆相序为 bac；若表尾 6 号端子为接地 b 相，则顺相序为 cab，逆相序为 acb。

检测表尾电压相序还有一种简便方法就是用电压表对相。即以电压互感器二次端子 a、b、c 为基准，用电压表检测电压互感器二次端子与表尾 2、4、6 之间的电压，依次测量 a 对 2、4、6，b 对 2、4、6，c 对 2、4、6 的电压，为零者即为对应相，否则即非对应相。

（4）用电流表检测表尾电流。可用钳型电流表依次测量表尾Ⅰ元件进线（1 号端子）电流、Ⅱ元件进线（5 号端子）电流及 3 号端子与 7 号端子出线的和电流（两条出线一起卡入钳口），正常情况下三个测值应接近相等，否则就可能存在故障。测值判断如下：

1）1 号端子、5 号端子及和电流接近相等，这是接线正确无误或表尾进出线全反接。

2）1 号端子测值为 0，5 号端子及和电流相等，这是 1 号端子进线开路或回线开路。

3）5 号端子测值为 0，1 号端子及和电流相等，这是 5 号端子进线开路或回线开路。

4）和电流约为 1 号端子、5 号端子测值的$\sqrt{3}$倍，这是Ⅰ元件或Ⅱ元件进出线反接。

5）1 号端子测值接近为 0，5 号端子测值约等于和电流，这是 1 号进线短路或回路接触不良。

6）5 号端子测值接近为 0，1 号端子测值约等于和电流，这是 5 号进线短路或回路接触不良。

（5）用电压表检测表尾电流端子对地电压。检测时应将电压表挡位先置于高电压挡（例如 500V 挡），以防因电流互感器二次回路断线造成的高电压烧坏电压表。正常情况下Ⅰ元件进线（1 号端子）和Ⅱ元件进线（5 号端子）对地电压约为 1V，而出线端子（3 号端子和 7 号端子）对地电压应为 0。否则可能存在如下故障：

1）1 号端子对地电压为 0，3 号端子对地有电压，这是Ⅰ元件电流进出线接反。

2）5 号端子对地电压为 0，7 号端子对地有电压，这是Ⅱ元件电流进出线接反。

3）1 号端子和 3 号端子对地电压均为 0，这是Ⅰ元件电流进线开路。

4）5 号端子和 7 号端子对地电压均为 0，这是Ⅱ元件电流进线开路。

5）1 号端子和 3 号端子对地电压接近为 0，这是Ⅰ元件电流短路或进线接触不良。

6）5 号端子和 7 号端子对地电压接近为 0，这是Ⅱ元件电流短路或进线接触不良。

7）1 号端子和 3 号端子对地电压明显偏高，这是Ⅰ元件电流回线开路或接触不良。

8）5 号端子和 7 号端子对地电压明显偏高，这是Ⅱ元件电流回线开路或接触不良。

用电流表检测表尾电流和用电压表检测表尾电流端子对地电压，两种方法对检查电流回路的正确性都有一定作用，如果把两者结合起来加以综合判断，则判断的准确率更高。另外，表尾电流端子对地电压检测还有助于区别表尾极性接错与电压互感器本身极性接反。例如Ⅰ元件电流极性反，具体原因则有电流互感器一次极性反、电流互感器二次极性反、表尾Ⅰ元件电流进出线接反（经端子排转接的还有可能是端子排两根电流线接反）几种可能。若是电流互感器极性反，则表尾Ⅰ元件电流进线端子对地电压约为 1V，而出线端子对地电压为 0，这和正常情况无异；若是表尾及二次线电流接反，则表尾电流端子对地电压正好相反。2002 年在云南昆明举办的全国性装表接电和用电检查技能竞赛就有这类考题。当时是采用计量模拟接线装置设置误接线考题，有的参赛选手在检测分析的时候就疏忽了这一点。虽然从正常计量的角度来说表尾错接线与电流互感器错接线并无区别，但从要求准确找出故障原因的角度来说两者就不一样了。

常见接线故障的表尾电流及对地电压测值见表 2-14。

表中，$I_{①}$为Ⅰ元件 1 号进线端子电流，$I_{⑤}$为Ⅱ元件 5 号端子进线电流，$I_{和}$为表尾出线和电流，U_{10} 为Ⅰ元件电流进线对地电压，U_{30} 为Ⅰ元件电流回线对地电压，U_{50} 为Ⅱ元件电流进线对地电压，U_{70} 为Ⅱ元件电流回线对地电压。1V 即前面所说的 1V 左右因负荷电流大小而略有变化。

表 2-14 V/V-12 型接线电流回路四线制常见接线故障的表尾电流及对地电压测值

接线状态	表尾电流	表尾对地电压
Ⅰ元件电流进出线反接	$I_{和}\approx\sqrt{3}I_{①}\approx\sqrt{3}I_{⑤}$	$U_{10}=0, U_{30}\approx1V, U_{50}\approx1V, U_{70}=0$
Ⅱ元件电流进出线反接	$I_{和}\approx\sqrt{3}I_{①}\approx\sqrt{3}I_{⑤}$	$U_{10}\approx1V, U_{30}=0, U_{50}=0, U_{70}\approx1V$
Ⅰ元件电流进线开路	$I_{①}=0, I_{和}=I_{⑤}$	$U_{10}=U_{30}=0, U_{50}\approx1V, U_{70}=0$
Ⅰ元件电流进线接触不良	$I_{①}\approx0, I_{和}\approx I_{⑤}$	$U_{10}\approx U_{30}\approx0, U_{50}\approx1V, U_{70}=0$
Ⅰ元件电流回线开路	$I_{①}=0, I_{和}=I_{⑤}$	$U_{10}=U_{30}\gg1V, U_{50}\approx1V, U_{70}=0$
Ⅰ元件电流回线接触不良	$I_{①}\approx0, I_{和}\approx I_{⑤}$	$U_{10}\approx U_{30}\gg1V, U_{50}\approx1V, U_{70}=0$
Ⅰ元件电流短路	$I_{①}\approx0, I_{和}\approx I_{⑤}$	$U_{10}\approx U_{30}\approx0, U_{50}\approx1V, U_{70}=0$
Ⅱ元件电流进线开路	$I_{⑤}=0, I_{和}=I_{①}$	$U_{10}\approx1V, U_{30}=0, U_{50}=U_{70}=0$
Ⅱ元件电流进线接触不良	$I_{⑤}\approx0, I_{和}\approx I_{①}$	$U_{10}\approx1V, U_{30}=0, U_{50}\approx U_{70}\approx0$
Ⅱ元件电流回线开路	$I_{⑤}=0, I_{和}=I_{①}$	$U_{10}\approx1V, U_{30}=0, U_{50}=U_{70}\gg1V$
Ⅱ元件电流回线接触不良	$I_{⑤}\approx0, I_{和}\approx I_{①}$	$U_{10}\approx1V, U_{30}=0, U_{50}\approx U_{70}\gg1V$
Ⅱ元件电流短路	$I_{⑤}\approx0, I_{和}\approx I_{①}$	$U_{10}\approx1V, U_{30}=0, U_{50}\approx U_{70}\approx0$

从表中可以看出，采用表尾电流和对地电压综合判断，除了电流进线接触不良与电流短路不易区分外，其他常见电流回路故障都可从表中直接对照查出。为了区别进线接触不良还是短路，可参照停电检查方法，用万能表的欧姆挡检测判断。另外，Ⅰ元件电流 I_a 和Ⅱ元件电流 I_c 互接错的情况表中未列出，因为这种故障一般要配合电表转动情况或功角测量进行判断。

（6）用相位表检测表尾电压、电流相量。目的是检查电压、电流的配合关系。检测前应先测出表尾电压、电流值，不能有开路或短路现象；同时还应先测定表尾电压相序。然后，测出一次侧功率因数或功率因数角，据此作出一次负荷相量，作为计量装置正确接线下的二次参考相量，与实测表尾电压、电流相量比较，分析判断错接线原因。由于变压器高压侧不能直接测量，通常是采用实测低压侧的功率因数或功率因数角代替（或估算）高压侧，因此，为了减少误差，变压器负荷电流应大于额定值的 20%，并且三相应基本平衡。

测量仪表通常采用单相相位表或相位伏安表。相位伏安表可一表多用，使用更加方便。以 MG-29 型便携式钳形相位伏安表为例，其测量范围电流为 0～1/2.5/5/10A，电压为 0～15/60/150/300/450V，相角为 0°～90°/180°/360°；该表可以测量两电压之间、两电流之间、电压与电流之间的相角差，也可测量相序和功率因数。

测量变压器低压侧负荷相量时，主要检测参数是三相负荷功率因数角，其次是三相电压及三相电流值；测量表尾电压、电流相量时，主要检测参数是元件Ⅰ功角和元件Ⅱ功角，其次是表尾电压、电流值。测量时还应注意以下两点：①根据已知的表尾电压相序，选定各元件的基准电压，分别测出功角Ⅰ和功角Ⅱ，例如已知表尾电压相序为 abc 排列，则以$\dot{U}_{ab}$为基准，测出$\dot{U}_{ab}$与Ⅰ元件进线电流的相位差，即功角Ⅰ；以$\dot{U}_{cb}$为基准，测出$\dot{U}_{cb}$与Ⅱ元件进线电流的相位差，即功角Ⅱ。②测量时应注意电压的同极性端和电流钳的N、S方向对应关系，例如测$\dot{U}_{ab}$与$\dot{I}'_a$角差时a、N为同极性，即a接相位表同极性端，电流钳N端为进入电流方向。测量过程还应认真做好记录，确保测值无误。

根据实测一次负荷功率因数角及表尾电压、电流、相角差，就可作出相量图，并根据相量图分析判断表尾接线和计算更正系数。表2－8列出了常见48种误接线的相量图和功率表达式，供分析判断时参考。

【例2－1】 某10kV高压计量用户专变容量为315kVA，电流互感器变比20/5A，实测0.4kV侧$\varphi_A \approx \varphi_B \approx \varphi_C \approx 28°$，表尾电压相序为abc排列，$U_{ab} \approx U_{bc} \approx U_{ca} \approx 100V$，$I'_a \approx I'_c \approx 3A$，$I_{和} \approx 5.1A$，Ⅰ元件功角$\varphi_Ⅰ = 60°$，Ⅱ元件功角$\varphi_Ⅱ = 180°$。

作相量图并分析如下：

(1) 根据0.4kV侧实测负荷相角$\varphi_A \approx \varphi_B \approx \varphi_C \approx 28°$作出一次负荷相量，以此作为互感器正确接线时的二次相量$\dot{U}_a$、$\dot{U}_b$、$\dot{U}_c$和$\dot{I}_a$、$\dot{I}_b$、$\dot{I}_c$，以及$\dot{U}_{ab}$、$\dot{U}_{cb}$。

(2) 根据实测Ⅰ元件功角$\varphi_Ⅰ = 60°$，Ⅱ元件功角$\varphi_Ⅱ = 180°$，作出$\dot{I}'_a$和$\dot{I}'_c$。

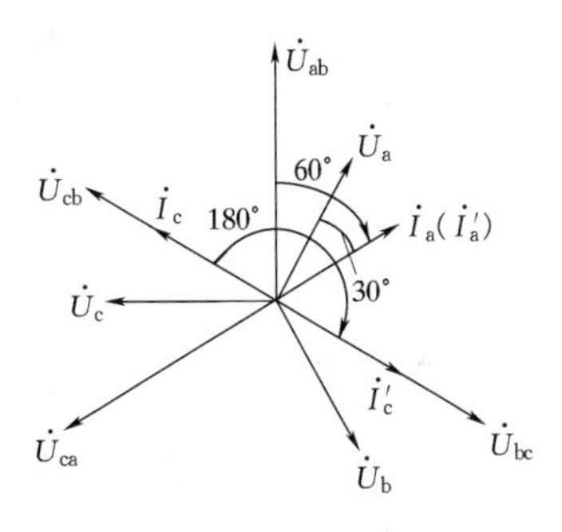

图2－6 例2－1相量图

作出的相量图见图2－6。从图中可以看出这是C相电流极性反。由于变压器空载电流影响，高压侧电流比低压侧电流要滞后，由此引起的角差在画相量图及分析时可忽略不计。这种接线状态下的功率表达式为

$$P = U_{ab}I_a\cos60° + U_{cb}I_c\cos180° = -0.5UI$$

从表2－8也可查得$P = -UI\sin\varphi$，将$\varphi = 30°$代入得

$$P = -UI\sin30° = -0.5UI$$

此时的更正系数为

$$K = \sqrt{3}UI\cos30°/(-0.5UI) = -3$$

功率为负值，即电表反转，更正系数为－3，即电表反转的速度为正常接线时的$\frac{1}{3}$。观察电表转动情况也可证实上述的分析判断。

【例2－2】 某10kV高压计量专变容量为500kVA，电流互感器变比为30/5A，实测0.4kV侧$\varphi_A = 31°$、$\varphi_B = 30°$、$\varphi_C = 32°$，三相负荷基本平衡；表尾电压相序为abc排列，$U_{ab} \approx U_{bc} \approx U_{ca} \approx 102V$，$I'_a \approx I'_c \approx I_{和} = 4A$，Ⅰ元件功角$\varphi_Ⅰ = -58°$，Ⅱ元件功角$\varphi_Ⅱ = 121°$。

作相量图并分析如下：

(1) 根据0.4kV侧实测负荷相角$\varphi_A = 31°$、$\varphi_B = 30°$、$\varphi_C = 32°$作出一次负荷相量，以此作为互感器正确接线时的二次相量$\dot{U}_a$、$\dot{U}_b$、$\dot{U}_c$和$\dot{I}_a$、$\dot{I}_b$、$\dot{I}_c$，以及$\dot{U}_{ab}$、$\dot{U}_{cb}$。

(2) 根据实测Ⅰ元件功角$\varphi_Ⅰ = -58°$，Ⅱ元件功角$\varphi_Ⅱ = 121°$，作出$\dot{I}'_a$和$\dot{I}'_c$。

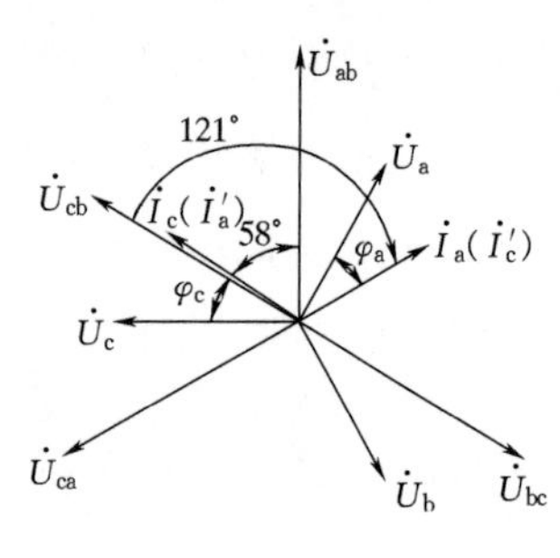

图 2-7　例 2-2 相量图

作出的相量图如图 2-7 所示。

从图中可以看出，这是二次电流 a、c 互接错。

这种接线状态下的功率表达式为

$$P=U_{ab}I_c\cos(90°-\varphi_c)+U_{cb}I_a\cos(90°+\varphi_a)=0$$

从表 2-8 也可查得 $P=0$，即此时电表停转。

【例 2-3】 某 10kV 高压计量用户专变容量、电流互感器变比同例 2-2。实测 0.4kV 侧 $\varphi_A\approx\varphi_B\approx\varphi_C\approx60°$，三相负荷基本平衡，表尾电压相序为 bca 排列，三个线电压测值约等于 100V，$\dot{I}'_a\approx\dot{I}'_c\approx4A$，$I_{和}=7A$，Ⅰ元件功角 $\varphi_Ⅰ=30°$，Ⅱ元件功角 $\varphi_Ⅱ=30°$。

作相量图并分析如下：

(1) 根据 0.4kV 侧实测负荷相角 $\varphi_A\approx\varphi_B\approx\varphi_C\approx60°$作出一次负荷相量，以此作为互感器正确接线时的二次相量 $\dot{U}_a$、$\dot{U}_b$、$\dot{U}_c$ 和 $\dot{I}_a$、$\dot{I}_b$、$\dot{I}_c$，以及 $\dot{U}_{ab}$、$\dot{U}_{cb}$。

(2) 根据实测Ⅰ元件功角 $\varphi_Ⅰ=30°$，Ⅱ元件功角 $\varphi_Ⅱ=30°$，作出 $\dot{I}'_a$ 和 $\dot{I}'_c$。

作出的相量图如图 2-8 所示。从图中和表尾电压相序可知，Ⅰ元件接电压 $\dot{U}_{bc}$、电流（$-\dot{I}_c$），Ⅱ元件接电压 $\dot{U}_{ac}$、电流 $\dot{I}_a$。这种接线状态下的实测功率表达式为

$$\begin{aligned}P&=U_{bc}I_c\cos(\varphi_c-30°)+U_{ac}I_a\cos(\varphi_c-30°)\\&=2UI\left(\frac{\sqrt{3}}{2}\cos\varphi+\frac{1}{2}\sin\varphi\right)\\&=UI(\sqrt{3}\cos\varphi+\sin\varphi)\end{aligned}$$

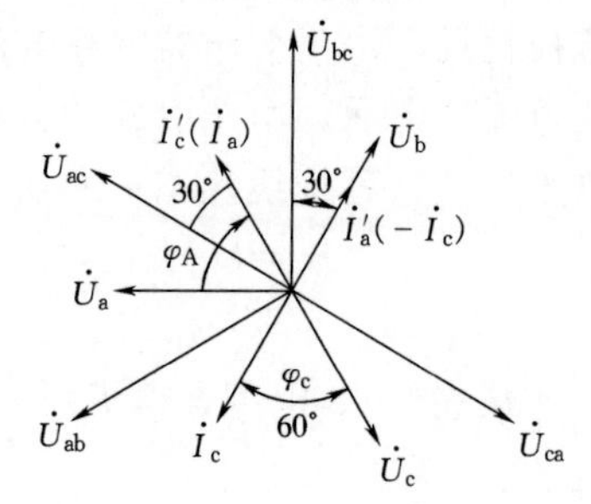

图 2-8　例 2-3 相量图

根据电压、电流接入方式，从表 2-8 中也可查得 $P=UI(\sqrt{3}\cos\varphi+\sin\varphi)$，将 $\varphi=60°$代入式中，则

$$\begin{aligned}P&=UI(\sqrt{3}\cos60°+\sin60°)\\&=UI\left(\frac{\sqrt{3}}{2}+\frac{\sqrt{3}}{2}\right)\\&=\sqrt{3}UI\end{aligned}$$

此时的更正系数为

$$K=\sqrt{3}UI\cos60°/\sqrt{3}UI=0.5$$

电表计量电度是实用电度的 2 倍。

【例 2-4】 某 10kV 高压计量用户专变容量 400kVA，电流互感器变比 25/5A，实测 0.4kV 侧 $\varphi_A=28°$、$\varphi_B=33°$、$\varphi_C=31°$，三相负荷接近满载且基本平衡。表尾电压相序为 cba，三个线电压约等于 100V，$I'_a=4.5A$、$I'_c=4.2A$、$I_{和}\approx4.3A$，Ⅰ元件功角 $\varphi_Ⅰ=182°$，Ⅱ元件功角 $\varphi_Ⅱ=-119°$。

作相量图并分析如下：

(1) 根据 0.4kV 侧实测负荷相角 $\varphi_A=28°$、$\varphi_B=33°$、$\varphi_C=31°$作出一次负荷相量，以

此作为互感器正确接线时的二次相量$\dot{U}_a$、$\dot{U}_b$、$\dot{U}_c$和$\dot{I}_a$、$\dot{I}_b$、$\dot{I}_c$，以及$\dot{U}_{ab}$、$\dot{U}_{cb}$。

（2）根据实测Ⅰ元件功角$\varphi_{Ⅰ}=182°$，Ⅱ元件功角$\varphi_{Ⅱ}=-119°$，作出$\dot{I}'_a$和$\dot{I}'_c$。

作出的相量图如图2-9所示。从表尾电压相序和相量图可以看出，Ⅰ元件接电压$\dot{U}_{cb}$、电流（$-\dot{I}_c$），Ⅱ元件接电压$\dot{U}_{ab}$、电流（$-\dot{I}_a$）。这种接线状态下的实测功率表达式为

$$P=U_{cb}I_c\cos(150°+\varphi_c)+U_{ab}I_a\cos(150°-\varphi_a)=-\sqrt{3}UI\cos\varphi$$

根据接线状态也可从表2-8中查出$P=-\sqrt{3}UI\cos\varphi$

此时的更正系数为

$$K=\sqrt{3}UI\cos\varphi/(-\sqrt{3}UI\cos\varphi)=-1$$

更正系数为负，电表反转。速度则与正常接线相同。

检测表尾电压、电流相量的难点是作相量图和通过相量图分析判断错接线。上述解法的基本思路是以配变低压侧的电压、电流相量当作计量装置接线正确下的表尾电压、电流相量，并以此为基准，与表尾实测电压、电流相量加以比较，对实际接线状态作出判断。因为电压、电流相量关系的关键是相位关系，相量的长短却无关紧要，同时由于接线错误引起的角度变化都是特殊角，稍有误差也并不影响分析判断。

表尾电压、电流相量检测除了相位表法，还有传统的功率表法。

功率表法的基本原理是：假设有一电流相量$\dot{I}_a$和电压$\dot{U}_{ab}$、$\dot{U}_{bc}$，其相位关系如图2-10所示。由$\dot{I}_a$的顶端分别向电压相量$\dot{U}_{ab}$、$\dot{U}_{bc}$作垂线，于是$\dot{I}_a$分解为$\dot{I}_{a1}$和$\dot{I}_{a2}$，即

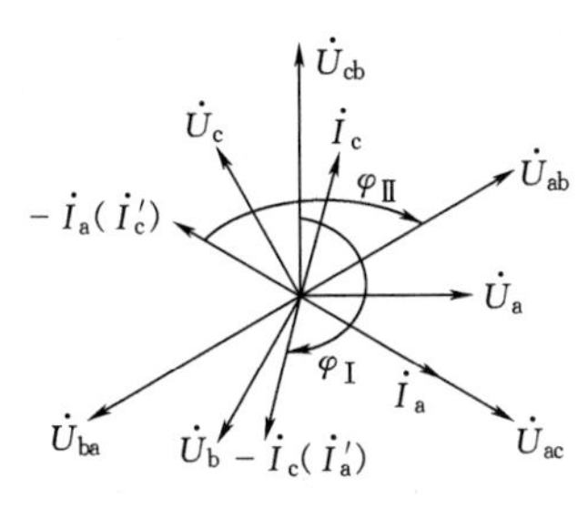

图2-9 例2-4相量图

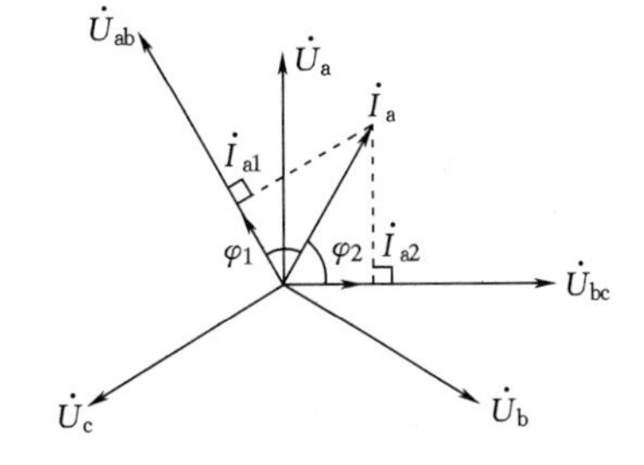

图2-10 功率表法相位关系

$$\dot{I}_{a1}=\dot{I}_a\cos\varphi_1$$

$$\dot{I}_{a2}=\dot{I}_a\cos\varphi_2$$

上式两边乘以电压U，得

$$P_{a1}=U_{ab}I_a\cos\varphi_1$$

$$P_{a2}=U_{bc}I_a\cos\varphi_2$$

这样功率表测得的功率P_{a1}和P_{a2}，就可表示电流相量$\dot{I}_a$在对应的电压相量的投影。

同理，用功率表测得$\dot{I}_c$对$\dot{U}_{ab}$和$\dot{I}_c$对$\dot{U}_{bc}$的功率P_{c1}和P_{c2}，就可表示电流相量$\dot{I}_c$在$\dot{U}_{ab}$和$\dot{U}_{bc}$相量的投影。

【例 2-5】 用功率表测得$\dot{I}'_a$对$\dot{U}_{ab}$和$\dot{U}_{bc}$的功率为−250W，$\dot{I}'_c$对$\dot{U}_{ab}$的功率为−250W，$\dot{I}'_c$对$\dot{U}_{bc}$的功率为500W，已知$\cos\varphi=0.866$（感性）。

作相量图并分析接线状态如下：

（1）按正常相位接线作出两个线电压相量$\dot{U}_{ab}$、$\dot{U}_{bc}$，并反向延伸作出$-\dot{U}_{ab}$和$-\dot{U}_{bc}$。

（2）根据实测功率数据按一定比例在电压相量标出代表功率刻度，例如选一个刻度代表100W。

（3）根据$\dot{I}'_a$对$\dot{U}_{ab}$和$\dot{U}_{bc}$的功率为−250W，在$-\dot{U}_{ab}$和$-\dot{U}_{bc}$方向2.5个刻度处分别作两条垂线，连接交点与原点，即为$\dot{I}'_a$，然后根据$\dot{I}'_c$对$\dot{U}_{ab}$的功率为−250W，$\dot{I}_c$对$\dot{U}_{bc}$的功率为500W，用同样方法作出$\dot{I}'_c$。

（4）由$\cos\varphi=0.866$，查出$\varphi=30°$，作出$\dot{I}_a$滞后$\dot{U}_{ab}$60°，作$\dot{I}_c$与$\dot{U}_{cb}$同相。

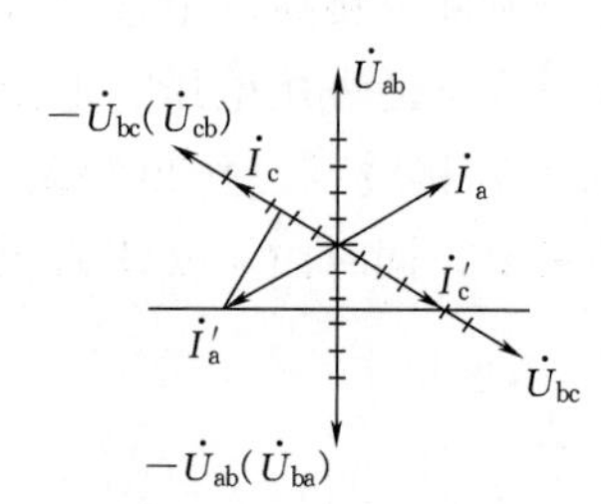

图 2-11 例 2-5 相量图

作出的相量图如图2-11所示。从图中可以看出，这是a相和c相电流极性均接反。

作相量图时也可把三个相电压相量同时作出，这样虽然显得复杂一些，但在图中作正常电流相量就比较方便。

此外，还可以用被检电能表和标准电能表来测定与电流相量投影成正比的功率，即通过变换表尾电压接线，分别测出$\dot{I}_a$对$\dot{U}_{ab}$、$\dot{I}_a$对$\dot{U}_{cb}$和$\dot{I}_c$对$\dot{U}_{ab}$、$\dot{I}_c$对$\dot{U}_{cb}$的功率。电能表的测量功率为

$$P=UI\cos\varphi=\frac{3600\times1000N}{At}$$

式中 A——电能表常数，r/(kW·h)；

t——电能表转一圈所需时间；

N——被测电能表所选定的转数；

φ——电压电流间的相位差，(°)。

考虑到作相量图时只需求出电流相量投影的相对值，故不需算出实际功率，由于转数N选定后，$P\propto\frac{1}{t}$，而当t选定后，$P\propto N$，因而可以用选定时间内的转数N表示电流相量在对应电压相量上的投影。时间的选定则以转数达5～10r比较合适。

用功率法检测表尾电压、电流相量图，除了应满足相位表法所应满足的条件外，通常还要求负荷功率因数已知和表尾电压正相序，检测和分析方法也相对复杂一些，因而目前已很少采用。

经分析判断并核实错误接线原因后，就可着手更正接线。更正接线应小心谨慎，既要注意安全，也要防止改错。在更正前后应做好记录，更正接线后通常还应重测电压、电流及相量图，以及抽电压中相判断接线是否正确，经再次确认无误后就可实测电表运行误差。

无功电能表接线检查一般不作无功相量图，只要根据有功表的正确接线，通过直观检

查就可判断无功表的接线情况。另外，现场校表时根据标准表读数和已知功率因数，也可以推断无功电能表接线的正确性。

2. 10kV 电能计量装置互感器 V/V－12 型接线电流回路三线制的检测分析

互感器 V/V－12 型接线电流回路三线制与电流回路四线制的接线原理大同小异，因而表尾接线的检测分析也是大同小异。首先，计量电压回路的接线完全一样，其检测分析的方法也完全一样；其次，电流回路的接线略有不同，主要是表尾电流不存在极性反，可能出现的接线错误是相别接错，因而表尾电流检测分析方法及电压、电流间的相位差检测分析略有不同。现以互感器 V/V－12 型接线电流回路三线制的典型接线为例略加说明。接线图如图 2－12 所示。

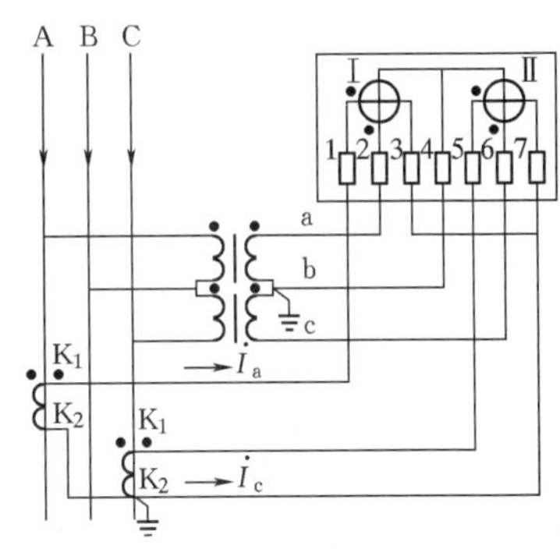

图 2－12 互感器 V/V－12 型接线电流回路三线制的典型接线图

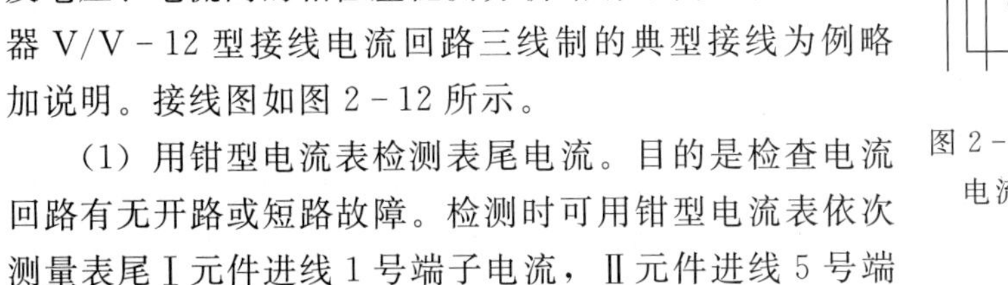

（1）用钳型电流表检测表尾电流。目的是检查电流回路有无开路或短路故障。检测时可用钳型电流表依次测量表尾Ⅰ元件进线 1 号端子电流，Ⅱ元件进线 5 号端子电流及和电流，正常情况下三个测值应接近相等，否则就可能存在故障。

1）1 号端子测值为 0，5 号端子及和电流相等，这是Ⅰ元件电流进线开路。

2）5 号端子测值为 0，1 号端子及和电流相等，这是Ⅱ元件电流进线开路。

3）1 号端子测值接近为 0，5 号端子测值略小于和电流，这是Ⅰ元件电流进线短路或接触不良。

4）5 号端子测值接近为 0，1 号端子测值略小于和电流，这是Ⅱ元件电流进线短路或接触不良。

5）1 号端子和 5 号端子测值相等，和电流为零，这是公共 b 相线开路。

（2）用电压表检测表尾电流端子对地电压。目的是检查 b 相电流回路接地是否良好及 b 相电流有无进入Ⅰ元件或Ⅱ元件电流线圈。

1）1 号端子和 5 号端子对地约为 1V，3 号、7 号端子对地无电压，这是接线正确完好。

2）1 号端子对地无电压，5 号端子和 7 号、3 号端子对地约 1V，这是 I_b 进Ⅰ元件。

3）5 号端子对地无电压，1 号端子和 7 号、3 号端子对地约 1V，这是 I_b 进Ⅱ元件。

4）1 号、3 号、5 号、7 号端子对地电压明显大于 1V，这是公共 b 相未接地或接地不良。

5）1 号、3 号、5 号、7 号端子对地电压均约为 1V，这是公共 b 相开路。

6）1 号、3 号、7 号端子对地无电压，这是Ⅰ元件电流进线开路。

7）3 号、5 号、7 号端子对地无电压，这是Ⅱ元件电流进线开路。

8）1 号端子对地电压接近于 0，这是电流进线短路或接触不良。

9）5 号端子对地电压接近于 0，这是Ⅱ元件电流进线短路或接触不良。

用电流表检测表尾电流及用电压表检测表尾电流端子对地电压，把两种方法综合起来，常见接线故障时表尾电流及对地电压测值见表 2－15。

表 2-15 计量互感器 V/V-12 型接线电流回路三线制常见接线故障时表尾电流及对地电压测值

接线状态	表尾电流	表尾电流端子对地电压
Ⅰ元件电流进线开路	$I_{①}=0$，$I_{⑤}=I_{和}$	$U_{10}=U_{30}=U_{70}=0$，$U_{50}\approx 1V$
Ⅰ元件电流进线接触不良	$I_{①}\approx 0$，$I_{⑤}\approx I_{和}$	$U_{10}\approx U_{30}=U_{70}\approx 0$，$U_{50}\approx 1V$
Ⅰ元件电流进线短路	$I_{①}\approx 0$，$I_{⑤}\approx I_{和}$	$U_{10}\approx U_{30}=U_{70}\approx 0$，$U_{50}\approx 1V$
Ⅱ元件电流进线开路	$I_{⑤}=0$，$I_{①}=I_{和}$	$U_{50}=U_{30}=U_{70}=0$，$U_{10}\approx 1V$
Ⅱ元件电流进线接触不良	$I_{⑤}\approx 0$，$I_{①}\approx I_{和}$	$U_{50}\approx U_{30}=U_{70}\approx 0$，$U_{10}\approx 1V$
Ⅱ元件电流进线短路	$I_{⑤}\approx 0$，$I_{①}\approx I_{和}$	$U_{50}\approx U_{30}=U_{70}\approx 0$，$U_{10}\approx 1V$
电流 b 相未接地	$I_{①}\approx I_{⑤}\approx I_{和}$	$U_{10}=U_{30}=U_{50}=U_{70}\gg 1V$
电流 b 相断线	$I_{①}=I_{⑤}$，$I_{和}=0$	$U_{10}=U_{30}=U_{50}=U_{70}\approx 1V$
I_b 进Ⅰ元件	$I_{①}\approx I_{⑤}\approx I_{和}$	$U_{10}=0$，$U_{30}=U_{50}=U_{70}\approx 1V$
I_b 进Ⅱ元件	$I_{①}\approx I_{⑤}\approx I_{和}$	$U_{50}=0$，$U_{10}=U_{30}=U_{70}\approx 1V$

（3）用相位表检测表尾电压、电流间的相位差。其基本思路及方法与检测 V/V-12 型接线电流四线制相同。表 2-9 列出了常见 36 种表尾错接线的相量图和功率表达式，供分析判断误接线时参考。下面结合几个实例加以说明。

【例 2-6】 某 10kV 高压计量用户专变容量为 200kVA，电流互感器变比 15/5A，实测 0.4kV 侧 $\varphi_A\approx\varphi_B\approx\varphi_C\approx 30°$，表尾电压相序 abc 排列，电压互感器二次三个电压测值约 100V，$I'_a\approx I'_b\approx I'_c\approx 4A$，Ⅰ元件功角 $\varphi_{Ⅰ}=-60°$，Ⅱ元件功角 $\varphi_{Ⅱ}=-120°$。

作相量图及分析如下：

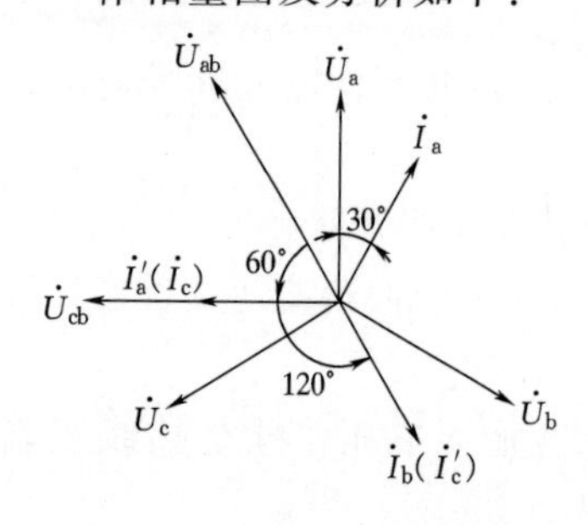

图 2-13 例 2-6 相量图

（1）根据 0.4kV 侧 φ 角测值作出正确接线下的 $\dot U_a$、$\dot U_b$、$\dot U_c$、$\dot I_a$、$\dot I_b$、$\dot I_c$ 及 $\dot U_{ab}$ 和 $\dot U_{cb}$。

（2）根据功角 $\varphi_Ⅰ=-60°$ 和 $\varphi_Ⅱ=-120°$，作出 $\dot I'_a$ 和 $\dot I'_c$。

作出的相量图如图 2-13 所示。从图中可以看出，Ⅰ元件接入 $\dot U_{ab}$、$\dot I_c$，Ⅱ元件接入 $\dot U_{cb}$、$\dot I_b$，这样接线状态下的功率表达式为

$$P=U_{ab}I_c\cos 60°+U_{cb}I_b\cos 120°=0$$

从表 2-9 也可查得 $P=\frac{3}{2}\sin\varphi-\frac{\sqrt{3}}{2}\cos\varphi$，将 $\varphi=30°$ 代入得

$$P=\frac{3}{2}\sin 30°-\frac{\sqrt{3}}{2}\cos 30°=\frac{3}{2}\times\frac{1}{2}-\frac{\sqrt{3}}{2}\times\frac{\sqrt{3}}{2}=0$$

这种接线状态下电表转向不定，当 $\varphi=30°$ 时刚好电表停转，而当 $\varphi<30°$ 时电表反转，$\varphi>30°$ 时电表正转。

【例 2-7】 某 10kV 高压计量专变容量为 315kVA，电流互感器变比为 20/5A，实测 0.4kV 侧 $\varphi_A\approx\varphi_B\approx\varphi_C\approx 28°$，负荷为感性，三相基本平衡，表尾电压相序 acb，$U_{ab}\approx U_{bc}\approx U_{ca}\approx 102V$，$I'_a\approx I'_b\approx I'_c\approx 3.5A$，Ⅰ元件功角 $\varphi_Ⅰ\approx 0°$，Ⅱ元件 $\varphi_Ⅱ=60°$。

作相量图及分析如下：

（1）根据 0.4kV 侧 φ 角测值作出正确接线下的$\dot{U}_{a}$、$\dot{U}_{b}$、$\dot{U}_{c}$ 和$\dot{I}_{a}$、$\dot{I}_{b}$、$\dot{I}_{c}$，并根据线电压关系作出$\dot{U}_{ac}$ 和$\dot{U}_{bc}$。

（2）根据功角 $\varphi_{\mathrm{I}} \approx 0°$和 $\varphi_{\mathrm{II}} = 60°$，作出$\dot{I}'_{a}$和$\dot{I}'_{c}$。

作出的相量图如图 2－14 所示。从图中可以看出，Ⅰ元件接入$\dot{U}_{ac}$、$\dot{I}_{a}$，Ⅱ元件接入$\dot{U}_{bc}$、$\dot{I}_{b}$，这种接线状态下的功率表达式为

$$P = U_{ac} I_{a} \cos 0° + U_{bc} I_{b} \cos 60° = 1.5UI$$

与正确接线时的测量功率 $P = \sqrt{3}\, UI\cos\varphi = \sqrt{3}\, UI\cos 30° = 1.5UI$ 相同，从表 2－9 也可查得，表尾电压 acb、电流 acb 时的测量功率 $P = \sqrt{3}\, UI\cos\varphi$，仍能正确计量。

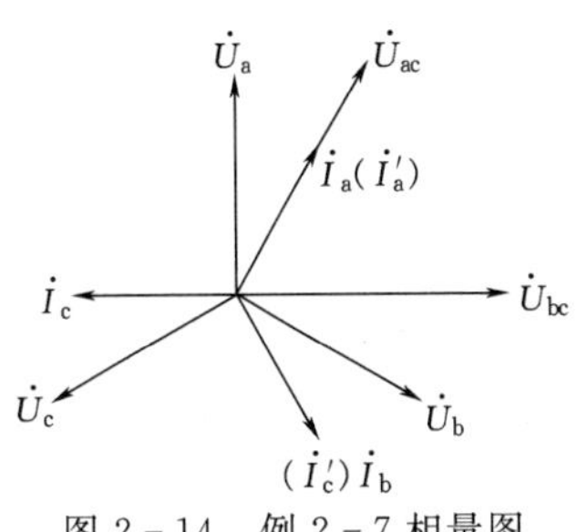

图 2－14　例 2－7 相量图

3. *互感器 Y/Y－12 型接线及经电流互感器接入计量的低压用户三相三元件电流回路四线制表尾接线的检查*

高压计量用户互感器 Y/Y－12 型接线及经电流互感器接入的低压用户三相三元件电流回路四线制的表尾接线原理上并无差异，因为高压计量用户互感器 Y/Y－12 型时，若不考虑电压互感器本身接线错误和开路故障，则表尾接线错误只有相别接错，计量回路可能出现的开路或短路故障状况也完全一样。因此，现以经电流互感器接入的低压用户计量装置表尾接线检查为例，检查的方法和分析思路同样适用于互感器 Y/Y－12 型接线的高压计量装置表尾接线检查。典型接线如图 2－15 所示。

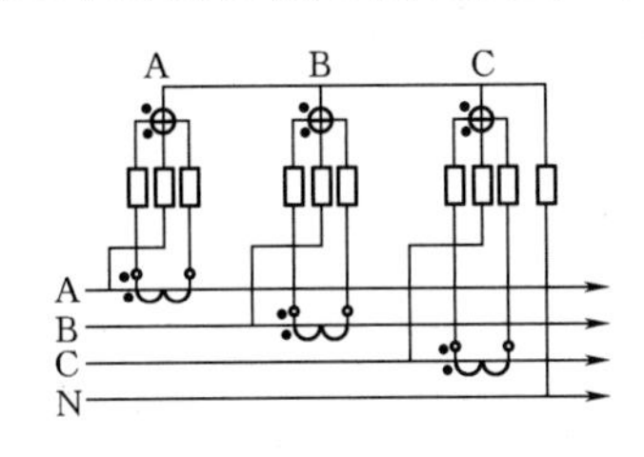

图 2－15　经电流互感器接入的低压用户计量装置表尾典型接线图

（1）用电压表检查表尾三个相电压。正常情况下 $U_{AN} \approx U_{BN} \approx U_{CN}$。若某个相电压为 0 或明显偏低，则某相开路或接触不良。

（2）检查表尾电压相序。可用相序表检查，其方法如前述；也可用电压表对相，即 A 元件电压端子对 A 相电源，B 元件电压端子对 B 相电源，C 元件电压端子对 C 相电压，为 0 即为同相。此项检查应在第一项检查无异常的情况下进行。

（3）用钳型电流表实测同相一、二次电流并验算变比。具体方法见电流互感器的接线检查。

（4）用钳型电流表检查表尾电流。目的主要是检查电流线有无开路。若某元件电流为 0，即该元件电流线开路；若某元件电流明显偏小，则该元件电流线可能短路或接触不良，也可能是该相负荷电流太小或电流互感器变比错误，具体原因需进一步检测分析。

（5）用相位表检测表尾电压、电流间的相位差。由于三相三元件电表正常接线下三个元件的电压、电流是同相一对一，错接线结果是找错对象，因而检测和分析的方法更为简单。表 2－10 列出了三相三元件电表错接线对照表，供分析判断误接线时参考。现结合实

例略加说明。

【例 2-8】 某低压用户电流互感器变比100/5A，实测一次回路$I_A=60A$、$I_B=50A$、$I_C=55A$，$\varphi_A=30°$、$\varphi_B=32°$、$\varphi_C=33°$，$U_A=220V$、$U_B=222V$、$U_C=225V$，表尾电压相序A、B、C，$I'_a=3A$、$I'_b=2.5A$、$I'_c=2.7A$，$\varphi_a=30°$、$\varphi_b=32°$、$\varphi_c=32.5°$。

作相量图并分析如下：

（1）根据一次回路实测参数作出$\dot{U}_A$、$\dot{U}_B$、$\dot{U}_C$和$\dot{I}_A$、$\dot{I}_B$、$\dot{I}_C$。

（2）根据表尾实测参数作出$\dot{I}'_a$、$\dot{I}'_b$、$\dot{I}'_c$。

作出的相量图如图2-16所示。从图中可以看出，$\varphi_a=\varphi_A$、$\varphi_b=\varphi_B$、$\varphi_c=\varphi_C$，一、二次电流比值等于电流互感器变比，这说明计量接线正确完好。

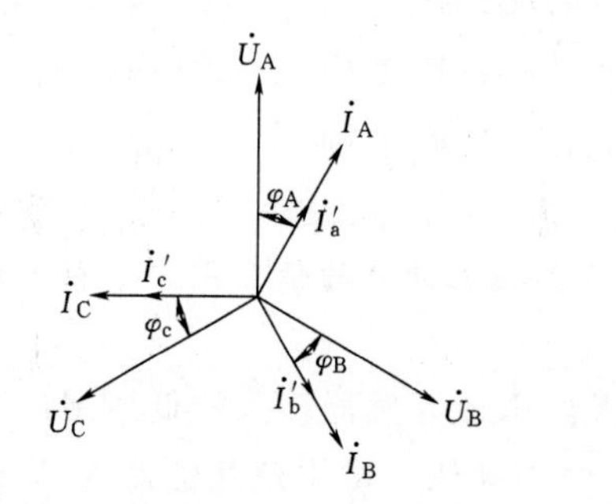

图2-16 例2-8相量图

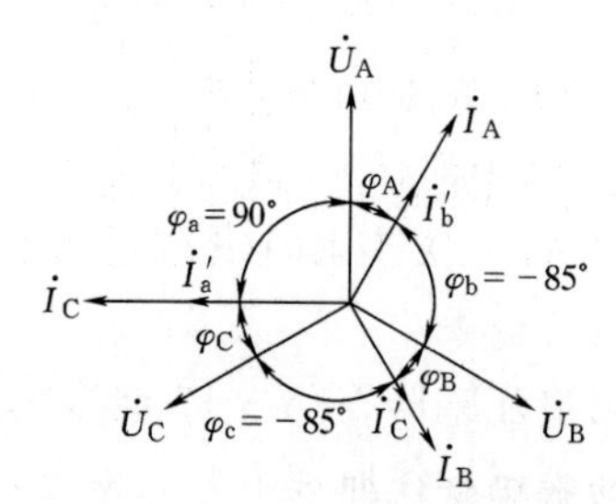

图2-17 例2-9相量图

【例 2-9】 某低压计量用户电流互感器变比为150/5A，实测一次回路$I_A=100A$、$I_B=75A$、$I_C=120A$，$\varphi_A=35°$、$\varphi_B=35°$、$\varphi_C=30°$，$U_A\approx U_B\approx U_C\approx 220V$，表尾电压相序A、B、C，$I'_a=4A$、$I'_b=3.3A$、$I'_c=2.5A$，$\varphi_a=-90°$、$\varphi_b=-85°$、$\varphi_c=-85°$。

作相量图并分析如下：

（1）根据一次回路实测参数作出$\dot{U}_A$、$\dot{U}_B$、$\dot{U}_C$和$\dot{I}_A$、$\dot{I}_B$、$\dot{I}_C$。

（2）根据表尾实测参数$\dot{I}'_a$、$\dot{I}'_b$、$\dot{I}'_c$。

作出的相量图如图2-17所示。从图中可以看出，A元件接入$\dot{U}_A$、$\dot{I}_c$，B元件接入$\dot{U}_B$、$\dot{I}_a$，C元件接入$\dot{U}_C$、$\dot{I}_b$，一、二次电流比值仍与电流互感器变比相符，但这种接线状态下反映的却不是实际功率，即

$$\begin{aligned}P&=U_AI_c\cos(\varphi_c-120°)+U_BI_a\cos(\varphi_a-120°)+U_CI_b\cos(\varphi_b-120°)\\&=U_AI_c\cos(30°-120°)+U_BI_a\cos(35°-120°)+U_CI_b\cos(35°-120°)\\&=U_AI_c\cos90°+U_BI_a\cos85°+U_CI_b\cos85°\end{aligned}$$

从表2-10也可查到此种接线状态下的功率表达式。不过该表是按三相电压、电流对称时列出的式子。

四、表尾接线错误时的测量功率、相量图和功率方向（感性）

表尾接线错误时的测量功率、相量图和功率方向（感性）见表2-8～表2-10。

按目前大部分地区的实际使用情况，普遍都是使用专用计量箱或计量柜，一些经济较

好地区已经普遍使用多功能电子表或由一个多功能电子表（无功为正弦方式）作为主表另加一个感应式有功表作为副表，10kV高压计量箱或柜都是两元件电表计量，而且互感器二次端子出口都是三线或四线制。其他电压等级都用三元件电表计量，而且互感器二次端子出口一般都是四线制。作为计量箱或互感器本身，一般经过试验室的检定后内部不会出现错误。以下的接线错误方式，一律以只有表尾接线错误考虑。

五、计量接线开路时的测量功率、相量图和功率方向（感性）

计量接线开路时的测量功率、相量图和功率方向（感性）见表2-11～表2-13。

当电压回路短路时最终结果都是造成电压互感器及电源线路熔断开路或烧毁，电流回路短路时不定因素太多，需按现场测量参数判断造成的结果。本书只讨论纯粹开路时电表的情况，其他情况读者可以按本书介绍的方法类推分析。

三相二元件电表计量时失压二相与失压三相结果一样，这里不再赘述。

第三节　电能计量装置异常接线时的追退电量计算

电能计量装置异常接线时如何正确、合理地计算追退电量，关系到维护供用电双方的合法权益，也是电能计量本身准确性的延伸。

电能计量装置异常接线时电量的追退计算式为

$$\Delta W = W - W' = W'K(1-\gamma) - W' \tag{2-1}$$

式中　ΔW——追退电量；

W——电能表相对误差为零时在正确接线下的测量电能；

W'——电能表在异常接线时的实测电能；

K——电能表在异常接线时的更正系数；

γ——电能表在异常接线时的相对误差（按规定现场测试的误差只能做参考，退补电量时要采用在实验室所测的误差）。

在实际操作中，追退电量计算有如下几种方法。

1. 更正系数实测法

原来的电能表仍按异常接线运行，再按正确接线接入一只相对误差合格的电能表，选择常用负荷同时运行，然后用正确接线的电能表所录得电能除以异常接线电能表所录得电能，就得到更正系数。这时不再考虑异常接线电能表的相对误差。此法由于是事后选择某一常用负荷运行，需要一段较长时间，现场操作比较困难，且可能要影响用户的正常生产，操作的个人主观性也较强。

采用更正系数实测法计算追退电量的实例：

某10kV高压计量用户专变容量200kVA，电流互感器变比15/5A，电压互感器变比10/0.1kV，至发现A相电流反接时电表底度累计为160kW·h；后经现场接入一只相对误差合格的标准表测算更正系数为3，追退电量计算如下：

$$\begin{aligned}\Delta W &= W'[K(1-\gamma)-1] \\ &= W'(K-1)\end{aligned}$$

$$=160\times\frac{15}{5}\times\frac{10}{0.1}\times(3-1)$$
$$=48000(\text{kW}\cdot\text{h})$$

即应追补电量48000kW·h。

2. 更正系数估算法

由于电能表无论是在正确接线还是误接线下测定的电量，都是加入表内的功率与时间的乘积，因而可根据正确接线和误接线所对应的功率表达式之比，求出更正系数。通过这种方法求得的更正系数除个别特殊情况外，多数是一个含有一个未知数 φ（用户功率因数角）的表达式。对于部分用电情况掌握比较清楚的老用户，可以通过用户在正确接线期间的电量记录，计算其平均功率因数角而取得，对于新投产的用户要确定其功率因数是比较困难的。若采取用户改正接线后的电量记录来计算时，某些用户可能会故意调整功率因数来欺骗供电企业而谋利。

采用更正系数估算法计算追退电量的实例：

某10kV高压计量用户专变容量315kVA，电流互感器变比20/5A，电压互感器变比10/0.1kV，电流回路四线制。平时功率因数约为0.87，因换用多功能电子表时误接线，造成a相电流反进Ⅱ元件，c相电流正进Ⅰ元件。至发现接线错误时有功示数为100kW·h，无功示数为－172kvar·h。有功、无功基本误差均为1%。追退电量计算如下：

查表2-8，该误接线下的功率表达式 $P=2UI\sin\varphi$，$Q=-2UI\cos\varphi$；由平时功率因数为0.87可知 $\varphi\approx30^\circ$。

（1）有功电量追退。

$$K_P=\frac{\sqrt{3}UI\cos\varphi}{2UI\sin\varphi}=\frac{\sqrt{3}\cos30^\circ}{2\sin30^\circ}$$
$$=\frac{\sqrt{3}\times\frac{\sqrt{3}}{2}}{2\times\frac{1}{2}}$$
$$=\frac{3}{2}$$
$$\Delta W=W'[K_P(1-\gamma)-1]$$
$$=100\times4\times100\times\left[1.5\times\left(1-\frac{1}{100}\right)-1\right]$$
$$=19400(\text{kW}\cdot\text{h})$$

即应追补有功电量19400kW·h。

（2）无功电量追退。

$$K_Q=\frac{\sqrt{3}UI\sin\varphi}{-2UI\cos\varphi}=\frac{\sqrt{3}\sin30^\circ}{-2\cos30^\circ}$$
$$=\frac{\sqrt{3}\times\frac{1}{2}}{-2\times\frac{\sqrt{3}}{2}}$$

$$=-\frac{1}{2}$$

$$\begin{aligned}\Delta W &= W'[K_Q(1-\gamma)-1] \\ &= -172\times4\times100\times\left[-\frac{1}{2}\left(1-\frac{1}{100}\right)-1\right] \\ &= 102856(\text{kvar}\cdot\text{h})\end{aligned}$$

即无功表记录电量应加上 102856kvar·h 才是实用无功电量，则

$$102856-172\times4\times100=34056(\text{kvar}\cdot\text{h})$$

3. 更正系数综合测算法

针对估算法存在的问题，可根据有功表及无功表在异常接线时的记录电度和更正系数，综合推算出异常接线期间的平均功率因数角，进而求出比较接近实际的更正系数值。

由功率三角形可知 $\tan\varphi=\frac{Q}{P}=\frac{W_Q}{W_P}$，式中 W_Q、W_P 分别为负载在某段时间内消耗的无功电能及有功电能。

所以
$$\tan\varphi=\frac{BK_Q}{AK_P} \tag{2-2}$$

式中　φ——用户实际平均功率因数角；

A——当有功表相对误差为零时，在异常接线期间测得的有功电量；

B——当无功表相对误差为零时，在异常接线期间测得的无功电量；

K_Q——无功表异常接线更正系数；

K_P——有功表异常接线更正系数。

由于式（2-2）中 K_Q、K_P 都是未知数 φ 的函数，且 A＝实际抄见有功电量×$(1-\gamma)$，B＝实际抄见无功电量×$(1-\gamma)$，γ 由现场测定，所以通过解式（2-2）便可求出 φ 的具体值，然后把 φ 的值代入更正系数 K 的表达式中，便可求出 K 的具体值了。由于计算过程中没有引入可选择性的数据，通过这种方法求得的更正系数是比较客观的。

对于现在一些地区使用的三相三线无功电能表，绝大部分为内相角 60°的无功表，其计量装置的正确接线方式如图 2-18 所示。

现举一实例说明其计算过程：某新投产用户，由于电压接线端子松脱，致使其电能计量装置的有功及无功电能表 A 相失压，失压计时仪记录其时间从投产开始失压。现场抄见有功表记录电量 90000kW·h，无功表记录电量 72700kvar·h，现场校验异常接线下，有功表相对误差 $\gamma=-1.5\%$，无功表相对误差 $\gamma=2.0\%$。其异常接线图如图 2-18 中 E、F 两点间断路，无功表属 60°内相角类型。

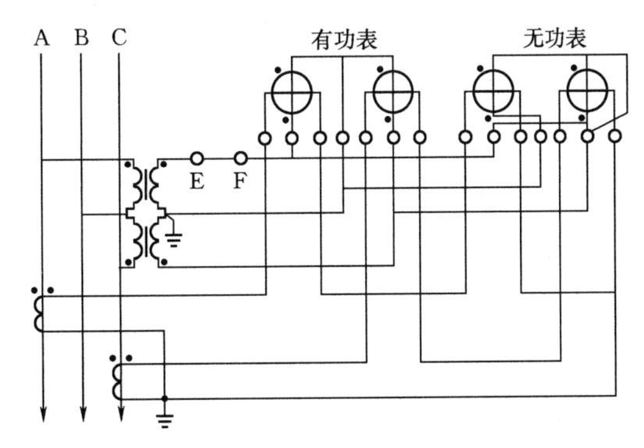

图 2-18　计量装置的正确接线方式

按该异常接线方式，其有功及无功功率表达式和更正系数应有：

有功表：

有功功率为

$$\left.\begin{aligned}P&=UI\cos(30°-\varphi)\\K_{P}&=\frac{2\sqrt{3}}{\sqrt{3}+\tan\varphi}\end{aligned}\right\}\quad(2-3)$$

更正系数为

无功表：

无功功率为

$$\left.\begin{aligned}Q&=UI\cos(60°-\varphi)\\K_{Q}&=\frac{\sqrt{3}\sin\varphi}{\cos(60°-\varphi)}\end{aligned}\right\}\quad(2-4)$$

更正系数为

把 K_P、K_Q 代入式（2-2）得

$$\tan\varphi=\frac{\dfrac{\sqrt{3}B\sin\varphi}{\cos(60°-\varphi)}}{\dfrac{2\sqrt{3}A}{\sqrt{3}+\tan\varphi}}$$

由上可以推出

$$2\sqrt{3}A\tan\varphi(\cos60°\cos\varphi+\sin60°\sin\varphi)=\sqrt{3}B\sin\varphi(\sqrt{3}+\tan\varphi)$$

$$2\sqrt{3}A\frac{\sin\varphi}{\cos\varphi}\left(\frac{1}{2}\cos\varphi+\frac{\sqrt{3}}{2}\sin\varphi\right)=\sqrt{3}B\sin\varphi(\sqrt{3}+\tan\varphi)$$

$$2\sqrt{3}A\left(\frac{1}{2}+\frac{\sqrt{3}}{2}\tan\varphi\right)=3B+\sqrt{3}B\tan\varphi$$

$$(3A-\sqrt{3}B)\tan\varphi=3B-\sqrt{3}A$$

$$\tan\varphi=\frac{3B-\sqrt{3}A}{3A-\sqrt{3}B}$$

$$\varphi=\arctan\frac{3B-\sqrt{3}A}{3A-\sqrt{3}B}\quad\varphi\in\left(-\frac{\pi}{2},\frac{\pi}{2}\right)$$

A＝抄见电量×$(1-\gamma)$＝90000×(1＋1.5%)＝91350(kW·h)

B＝抄见电量×$(1-\gamma)$＝72700×(1－2.0%)＝71246(kW·h)

$$\varphi=\arctan\frac{3\times71246-\sqrt{3}\times91350}{3\times91350-\sqrt{3}\times71246}=\arctan0.3685=20.23°$$

把 $\varphi=20.23°$ 代入式（2-3）和式（2-4）得

$$K_{P}=\frac{2\sqrt{3}}{\sqrt{3}+\tan\varphi}=\frac{2\sqrt{3}}{\sqrt{3}+\tan20.23°}=1.649$$

$$K_{Q}=\frac{\sqrt{3}\sin\varphi}{\cos(60°-\varphi)}=\frac{\sqrt{3}\sin20.23°}{\cos(60°-20.23°)}=0.779$$

把 K_P、K_Q 代入式（2-1）得

有功追退电量为

$$\Delta W_{P}=90000\times[1.649\times(1+1.5\%)-1]=60636(\text{kW}\cdot\text{h})$$

无功追退电量为

$$\Delta W_{Q}=72700\times[0.799\times(1-2.0\%)-1]=-17199(\text{kvar}\cdot\text{h})$$

其中，正值表示追补，负值表示退回。

通过这种方法，追退电量计算人员利用发现异常接线当时的数据，就可以算出应该向用户追补或退回的电量。

对于这里介绍的计算方法，在实际使用中应该注意：①对于装有止逆装置的电能表，当出现的异常接线方式可使电能表转盘转向不定，并且计算人员又不能确定用户的功率因数始终保障电能表转盘正转，或异常接线方式始终使电能表转盘反转时，因电能表漏计了反转部分电量，所以建议使用其他方法计算（对于电子式电能表不存在上述问题）；②对于没装止逆装置的电能表，因为本方法所求的是平均功率因数角，所以只要表盘不停转，都可以计算求出应该追退的电量。

第三章　常见的窃电手法

在现代化的建设与人民生活中谁都离不开电，电力的建设发展与国民经济和人民生活质量提高息息相关，但是，随着用电的普及，窃电的现象也相伴而生。窃电者为了达到目的，往往是千方百计使窃电的手法更加隐蔽和更加巧妙，并随着科技知识的普及，窃电行为的手段、窃电的方法也在发生变化。对此，作为供电行业的用电管理人员一定要时刻警惕和高度重视，针对各种窃电行为进行深入的调查研究和分析，同时应采取相应的对策。就像公安人员研究犯罪分子的作案手法一样，只有掌握了犯罪分子的作案规律、共性案例和特殊性案例及其手法才能做好防范，而且要比窃电者棋高一着，掌握工作的主动权，使国家的财产损失减少到最小。

窃电的手法虽然五花八门，但万变不离其宗，最常见的是从电能计量的基本原理入手。我们知道，一个电能表计量电量的多少，主要决定于电压、电流、功率因数三要素和时间的乘积，因此，只要想办法改变三要素中的任何一个要素都可以使电表慢转、停转甚至反转，从而达到窃电的目的；另外，通过采用改变电表本身的结构性能的手法，使电表少计，也可以达到窃电的目的；各种私拉乱接、无表用电的行为则属于更加明目张胆的窃电行为。尽管各种窃电的手法很多，但是其手法变来变去也不外乎如下五种类型：

（1）欠压法窃电。

（2）欠流法窃电。

（3）移相法窃电。

（4）扩差法窃电。

（5）无表法窃电。

下面将针对各类窃电手法进行简要的说明和举例。

第一节　欠压法窃电

窃电者采用各种手法故意改变电能计量电压回路的正常接线或故意造成计量电压回路故障，致使电能表的电压线圈失压或所受电压减少，从而导致电量少计，这种窃电方法称为欠压法窃电。

一、欠压法窃电的常见手法

（1）使电压回路开路。例如：①松开电压互感器的熔断器；②弄断保险管内的熔丝；③松开电压回路的接线端子；④弄断电压回路导线的线芯；⑤松开电能表的电压联片等。

（2）造成电压回路接触不良故障。例如：①拧松电压互感器的低压保险或人为制造接触面的氧化层；②拧松电压回路的接线端子或人为制造接触面的氧化层；③拧松电能表的电压联片或人为制造接触面的氧化层等。

(3) 串入电阻降压。例如：①在电压互感器的二次回路串入电阻降压；②弄断单相表进线侧的零线而在出线至地（或另一个用户的零线）之间串入电阻降压等。

(4) 改变电路接法。例如：①将三个单相电压互感器组成 Y/Y 接线的 B 相二次反接；②将三相四线三元件电能表或用三只单相表计量三相四线负载时的中线取消，同时在某相再并入一只单相电能表；③将三相四线三元件电表的表尾零线接到某相火线上等。

欠压法窃电示意图如图 3-1 所示。

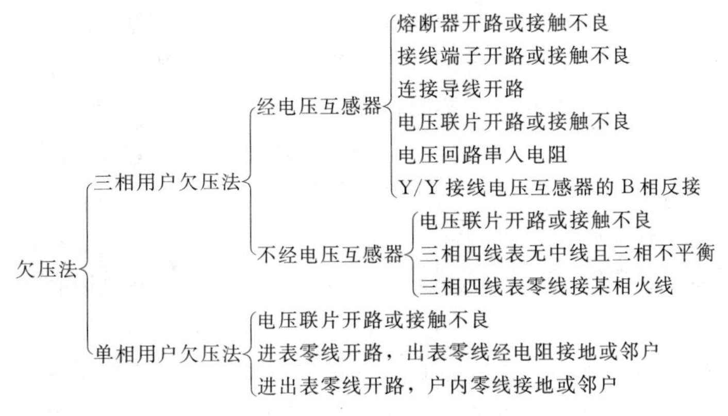

图 3-1 欠压法窃电示意图

二、欠压法窃电举例

【例 3-1】 某单相用户电表为直接接入式，窃电时断开进表零线而将出表零线串入一个高阻值的电阻，然后接到邻户的零线。其接法如图 3-2 所示。设电表安装处的电压为 U，通过电表电流线圈的电流为 I，零线串入电阻后电表电压线圈所受电压为 U'，则电表的实测功率 P' 和更正系数 K 的表达式为

$$P' \approx U' I \cos\varphi \text{（忽略串联电阻 } R \text{ 对 } U' \text{造成角差的影响）}$$

$$K = P/P' \approx UI\cos\varphi/(U'I\cos\varphi) = U/U'$$

这时电表将慢转，实际电量约等于记录电量乘以 U/U'。

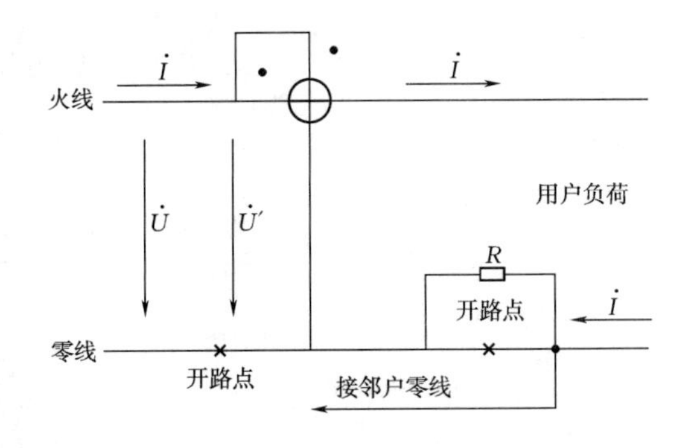

图 3-2 欠压法窃电接线图

第二节 欠流法窃电

窃电者采用各种手法故意改变计量电流回路的正常接线或故意造成计量电流回路故障，致使电能表的电流线圈无电流通过或只通过部分电流，从而导致电量少计，这种窃电方法称为欠流法窃电。

一、欠流法窃电的常见手法

（1）使电流回路开路。例如：①松开电流互感器二次出线端子、电能表电流端子或中间端子牌的接线端子；②弄断电流回路导线的线芯；③人为制造电流互感器二次回路中接线端子的接触不良故障，使之形成虚接而近乎开路。

（2）短接电流回路。例如：①短接电能表的电流端子；②短接电流互感器一次或二次侧；③短接电流回路中的端子牌等。

（3）改变电流互感器的变比。例如：①更换不同变比的电流互感器；②改变抽头式电流互感器的二次抽头；③改变穿心式电流互感器原边匝数；④将原边有串、并联组合的接线方式改变等。

（4）改变电路接法。例如：①单相表火线和零线互换，同时利用地线作零线或接邻户线；②加接旁路线使部分负荷电流绕越电表；③在低压三相三线两元件电表计量的B相接入单相负荷等。

欠流法窃电示意图如图3-3所示。

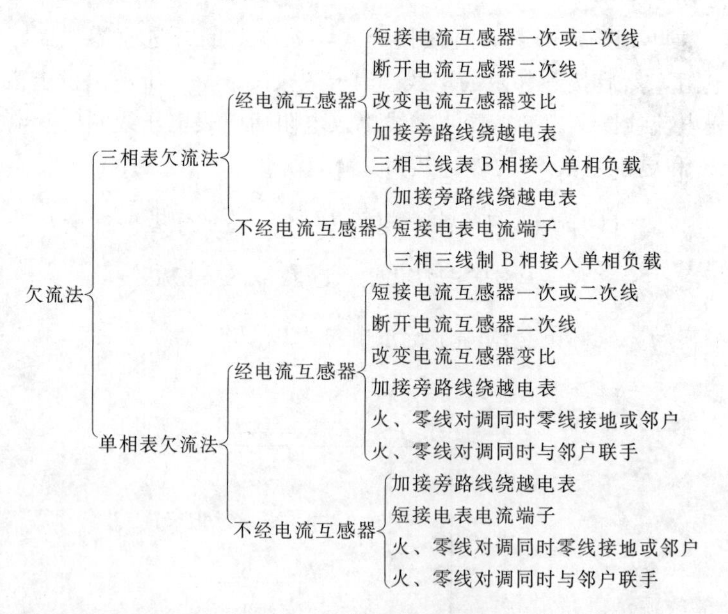

图3-3 欠流法窃电示意图

二、欠流法窃电举例

【例3-2】 将单相电能表进表线的火线和零线对调，而将零线接地。其接线图如图3-4所示。设装表处电压为U，火线电流为I，零线电流为I_0，流入地线电流为I_d，零

线阻抗为 R_0（忽略电抗），接地电阻为 R_d（忽略电抗），则有

$$I=I_0+I_d$$

$$I_0=I-I_d=I\frac{R_d}{R_d+R_0}$$

$$P'=UI_0\cos\varphi=\frac{UIR_d}{(R_d+R_0)\cos\varphi}$$

$$P=UI\cos\varphi$$

$$K=P/P'=\frac{UI\cos\varphi}{UIR_d/(R_d+R_0)\cos\varphi}=\frac{R_d+R_0}{R_d}$$

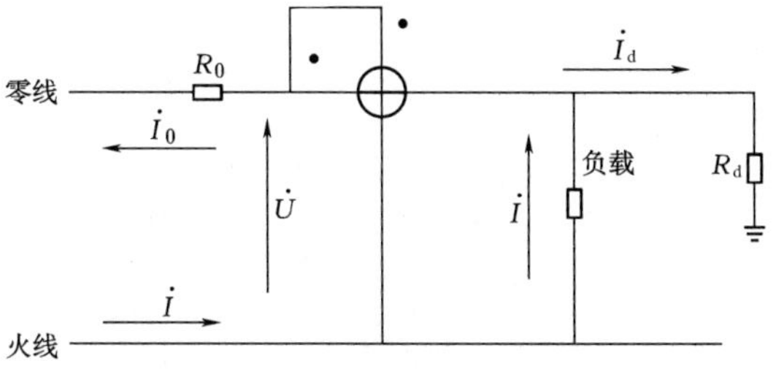

零线　R_0　$\dot{I}_0$　$\dot{U}$　$\dot{I}$　负载　$\dot{I}_d$　R_d
火线　$\dot{I}$

图 3－4　欠流法窃电接线图

由于零线接地分流，电表比正常接线时少计，实际电量等于记录电量乘以（R_d+R_0）/R_d。

第三节　移相法窃电

窃电者采用各种手法故意改变电能表的正常接线，或接入与电能表线圈无电联系的电压、电流，还有的利用电感或电容特定接法，从而改变电能表线圈中电压、电流间的正常相位关系，致使电能表慢转甚至倒转，这种窃电手法就称为移相法窃电。

一、移相法窃电的常见手法

（1）改变电流回路的接法。例如：①调换电流互感器一次侧的进出线；②调换电流互感器二次侧的同名端；③调换电能表电流端子的进出线；④调换电流互感器至电能表连线的相别等。

（2）改变电压回路的接线。例如：①调换单相电压互感器原边或副边的极性；②调换电压互感器至电能表连线的相别等。

（3）用变流器或变压器附加电流。例如：用一台原副边没有电联系的变流器或副边匝数较少的电焊变压器的二次侧倒接入电能表的电流线圈等。

（4）用外部电源使电表倒转。例如：①用一台具有电压输出和电流输出的手摇发电机接入电表；②用一台类似带蓄电池的电鱼机改装成具有电压输出和电流输出的逆变电源接入电表。

（5）用一台原副边没有电联系的升压变压器将某相电压升高后反相加入表尾零线。

（6）用电感或电容移相。例如：在三相三线两元件电表负荷侧 A 相接入电感或 C 相

接入电容。

移相法窃电示意图如图 3－5 所示。

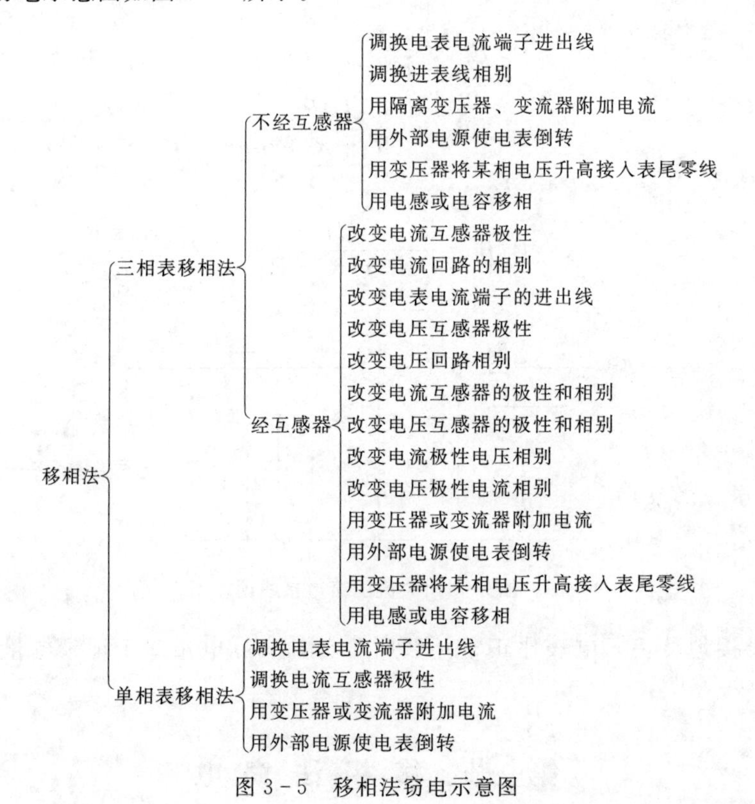

图 3－5 移相法窃电示意图

二、移相法窃电举例

【例 3－3】 利用一只原副边没有电联系的变流器使电表慢转或倒转。其接线如图 3－6 所示。

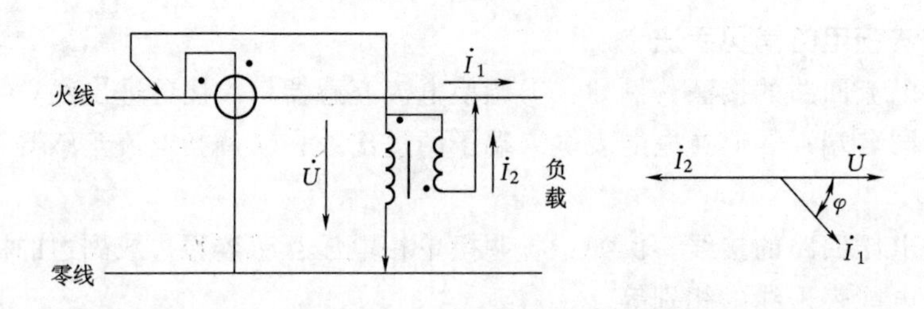

图 3－6 移相法窃电

设装表处电压为 U，负载电流为 I_1，变压器副边的附加电流 I_2，则有

$$P'=UI_1\cos\varphi-UI_2=U(I_1\cos\varphi-I_2)$$

$$P=UI_1\cos\varphi$$

$$K=I_1\cos\varphi/(I_1\cos\varphi-I_2)$$

从电表的功率表达式可知，当 $I_1\cos\varphi>I_2$ 时电表慢转，$I_1\cos\varphi=I_2$ 时电表停转，$I_1\cos\varphi<I_2$ 时电表则反转。实际上变流器的副边电流 I_2 比负载电流 I_1 往往大很多倍，因而接入变流器可使电表快速倒转；另外，采用这种窃电手法的实施时间往往是短时性的，所引起的计量误差也就无法用更正系数来表达。

第四节　扩 差 法 窃 电

窃电者私拆电表，通过采用各种手法改变电表内部的结构性能，致使电表本身的误差扩大，以及利用电流或机械力损坏电表，破坏电表的运行条件，使电能表少计，这种窃电手法称为扩差法窃电。

扩差法窃电的常见手法如下：

(1) 私拆电表，改变电表内部的结构性能。例如：①减少电流线圈匝数或短接电流线圈；②增大电压线圈的串联电阻或断开电压线圈；③更换传动齿轮或减少齿数；④增大机械阻力；⑤调节电气特性；⑥改变表内其他零件的参数、接法或制造其他各种故障等。

(2) 用大电流或机械力损坏电表。例如：①用过载电流烧坏电流线圈；②用短路电流的电动力冲击电表；③用机械外力损坏电表等。

(3) 破坏电表的运行条件。例如：①改变电表的安装角度；②用机械震动干扰电表；③用外部电磁场干扰电表等。

扩差法窃电示意图如图 3-7 所示。

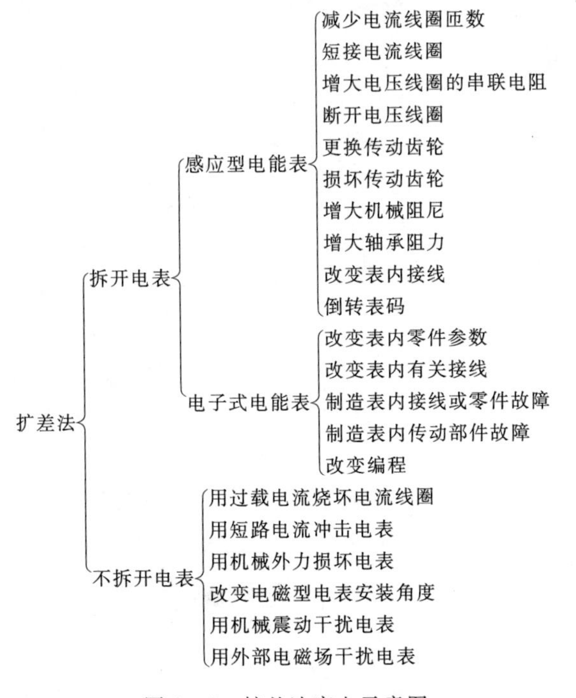

图 3-7　扩差法窃电示意图

第五节 无表法窃电

未经报装入户就私自在供电部门的线路上接线用电，或有表用户私自甩表用电，称为无表法窃电。这类窃电手法与前述四类在性质上是有所不同的，前四类窃电手法基本上属于偷偷摸摸的窃电行为，而无表法窃电则是明目张胆的带抢劫性质的窃电行为，并且其危害性也更大，不但造成供电部门的电量损失，同时还可能由于私拉乱接和随意用电而造成线路和公用变过载损坏，扰乱、破坏供电秩序，极易造成人身伤亡及引起火灾等重大事故发生；无表法窃电对社会造成的负面影响也更大，还可能对其他窃电行为起到推波助澜的作用。对于此现象一经发现，应严惩不贷。

第四章　防治窃电的技术措施

近年来各地在防治窃电的技术措施方面积累了不少成功的经验，现将一些做法介绍如下：

（1）采用专用计量箱或专用电表箱。

（2）封闭变低出线端至计量装置的导体。

（3）采用防伪、防撬铅封。

（4）规范电表安装接线。

（5）规范低压线路安装架设。

（6）低压用户配置漏电保护开关。

（7）禁止在单相用户间跨相用电。

（8）禁止私拉乱接和非法计量。

（9）用户供电方案的防窃电对策。

（10）经互感器接入的新装三相用户做带负荷试验。

（11）规范互感器二次接地和表箱接地。

（12）防窃电新技术、新产品应用介绍。

第一节　采用专用计量箱或专用电表箱

采用专用计量箱或专用电表箱措施对五种窃电手法都有防范作用，适用于各种供电方式的用户，是首选的最为有效的防窃措施。

在实施这项对策时，通常根据用户的计量方式采取相应的做法：高供高计专变用户采用高压计量箱或计量柜；高供低计专变用户采用专用计量柜或计量箱，即容量较大采用低压配电柜（屏）供电的配套采用专用计量柜（屏），容量较小无低压配电柜（屏）供电的采用专用计量箱；低压用户则采用专用计量箱或专用电表箱，即容量较大经电流互感器接入电路的计量装置采用专用计量箱，普通三相用户采用独立电表箱，单相居民用户采用集中电表箱，对于较分散居民用户，可根据实际情况采用适当分区后在用户中心安装电表箱。

通常，窃电者作案时都要接触计量装置的一次或二次设备才能下手，所以采用专用计量箱或电表箱的目的就是阻止窃电者触及计量装置，从而加强计量装置自身的防护能力。为此不但要求计量箱或电表箱要足够牢固，最好能同时具有电场屏蔽和磁场屏蔽功能，而且最关键的还是箱门的防撬问题。比较实用的方法有如下三种：

（1）箱门加封印。把箱门设计成（或改造）为可加上供电部门的防撬铅封，使窃电者开启箱门窃电时会留下证据。此法的优点是便以实施，缺点是容易被破坏。

（2）箱门配置防盗锁。和普通锁相比，其开锁难度较大，若强行开锁则不能复原。此法的优点主要是不影响正常维护，较适用于一般用户。缺点是遇到个别精通开锁者仍然无济于事。

(3) 将箱门焊死，这是针对个别用户窃电比较猖獗，逼不得已而采取的措施。其优点是比较可靠，缺点是表箱只能一次性使用，正常维护也不方便。

第二节 封闭变低出线端至计量装置的导体

采用封闭变低出线端至计量装置的导体措施主要用于防止无表法窃电，同时对通过二次线采用欠压法、欠流法、移相法窃电也有一定的防范作用。适用于高供低计专变用户。

(1) 对于配变容量较大采用低压计量柜（屏）的，计量电压互感器、电流互感器和电表全部装于柜（屏）内，需封闭的导体是配变的低压出线端子和配变至计量柜（屏）的一次导体。变低出线端子至计量柜（屏）的距离应尽量缩短；其连接导体宜用电缆，并用塑料管或金属管套住；当配变容量较大需用铜排或铝排作为连接导体时，可用金属线槽或塑料线槽将其密封于槽内；变低出线端子和引出线的接头可用一个特制的铁箱密封，并注意封前仔细检查接头的压接情况，以确保接触良好；另外，铁箱应设置箱门，并在门上留有玻璃窗以便观察箱内情况，箱门的防撬可参照计量箱的做法。

(2) 对于配变容量较小采用计量箱的，当计量互感器和电表共箱者，可参照上述采用计量柜时的做法进行；当计量互感器和电表不同箱者，计量用互感器可与变低出线端子合用一个铁箱加封，电表箱按第一节介绍的做法处理，而互感器至电表的二次线可采用铠装电缆，或采用普通塑料、橡胶绝缘电缆并穿管套住。

为了便于查电，从变低出线至计量装置的走线应清晰明了，要尽量采用架空敷设，不得暗线穿墙和经过电缆沟。

对于因客观条件限制不能对铝排、铜排加装线槽密封时，可在铝排、铜排刷上一层绝缘色漆，既有一定绝缘隔离作用，又可便于侦查窃电；也可刷普通色漆，但应注意所采用的色泽应与铜排或铝排明显区别。

第三节 采用防伪、防撬铅封

采用防伪、防撬铅封措施主要是针对私拆电表的扩差法窃电，同时对欠压法、欠流法和移相法窃电也有一定的防范作用，适用于各种供电方式的用户。

封印是作为查处窃电的重要证据，因此，对封印的基本要求是既要难以伪造，又要便以识别真伪。为了达到预期效果，还应有一套比较严密的管理办法。

一、铅封的分类及使用范围

(1) 铅封的分类由铅封帽和印模上标识的字样来划分。铅封帽上“某某电力公司”字样和印模上的字统一用隶书刻印而成。

(2) 刻印“某某电力公司校表”字样的铅封为校表专用，限于对经检验合格的电能表外壳进行加封。

(3) 刻印“某某电力公司装表”字样的铅封为装表专用，限于对电能表的接线盒、表箱、联合接线盒、端子牌、计量箱（柜）外壳等进行加封。

（4）刻印“某某电力公司用电”字样的铅封为用电检查专用，限于对表箱、计量箱（柜）外壳、开关箱进行加封。

（5）下属供电公司、营业所等基层营业部门应按各自部门名称区分刻印字样，并确定其加封权限。

二、封钳印模的分类及使用范围

（1）印模分类与铅封分类相对应。例如“某校某号”封钳为校表专用，“某装某号”封钳为装表专用。

（2）封钳印模的使用范围同铅封的使用范围。

三、铅封和封钳印模的使用管理

（1）铅封必须与同范围的印模对应使用方有效。

（2）铅封、印模由班长（或基层营业部门负责人）保管，领用须办理登记和审批手续，并由计量专职监督使用。

（3）领用人（加封人）对设备加封后，需开具一式五份的加封工作传票，由用户签证后一份由加封人保存，一份送计量专职存档，其他送有关班组备查。

（4）领用人（加封人）因工作需要开启设备原有封印，必须通知用户到场。

（5）因工作需要拆下的铅封必须如数交回保管人妥善保管、备查。

（6）电能表外壳的封印只能在计量室由计量检定人员开启、加封。

四、严禁私自启封

（1）无论班组或个人都不得越权私自开启封印，否则，一经查出将按有关规定严肃处理，造成重大损失的还要追究法律责任。

（2）用户私自开启封印的，一经查出即按偷电论处，并依据《中华人民共和国计量法》和《电力供应与使用条例》有关规定进行严肃处理，造成重大损失的送交司法机关处理。

各地供电部门对封印的使用和管理都各有一些成功的经验。在此顺便介绍吉林省电力公司采用“钱币式”管理的经验供参考。

吉林省电力公司封印管理经验介绍

吉林省电力有限公司营销部采用防撬封印，在全国率先提出封印“钱币式”管理的新理念，这是符合计量工作进一步法制化管理的客观需要，是整顿营销市场，务实营销基础工作，向规范化、标准化迈出的重要一步。

针对旧式铅封普遍存在易撬开或任意复原，防伪性能差、封印钳及钳模易仿制、封印线易折断的弊端，采用防撬封印，对封印的技术含量提出更高的要求，增强防伪、防撬功能，并使每颗封印生产时内置各供电企业管理区名和唯一性连续编号，每枚封印终生一个号码。采用全封闭内锁式微电子综合防伪技术和电脑自动检验识别系统，对封印钳模采用指纹防伪功能，并把指纹印模制成电子光盘，便于各供电企业在当地公安部门备案。

为确保防撬封印能达到预期效果，重点对封印生产、销售、购置、使用、回收、销毁等实施全过程闭环式监控跟踪管理。设专责为“会计”，库保员为“出纳”。“钱币式”管理，是将计量装置强行管制，改变以往封印管理松散、制约薄弱、供需双方责任不清局面。这样做有双重作用：一是能防止用户私自开启或伪造封印窃电；二是加强用电营销内部管理，避免以电谋私、徇私舞弊、监守自盗或勾结他人进行窃电，从而在措施上达到减少或杜绝计量管理漏洞的目的。

一、封印、封印钳管理办法

1. 总则

（1）封印钳、印模和封印由省公司统一选型和监制，各供电公司未经省公司批准不准自行采购和刻制印模。

（2）各供电公司购置封印、封印钳时，应向省公司指定生产厂家直购，签订合同并应就有关专销专购问题签订协议，合同协议经省公司书面确认后方可生效。定点生产厂家必须按合同数量及条款组织生产及供货，如果违约将按经济合同法追究生产厂家责任。

（3）各供电公司主管用电经理负责计量装置封印管理工作。营销部用电检查专责人负责全公司计量装置封印归口管理，各分公司、市（县）供电公司应设专责人负责计量装置封印管理工作。履行对印钳、封印发放手续。设立台账，统一领用，统一发放、回收和调换。

（4）各供电公司应明确封印、封印钳持有人员的职责、使用权限及义务，制定相应奖惩措施。对发生因封印钳、封印模及封印遗失或使用不当，而造成损失的人员，应按营销事故有关规定予以处理。

（5）为加强封印的防伪性，对因表计拆装、轮换和试验调整及反窃电检查需拆下的封印应如数回收交还保管人并登记备查。各供电公司应将回收的封印于每季末交封印管理部门统一处理。该项工作应列入营销工作考核内容。

2. 封印钳发放范围和使用权限

（1）发放范围。

1）高、低压用电检查员、装表接电工、电能表轮换工、最大需量表抄表人员、计量所校表员、负控维护人员。

2）严格控制封印钳的发放范围，非上述人员一律不准持有封印钳。

（2）封印钳使用权限。

1）低压用电检查员的封印钳只限于低压客户电能表端子盒、电能表箱（壳），计量专用箱（柜），电流互感器二次端子门的加封。

2）高压用电检查员的封印钳只限于高压客户电能表箱，计量专用箱（柜）、屏、电流互感器、电压互感器二次端子门的加封。

3）装表接电工及电能表轮换工的封印钳只限于电能表接线盒，电能表箱（盖）。

4）电能计量所内校表人员的封印钳，只限于电能表的罩盖两侧封印（耳封）和多功能电能表编程器盖加封。外校的封印钳，只限于按分工权限规定管理的客户电能表端子盒和试验部件、电流互感器、电压互感器端子加封。

5）最大需量表抄表人员的封印钳只限于箱（柜）门和最大需量指示器的加封。

6）负控专责封印钳只限于高压客户电能表箱，计量专用箱（柜）、屏、电流互感器、电压互感器二次端子门的加封。

7）用电检查员发现用户窃电，门、盖启封后应采用一次性封印暂封，并同用户签订封保协议书。封后将窃电户地址、表码完整记录，当日通报有关人员，由分管该户人员重封，不能作为计量装置经营永久性封印，暂封期限不准超过3天。各检查支队应严格管理带编码的一次性封印，履行发放和回收登记手续。各供电公司应结合反窃电工作制定反窃电检查支队、大队一次性封印管理办法。

8）为加强计量管理，对计量装置已实行双重加封的，因工作需要启封时，双方负责人应共同到达现场。各供电公司应结合管理规定建立联系制度。

3. 封印、封印线管理

（1）封印必须采用铝壳铅芯防撬封、防伪功能封及一次性锁封，其他规格一律不准使用。全省必须使用省公司指定厂家的产品。

（2）各供电公司使用的新型封印外形识别标记由各使用单位确定，并由厂家刻印在封印铝帽顶面上，供电公司之间互相不相同，互不通用，各供电公司部门间的封印模标号，由各供电公司主管部门按工种不同自定，亦互不相同。

（3）封印选择应按不同专业采用不同颜色加以区分，便于识别。计量部门的单相电能表耳封为红色、三相电能表为银白色；高压检查员封印为天蓝色；低压检查员封印为金黄色；抄表员封印为桃红色；负控封印为紫色；检查封印为黑色；封印线统一为桃红色。封印按工种颜色持卡论个领取，领取时逐个验收字迹是否清楚后签字。压偏或压废如数交回，再领取新封印。安装封印后立即和客户或抄表员签订封保协议。

（4）凡是新装、换装、现场校验及用电检查等工作后，应对计量装置加封，并认真填写封印管理卡。封印卡随封印、封印线一起领取，现场加封后用户在封印管理卡上签字。封印管理卡要妥善保管以备后查，同时输入微机管理。封印序号应视同电能表码管理列入该客户的数据库。

（5）加强对封印购置与发放的管理，按月统计，如发现封印购入数减去领用数与实际库存数不相符，应追查原因，堵塞管理漏洞。

4. 封印钳、印模、封印的使用管理

（1）电能计量装置使用的封印钳是保证正确计量，维护供用电双方利益的工具，封印钳持有者应本着对企业高度负责的精神对封印钳精心保管，定期检查。印模磨损字迹不清时应逐级上报，以便及时更换。

（2）备用印模应设专人统一保管，领取应有完备手续。

（3）禁止相互借用或跨管辖营业区域使用封印钳，严禁由其他工种或施工人员代封，违者应严肃处理。

（4）封印钳应随身携带，若遗失或损坏，应及时向单位领导报告。供电公司必须对责任者按营销事故严肃处理，当事人必须写出书面检查，同时登报声明作废。对责任者给予一定的经济或行政处罚后，方可向省公司报请办理补发手续，新封印钳领到后，对已丢失封印钳所封过的电能表封印要全部重新加封。

（5）按工作职责持有封印钳人员，必须领用相应工种的专用封印和封印线。

(6) 持封印钳者应精心操作。封印压接后，字模和标码必须清晰、可见，不准压半封。

(7) 各供电公司应对持钳人进行封印钳操作培训，并定期进行封印质量考核。

(8) 工作调离不任此职人员，应立即将封印钳、封印、封印线交回，办理退回手续，并在原使用人监督下，销毁或封存原印模。接替人员使用新编号印模，以便划清使用责任。

(9) 持封印钳工作人员必须执行本办法。各供电公司要依据本管理规定及有关营销责任事故和反窃电相关规定等，严厉打击以钳、封印谋私，徇私舞弊，监守自盗或勾结他人进行窃电的人员。

(10) 各供电公司应在每年12月25日前，将年度封印钳、印模、封印、封印线管理情况上报省公司营销部用电检查与用户服务处。

各供电公司可根据本管理办法自行制定实施细则。

二、封印、封印线、封印钳技术条件说明

(1) 封印采用防伪和防撬封印两种，周围均布凸型公司名称。按各工种分颜色，连续编码，每50枚为一板包装。

(2) 封印线采用耐腐蚀、抗拉、防止窜动的桃红色软铜线。

(3) 封印钳采用碳素锰钢加热处理，具有限位和可调闭锁装置，配备伪票伪币鉴别器。印模下模刻年或月号，模底为市供电公司专责人指纹；上模刻工种号码，模底为省供电公司专责人指纹。年和月可换。

三、发放程序

(1) 封印钳发放采取逐级审批制，并附照片、审批表。

(2) 封印领用卡。

(3) 与用户封保协议。

(4) 微机归档。

四、微机管理程序

该系统主要内容是采用微软SQL Server数据库，采用独立服务器，该系统重点突出了权限性，每个系统操作员（包括领封人）一律持卡，只有持有对应的IC卡，并且输入对应的密码才可以开启系统，拔出卡片系统自动关闭。封印管理系统分两大部分，机关管理版主要为入库、领出、回收、销毁、维护、帮助、退出七大模块。基层管理版程序分为管理、查询、维护、帮助，管理中又分为领出、装出、定换、损坏、丢失、退回、返库等选项，这些选项全是针对领回到基层库的封印操作的，领出指检查员从基层库领出，装出指检查员领出的封印装出，装出中又具体细化安装地点、安装表号、做到查询时只要给出一个条件，就能查到对应的其他选项，退回为领出减去装出所剩下的封印，输入种类、数量则自动退回到基层库中。在查询模块中，各个基层单位只能查询自己库中数据，只要给出一个条件，就能对应显示出符合该条件的所有封印及其状态，可以自动生成报表，操作方便。维护中提供了操作恢复、综合统计、随机浏览、数据删除、口令修改等。

计量装置封印表耳号输入微机。达到查到封印号，就查到表号、就查到校表人，通过契约书就查到装表人，达到微机全过程管理。

按封印“钱币式”管理办法和实施细则及规章制度履行承诺，强化营销市场管理，扎扎实实将封印管理工作纳入正常营销管理体系。“钱币式”封印管理是有史以来封印管理重大改革，这项改革的实施带来了明显的成果，吉林省综合线损由1999年的12.14%降至2003年9月的6.35%，真正实现降损增效的成果。

第四节　规范电表安装接线

采用规范电表安装接线措施对欠压法、欠流法、扩差法、移相法窃电均有一定防范作用，具体做法是：

（1）单相表火、零线应采用不同颜色的导线并对号入座，不得对调。主要目的是防止一线一地制或外借零线的欠流法窃电；同时还可防止跨相用电时造成电量少计，避免户，内漏电时电表转向不定。

（2）单相用户的零线要经电表接线孔穿越电表，不得在主线上单独引接一条零线进入电表。目的主要是防止欠压法窃电。

（3）零星单相用户的表前架空引入线应将火零线分开套管保护，或单独套零线，目的是防止窃电者故意弄断零线或对调火、零线。

（4）三相用户的三元件电表或三个单相电表中性点零线要在计量箱内引接，绝对不能从计量箱外接入，以防窃电者利用零线外接火线造成某相欠压或接入反相电压使某相电表反转。

（5）电表及接线安装要牢固，进出电表的导线也要尽量减少预留长度，目的是防止利用改变电表安装角度的扩差法窃电。

（6）接入电表的导线截面积太小造成与电表接线孔不配套的应采用封、堵措施，以防窃电者利用U形短接线短接电流进出线端子。

（7）三相用户的三元件电表或三个单相电表的中性点零线不得与其他单相用户的电表零线共用，以免一旦零线开路时引起中性点位移，造成单相用户少计。

（8）认真做好电表铅封、漆封，尤其是表尾接线安装完毕要及时封好接线盒盖，以免给窃电者以可乘之机。电表的铅封和漆封用于防止窃电者私自拆开电能表，并为侦查窃电提供证据。

（9）三相用户电表要有安装接线图，并严格按图施工和注意核相，以免由于安装接线错误被窃电者利用。经互感器接入的还应统一安装图，根据用户供电方式及计量方式不同可分为几种标准类型，在图中明确一、二次相别排列方式和相别色标，以及施工的工艺要求。

第五节　规范低压线路安装架设

采用规范低压线路安装架设措施目的主要是防止无表法窃电，以及在电表前接线分流等窃电手法。具体做法是：

（1）从公用变出线至进户表电源侧的低压干线、分支线应尽量减少迂回和避免交叉跨越。当采用电缆线时，接近地面部分宜穿管敷设；当采用架空明线时，应清晰明了和尽量避免贴墙安装。

（2）表前的干线、分支线与表后进户线应有明显间距，尽量避免同杆架设和交叉。

（3）相线与火线应按 A、B、C、O 采用不同颜色的导线并按一定顺序排列。

（4）不同公用变供电的用户应有街道明显隔开，同一建筑物内的用户应由同一公用电源供电，不同公用变台区的用户不要互相交错。

（5）商业街布线应尽量避免被装饰物遮挡。

第六节 低压用户配置漏电保护开关

采用低压用户配置漏电保护开关措施可以起到一举多得的作用。既可以起到漏电保护作用，又可对欠压法、欠流法、移相法窃电起到一定的防范作用。适用于低压三相用户和普通单相用户。

1．三相电流型漏电保护开关的防窃电作用

其工作原理示意图如图 4－1 所示。

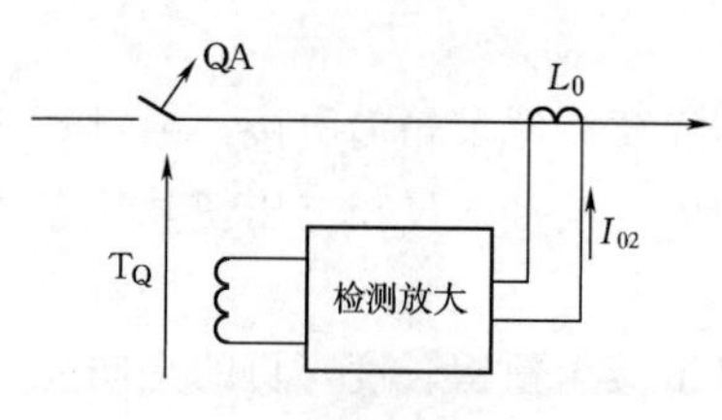

图 4－1 漏电保护开关工作原理示意图

采用三相三线制供电时，三条火线均穿过零序电流互感器 L_0，正常供电的情况下 $I_A+I_B+I_C=0$；零序电流互感器二次电流 I_{02} 为 0，漏电保护开关不动作；当用户对地漏电或有下述欠流法、移相法窃电导致三相电流之和不为零时，一旦 I_{02} 大于整定电流 I_{DZ0}，漏电保护开关将动作跳开 QA：

（1）从电表前接一相或二相进户与地或邻户零线供单相负载。

（2）在表后接单相负载。

（3）用变压器或变流器移相倒表。

如果是三相四线制供电，三根相线和一根零线一同穿过零序电流互感器，正常供电时 $I_A+I_B+I_C+I_b=0$，零序电流互感器二次无输出，漏电保护开关不动作；当用户对地漏电或有下述窃电行为时漏电保护开关可能动作跳闸：

（1）从表前接一相或二相进户用电。

（2）用变压器或变流器移相倒表。

2．单相电流型漏电保护开关的防窃电作用

其原理示意图与图 4－1 相似，不同的是单相电路只有一根火线、一根零线，由火、零线一同穿过零序电流互感器。正常供电时火、零线电流之和为 0，漏电保护开关不动作，当用户漏电或有下述欠流法、欠压法、移相法窃电导致火、零线电流之和不为 0 时，漏电保护开关将动作跳闸：

（1）从电表前接一根火线（或零线）进户。

（2）火、零线对调，同时零线接地或邻户。

（3）进表零线开路，出表零线经电阻接地或接邻户。

(4) 进表出表零线均开路，表内零线接地或接邻户。

(5) 用变压器（或变流器）移相倒表。

(6) 火、零线对调，与邻户联手窃电。

主要优、缺点：优点是具有安全用电和防窃电双重作用，缺点是对经互感器接入的电表防窃作用不大，因此主要适用于普通单相家庭用户。

几点说明：

(1) 对于分散装表的居民单相用户，应将漏电保护开关与单相电表装于同一地点，以免为窃电者提供方便。

(2) 漏电保护开关不能装在表箱内，而应另设开关箱，因表箱的门锁由供电部门掌握，而开关箱仅作防雨用，不需设锁。

(3) 应定期检查漏电保护开关，保证其工作正常，这样才能使漏电保护开关在出现漏电故障或窃电时能自动跳闸。

第七节　禁止在单相用户间跨相用电

禁止在单相用户间跨相用电措施主要用来防止单相表不规范接线情况下出现的移相法窃电。近年来，有人把单相电焊机的380V抽头接到不同相别的单相用户间跨相用电。这种做法可能造成计量失准。

一、正常接线下在单相用户间跨相用电的分析

低压三相四线制（或三相五线制）供电时单相电能表的接线和有关电压、电流正方向如图4-2所示。为了讨论方便，先假设各相的正常单相负荷电流为0，而仅有跨相负荷单独接入电表，然后分析单相负荷和跨相负荷共同作用的情形。

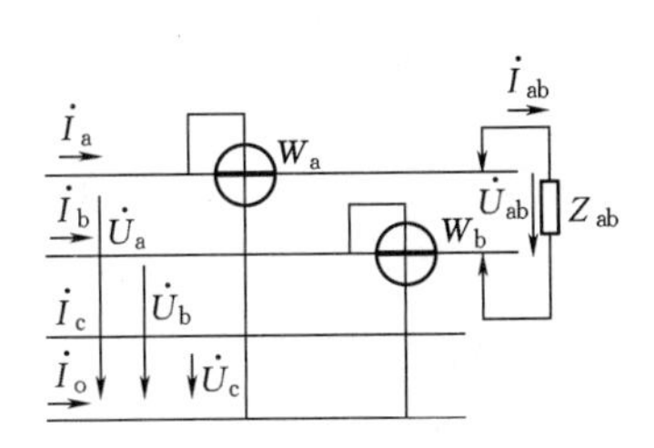

图4-2　跨相负载接线示意图

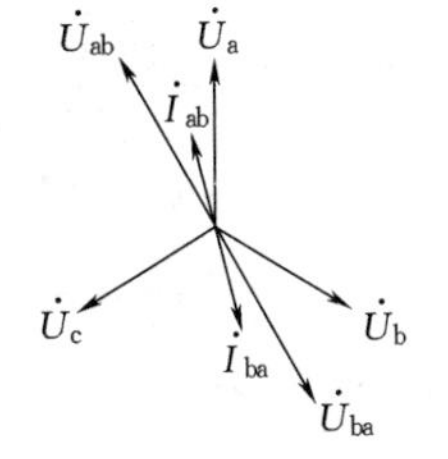

图4-3　感性负载相量图

1. 电感性跨相负载时的功率表达式

感性负载相量图如图4-3所示。

跨相负载的有功功率为

$$W=U_{ab}I_{ab}\cos\varphi=\sqrt{3}U_aI_{ab}\cos\varphi$$

A相电表的测量功率为

$$W_a=U_aI_{ab}\cos(30°-\varphi)=U_aI_{ab}\left(\frac{\sqrt{3}}{2}\cos\varphi+\frac{1}{2}\sin\varphi\right)$$

B相电表的测量功率为

$$W_b=U_b I_{ab}\cos(30°+\varphi)=U_b I_{ab}\left(\frac{\sqrt{3}}{2}\cos\varphi-\frac{1}{2}\sin\varphi\right)$$

当 φ 从 0°～90°变化时，A 相电表恒为正转，B 相电表则由正转→停转（$\varphi=60°$）→反转，随 φ 角增大而变化，两表记录电度之和等于真实电度，更正系数的一般表达式为

$$K=W/(W_a+W_b)$$
$$=2\times\sqrt{3}/[(\sqrt{3}+\tan\varphi)+(\sqrt{3}-\tan\varphi)]=1$$

2. 纯电阻跨相负载时的功率表达式

纯电阻负载相量图如图 4-4 所示。

跨相负载的有功功率为

$$W=U_{ab}I_{ab}\cos0°=\sqrt{3}U_a I_{ab}$$

A 相电表的测量功率为

$$W_a=U_a I_{ab}\cos30°=\frac{\sqrt{3}}{2}U_a I_{ab}$$

B 相电表的测量功率为

$$W_b=U_b I_{ab}\cos30°=\frac{\sqrt{3}}{2}U_a I_{ab}$$

这时两表均正转，记录电度各等于负载真实电度的一半。

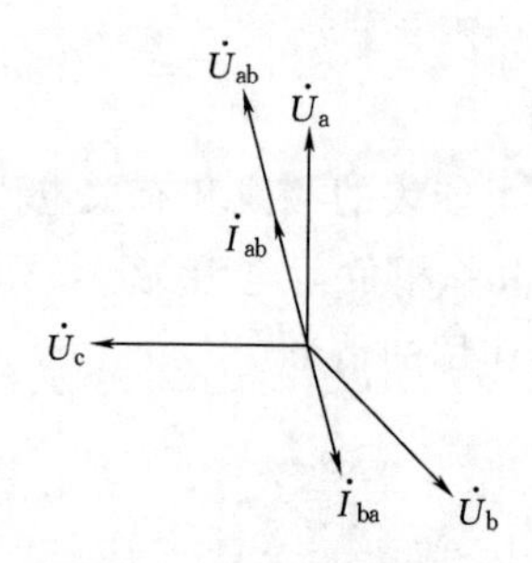

图 4-4 纯电阻负载相量图

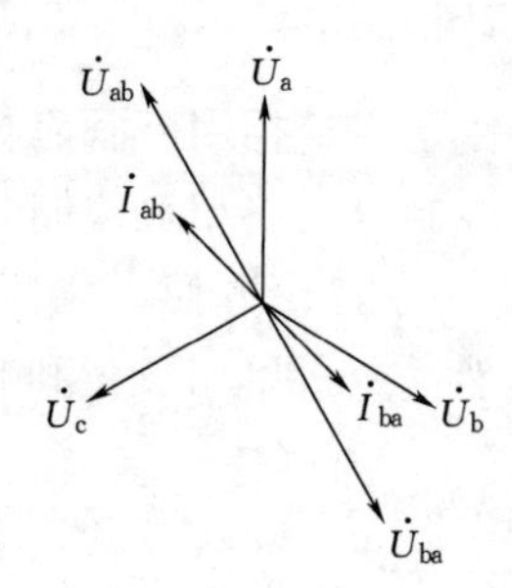

图 4-5 容性负载相量图

3. 电容性跨相负载时的功率表达式

容性负载相量图如图 4-5 所示。

跨相负载的有功功率为

$$W=U_{ab}I_{ab}\cos\varphi=\sqrt{3}U_a I_{ab}\cos\varphi$$

A 相电表的测量功率为

$$W_a=U_a I_{ab}\cos(30°+\varphi)$$
$$=U_a I_{ab}\left(\frac{\sqrt{3}}{2}\cos\varphi-\frac{1}{2}\sin\varphi\right)$$

B 相电表的测量功率为

$$W_b=U_b I_{ab}\cos(30°-\varphi)$$
$$=U_a I_{ab}\left(\frac{\sqrt{3}}{2}\cos\varphi+\frac{1}{2}\sin\varphi\right)$$

当 φ 从 0°～90°变化时，A 相电表由正转→停转（$\varphi=60°$）→反转而转化，B 相电表则恒为正转，两表记录电度之和等于真实电度。

4. 跨相负载和单相负载共同作用的情形

如果单相用户原有一定负荷，当接入跨相负荷后，单相电表的运行工况也将会发生变化。例如，假设原来 A 相负荷电流为 I_{af}，电流落后电压 30°，B 相负荷则为零。当跨相接入电流为 I_{ab} 的纯电阻负载后，有关电压、电流相量图如图 4－6 所示（假设 $I_{ab}=I_{af}=I$）。

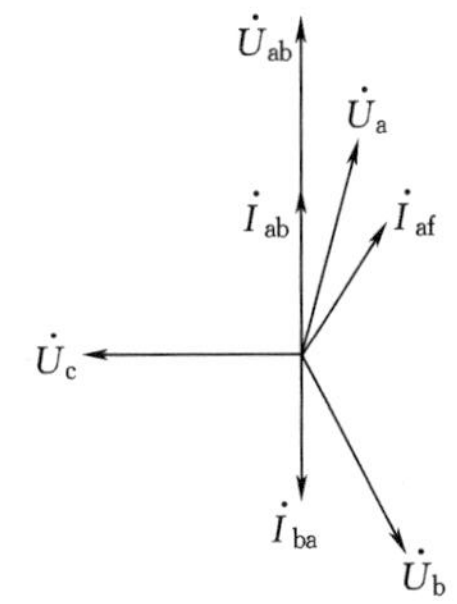

图 4－6　单相、跨相负载相量图

跨相负载和单相负荷的真实功率为

$$W=\sqrt{3}U_aI_{ab}\cos0°+U_aI_{af}\cos30°$$
$$=\sqrt{3}UI+\frac{\sqrt{3}}{2}UI$$

A 相电表的测量功率为

$$W_a=U_aI_{ab}\cos30°+U_aI_{af}\cos30°=\sqrt{3}UI$$

B 相电表的测量功率为

$$W_b=U_bI_{ab}\cos30°=\frac{\sqrt{3}}{2}UI$$

这时 A 相电表正转，B 相电表也正转，两表记录电度之和仍等于真实电度。

就一般情况而言，单相用户的电表为图 4－2 所示接法，正常运行时电表正转，当跨相接入别的负荷后，随着跨相接入负载的性质和负荷电流大小不同，电表将在原有负荷和跨相负荷电流的共同作用下重新决定其转向和转速，两表记录电度之和则仍等于真实电度。由于各类跨相负载和单相负载可构成很多组合，有兴趣的读者可自行推导分析。

二、单相电表火、零线反接时跨相用电的分析

单相电表在实际接线中可能出现火线和零线反接情况，这时从理论上讲并不影响单相用户正常用电方式下的计量结果，但是，在这种接线方式下如出现跨相用电，情况就不同了。例如有两个单相用户，甲表接于 A 相，其火线和零线反接；乙表接于 B 相，采用常规接线。现有一电感性负载跨接于甲、乙两表负荷侧的火线间，在此跨相负载单独作用下，甲表记录电量为零（停转），而乙表记录电量为

$$W_{hb}=U_bI_{ab}\left(\frac{\sqrt{3}}{2}\cos\varphi-\frac{1}{2}\sin\varphi\right)t$$

此时的更正系数为

$$K=\sqrt{3}UI\cos\varphi t\Big/\left[UI\left(\frac{\sqrt{3}}{2}\cos\varphi-\frac{1}{2}\sin\varphi\right)t\right]$$
$$=\frac{2\sqrt{3}}{\sqrt{3}-\tan\varphi}$$

从更正系数的表达式可以看出，当 $\varphi<60°$时正转，$\varphi>60°$时电表反转，而 $\varphi=60°$时电表停转（即此时甲、乙两表均停转），更正系数无穷大，根本无从知道实用电量。如果单相用户原有一定负荷，则甲表对正常单相负荷仍可照常记录，只是因为跨相负荷电流没

有流经其电流线圈便无法参与作用；而乙表将受跨相负荷和本身单相负荷的共同作用决定其记录电量，两者的作用可能相加也可能相减，两种负载也不可能长期恒定不变，因而无法通过乙表的记录电量和更正系数求出跨相负载的真实电量，同时乙表的记录电量也无法反映其本身单相负载的真实电量。在跨相负载的单独作用下，A相电表火、零线反接时电表测值及更正系数见表4-1；B相电表火、零线反接时电表测值及更正系数见表4-2；两块电表均反接时测值均为零。通常在一个月的抄表周期内往往不可能仅有跨相负荷，因此，当跨相负荷造成单相电表计量失准后，也就很难通过抄见电量和更正系数计算追补电费。

表4-1　　A相电表火、零线反接时电表测值和更正系数

负载性质	A表测值	B 表 测 值	更正系数
电感性	0	$U_a I_{ab}\left(\frac{\sqrt{3}}{2}\cos\varphi-\frac{1}{2}\sin\varphi\right)t$	$\frac{2\sqrt{3}}{\sqrt{3}+\tan\varphi}$
电容性	0	$U_a I_{ab}\left(\frac{1}{2}\cos\varphi+\frac{1}{2}\sin\varphi\right)t$	$\frac{2\sqrt{3}}{\sqrt{3}-\tan\varphi}$
纯电阻	0	$\frac{\sqrt{3}}{2}U_a I_{ab}$	2

表4-2　　B相电表火、零线反接时电表测值和更正系数

负载性质	B表测值	A 表 测 值	更正系数
电感性	0	$U_a I_{ab}\left(\frac{\sqrt{3}}{2}\cos\varphi+\frac{1}{2}\sin\varphi\right)t$	$\frac{2\sqrt{3}}{\sqrt{3}-\tan\varphi}$
电容性	0	$U_a I_{ab}\left(\frac{\sqrt{3}}{2}\cos\varphi-\frac{1}{2}\sin\varphi\right)t$	$\frac{2\sqrt{3}}{\sqrt{3}+\tan\varphi}$
纯电阻	0	$\frac{\sqrt{3}}{2}U_a I_{ab}$	2

第八节　禁止私拉乱接和非法计量

所谓私拉乱接，就是未经报装入户就私自在供电部门的线路上随意接线用电，这种行为实质上属于一种无表法窃电；所谓非法计量，就是通过非正常渠道采用未经供电局校表室校验合格的电表计量，这种行为表面上与无表法窃电有所不同，而实质上也是一种变相窃电。因此，这两种行为都应坚决禁止。要用电就必须办理报装入户手续，并通过正常渠道装表接电；遇到电表故障或损坏，也应到供电营业部门办理更换手续。其目的不仅是为了防窃电，同时也是保证用电安全，防止发生人身和设备事故的必要措施。对此，供电部门应加强宣传力度，晓以利害，使用户懂法守法，自觉做到安全用电。

第九节　用户供电方案的防窃电对策

在确定用户供电方案的时候，应结合从防窃电角度出发选择供电方式、计量方式和计量点。

（1）供电方式。《供电营业规则》规定，根据用户报装容量，尽量采用高压供电。对低压三相供电的用户来讲，为防止用户表前接线，用户供电线路尽可能采用电缆暗敷，提高防窃电能力。

（2）计量点的选定。按《供电营业规则》规定，计量点尽可能装设在产权分界点，或用户工程电源接入点。但要综合考虑是否方便抄表和用电检查，要防止用户表前接线或改接进表线。

（3）计量方式选择。对高压专变用户，在规程允许情况下，尽可能采用高供高计，并采用专用计量柜（屏）、专用计量箱；对高压用户和低压三相大用户，采用装设主、副两套计量装置提高窃电难度；对低压三相用户，尽量避免经互感器计量，而采用额定电流较大的三只单相电能表来计量；对低压单相用户，尽量采用集中电表箱，避免采用单箱单表供电。所有低压供电的用户必须加装漏电保护。

第十节　经互感器接入的新装三相用户做带负荷试验

经互感器接入的新装三相用户做带负荷试验措施有双重作用：第一是可以有效防止安装过程的工作失误造成计量失准；第二是可借助办理签字认证手续以防日后发现计量故障时扯不清楚。

（1）防止安装工作失误的作用。经互感器接入的三相计量装置，虽然现场施工时一般都是按图施工，而且通常也履行复核手续，但是要做到百分之百正确无误是很难的。因此，为了确保安装正确完好，除了采用统一安装图和规范安装、验收程序，第一次送电时的带负荷试验也至关重要。目前不少供电企业对此往往存在认识误区，认为经过复核无误和工程验收合格了就万事大吉，或者怕麻烦而忽视了这项工作，结果造成接线错误或开路、短路故障未能及时排除，到发现时已往往由于时间日久而导致巨大的电量误差。这样的事例可以说是屡见不鲜。

（2）办理签字认证手续的作用。第一次送电时做带负荷试验，通常可采用现场校验仪进行，通过检测确认电表误差正常，计量装置的安装接线也正确完好后，就可以经供用电双方确认，并立即对表尾接线盒和计量箱或电表箱加封印。加封完毕，供用电双方同时现场履行签字认证手续。签字认证应采用统一表格，内容包括计量装置的实际安装接线图，实测误差值和相量图等相关内容，以及封印相关资料。这样做一方面可为日后查电提供原始资料，同时也给用户一个交代，相当于向用户明示计量装置是正确完好的，是公平计费的。

对新安装的电能计量装置的带负荷试验一定要高度重视，传统的不良习惯要改，观念上也要有所更新。第一次送电时的带负荷检验应作为装表接电的一个重要环节，只有经过带负荷检测确认正常的计量装置才算正常，只有做完带负荷试验才算完成装表接电工作。不但高压计量装置应该这样做，经互感器接入的低压三相计量装置也应这样做，经电流互感器接入的单相表最好也这样做。从买卖公平的角度来说，这样做对供用电双方都是有利的，不但可以增加双方的互相信任程度，同时也增加了透明度。

第十一节　规范互感器二次接地和表箱接地

规范互感器二次接地和表箱接地措施主要作用有三种：①防止触电作用；②防误接线作用；③防电磁场干扰。

1. 防误接线作用

以 10kV 高压计量用户三相两元件电流四线制为例，如图 4-7 所示。由于互感器二次没按规范接地，表尾电流回线互接错，结果造成不能正确计量。这种接线状态下三相对称感性负载时电表的实测功率为

$$P=\frac{1}{2}[U_{ab}I_{b}\cos(\varphi-30°)+U_{cb}I_{b}\cos(\varphi+30°)]$$

$$=\frac{1}{2}UI[\cos(\varphi-30°)+\cos(\varphi+30°)]$$

$$=\frac{\sqrt{3}}{2}UI\cos\varphi$$

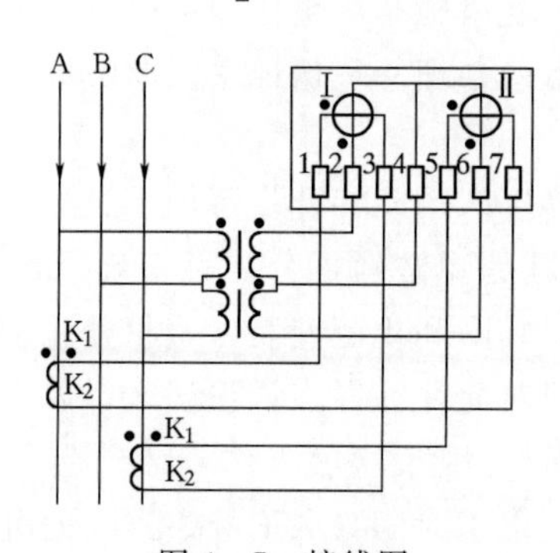

图 4-7　接线图

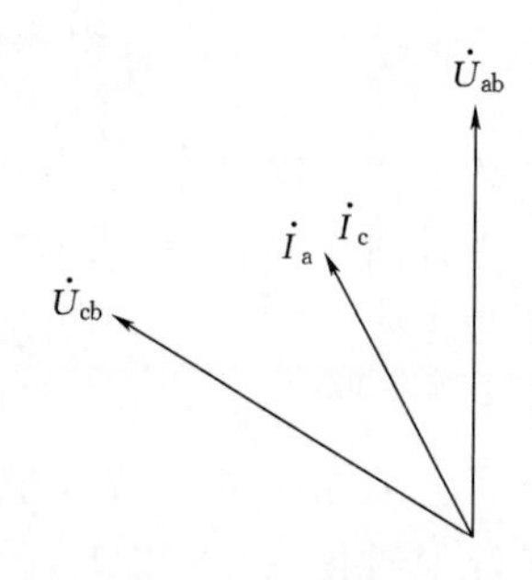

图 4-8　相量图

相量图如图 4-8 所示。由于 A 相电流互感器和 C 相电流互感器正向串联，内阻为单只电流互感器 2 倍，二次电流比正常接线时少一半，结果导致三相对称感性负荷时少计一半电度。然而，如果电流互感器的 K_2 端有接地，就不会出现这样的后果。

由于电流互感器的 K_2 端未接地，三相两元件电流四线制可能出现的串联方式有 16 种，其中较常见的 4 种如图 4-9 所示。这样，把电压接入 6 种组合一起考虑，表尾误接线种类就由 48 种增加到 144 种。

2. 安全保护作用

互感器二次接地主要目的是防止高压因绝缘击穿而窜入二次，表箱接地主要目的是防止外壳带电，这些基本道理都是大家熟知的。

3. 表箱（或计量箱）接地的防电磁场干扰作用

电子设备的元器件屏蔽和接地是防止电场干扰和磁场干扰的常用对策。而电表也是由电路和磁路组成。对于金属外壳的电表箱或计量箱采用接地措施的道理也就不言而喻。

接地措施的一般做法如下：

(1) 对于不经互感器接入的用户电表箱，可采用表箱就近接地的方式。

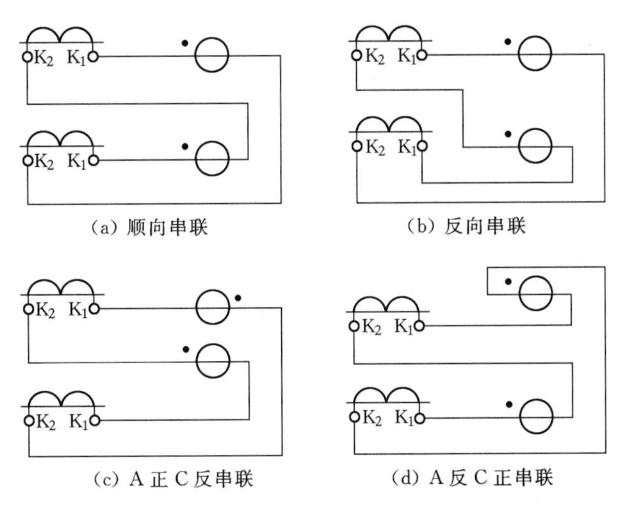

图 4-9　串联方式图

(2) 对于经互感器接入的用户电表箱，可采用表箱外壳和互感器二次分开独立接地或在互感器安装处集中接地方式。

(3) 计量箱、柜采用集中接地方式。

(4) 接地电阻按电气设备安装规范要求。

(5) 接地线的连接点应设在箱内，接头应镀锌。

(6) 应定期检测接地电阻，保证接地良好，必要时还可不定期进行抽查。此外，电表观测孔（有机玻璃或塑料窗口）应尽量小，一般以能看清电表读数就可以了。

第十二节　防窃电新技术、新产品应用介绍

近年来，为了防范形形色色和不断变换花招的窃电行为，一方面，各地供电企业在不断研究出新的对策；另一方面，国内的一些生产厂家在市场经济的引导下也开发研制了不少功能比较完善且防窃电效果较好的多种防窃电新产品，这些产品在防窃电的系统工程中扮演了重要的角色。根据目前已收集到的信息，国内近几年已投入市场的防窃电产品按其功能实现的方式可归纳为外围防护型、功能集成型、在线监测型、现场检验型共四种类型。

一、外围防护型

这类产品主要有各类防窃电电表箱、计量箱和配套的防伪封印、箱门锁头，构成外围防护系统。其思路是对计量装置加强防护，使窃电者难以下手，有效防止窃电行为。有关产品举例如下。

1. 智能控制计量箱

智能控制计量箱与本章第一节介绍的专用计量箱相比，其防窃电作用范围相同，即对五种常见窃电手法均有防范作用；适用范围则主要专门针对低压三相用户和高供低计200kVA及以下专变用户，其次是各种低压单相用户。这种计量箱具有如下几个明显特

点：①采用保险柜式结构，其箱体机械强度高，经久耐用，还具有闭锁、防撬等功能，有效防护计量装置；②采用电子密码钥匙控制，正常状态下（箱门不开启）不上电，具有无误动作、寿命长、免维护等特点；③通过智能控制装置，当表箱门被非法打开后自动断电，且无法自行恢复送电；④电子密码钥匙授权方式和改码方便灵活且便于保密。

2. 全封闭防伪封印

这类封印与旧式铅封及本章第三节介绍的防撬铅封相比，其防窃电功能和适用范围基本相同，而其功能实现的方式却有本质上的区别。①采用独特的微电子防伪技术，每一颗封印单独防伪标记，全封闭、全透明、内锁式结构设计；②工艺流程引用先进的封闭型、分序、分段和监控式管理全过程，使每一颗封印具有绝对的有效性和可靠性；③从生产到使用全过程，每一颗封印都有一个流水编码，和使用管理登记卡对应，进行微机化、规范化管理，而且真伪判别方法简单有效，可由便携式现场判别仪或电脑自动识别系统进行确认。因此，这类封印能对利用封印进行窃电的案例确认提供科学的依据，可有效防范用户伪造、撬动，私自启封窃电及内外勾结窃电行为。

二、功能集成型

这类产品主要有各种单相、三相防窃电电能表。由于其设计思路是在电能表所具有的电能计量功能的基础上增加防窃电功能，所以叫作功能集成型。窃电的判据主要是引入电表的电压、电流、相角三要素。根据对判定窃电的执行方式又可分为断电式、记录式和报警式三种：①断电式，判定用户窃电时自动断电，用户停止窃电时又自行恢复送电；②记录式，判定用户窃电时自动记录，包括窃电时间，窃电时的运行参数等；③报警式，判定用户窃电时自动报警，发出灯光报警和声音报警信号。这类防窃电表对欠压法、欠流法、移相法和扩差法窃电均有一定的防范作用，为供电企业及时准确查获窃电行为和追补电量提供依据，因其本身是电能表，适用于各类不同计量方式的用户。

另外，目前正在推广应用的远程抄表系统，由于具有对用户电量的实时监测功能，对用户电量突然变化能够及时发现，为及时查获窃电行为和及时发现计量装置故障提供了更为科学和更为实用的手段，也是防窃电新技术的一个发展方向。

远方抄表系统是通过 RS-485 数据通信接口或其他多种接口方式，系统的终端能够抄录表计提供的各项示度数据，包括正向有功、正向有功需量，正向无功、反向有功、反向无功、瞬时电压、瞬时电流等电能表能够通过 RS-485 或其他接口输出的数据。

支持手动实时抄表、自动定时抄表、预约抄表等多种方式。自动定时抄表失败时能按照供电部门设定的程序自动补抄，补抄失败则提供失败名单。在一个终端下可以挂接多个表计和多个采集器，一个采集器下可以挂接多个电能表，从而实现变电站集抄功能和居民集中抄表功能。

异常信息报警功能。终端实时采集、分析表计数据。一旦报警的条件满足，终端立即主动上报异常报警。终端把异常发生时客户的电量信息一起上报主站，以起到保护现场的作用。主站收到异常报警后，能够把异常信息用短信息的方式，发给相关负责人。当报警的条件消失后，终端会主动上送异常恢复信息。系统能提供多种异常报警，供电部门可以根据实际情况，合理配置。

(1) 计量箱门及表盖非法打开报警。

（2）终端上电、停电报警。

（3）表计故障报警。

（4）终端编程时间更改报警。

（5）客户电量突变报警。

（6）电能表停走报警。

（7）计量装置参数更改报警。

（8）电能表通信异常报警。

（9）电能表失压断流报警。

（10）负荷过载报警。

线损分析功能。馈线线损是配网管理中至关重要的一个环节，但由于馈线运行方式的复杂性和缺乏有效的远抄方式，一直是供电部门管理中的一大难题。该系统有效地解决了这一问题，能够自动为供电部门提供实时、有效的馈线线损，为供电部门提供决策依据。

远方控制功能。供电部门可以在单位里控制客户停电、送电，使工作人员能及时对违约用电的客户进行停电和违约处理后及时送电给客户，大大提高了工作效率。

三、在线监测型

这类产品又可分为远方监测型和就地监测型。通过对电能计量装置运行参数的实时在线监测，判断计量装置是否正常或有无窃电。

1. 远方监测型

这类产品主要有计量装置远方监测仪、负荷监控系统和电能计量异常运行监测仪。计量装置远方监测仪通过对计量回路实时监测并存储监测数据，抄表机抄录监测数据并输入主站计算机，给出窃电综合报表，三者构成供电计量回路远传监测系统，远传通道采用有线载波。负荷监控系统通过在用户计量点增加一套电量采集回路，并将两套电量信息通过无线电传送给主站计算机，实现对用户的远方实时监控。电能计量装置异常运行监测仪通过对用户计量装置在线实时监测，一旦发现计量装置运行异常，即可通过移动通信网给查电人员发短信息，告知某用户计量异常，同时另发一条短信至主站计算机，由计算机记录存档并加发一条短信给查电人员。远方监测方式主要优点是便以融入配网自动化，但投资较多。从可靠性来说，载波通道易受系统运行方式改变的影响，无线电通道易受外界干扰，移动通信通道的可靠性较高，但也存在一些盲区。

2. 就地监测型

这类产品主要有电能表现场监测仪和智能式断压、断流误接线计时仪。前者用于就地监测电能表电压、电流输入情况，并可对各种工作状态进行判断记录和打印结果。后者用于监视计量回路的运行状态，并对各种非正常运行状态自行记录和就地显示。就地监测型主要优点是经济实用，投资回报率较高易以推广应用。

四、现场检验型

这类产品主要有低压计量故障分析仪和检测仪，是侦查窃电的专用仪器，具有电流表、电压表、相位表、电能表的所有检测功能，而且更加直观方便，功能还有所扩展。现以计量故障分析仪举例如下：

该仪器作为侦查窃电的专用仪器，可用于检测分析欠压法、欠流法、移相法和扩差法窃电。适用于检测高供低计和其他低压用户的计量一、二次回路，并可对高供高计用户进行接线判别和误差对比。实际操作时不必打开电能表和改变计量回路接线而直接在线实测，在屏幕上可直接显示各相电压、电流、功率和相量图、功率因数、功率总加，配合钳形电流互感器可直接实测低压电流互感器变比和间接测量高压电流互感器变比，通过误差测试还可现场检验电能表。由于该仪器按便携式设计，体积小，重量轻，携带方便；而且功能比较完善，操作十分简便，各种电参量显示一目了然，分析各种计量异常情况事半功倍，深受供电部门的查电人员欢迎，已在国内 20 多个省市大量使用。

最后需要补充的是，任何一种防窃电产品都不可能对所有的窃电手法起防范作用，而且每一种防窃电技术措施也有一定的局限性，因而就有必要采用多种防窃电技术措施配合和选用多种防窃电产品进行合理配置，现场检验型防窃电产品作为一种现场侦查窃电的专用仪器，就是一种防治窃电的补充手段，从而构成比较完整的防范系统，这样才能达到更好的防窃电效果。防窃电主要技术措施配置情况如图 4 - 10 所示，供参考选用。

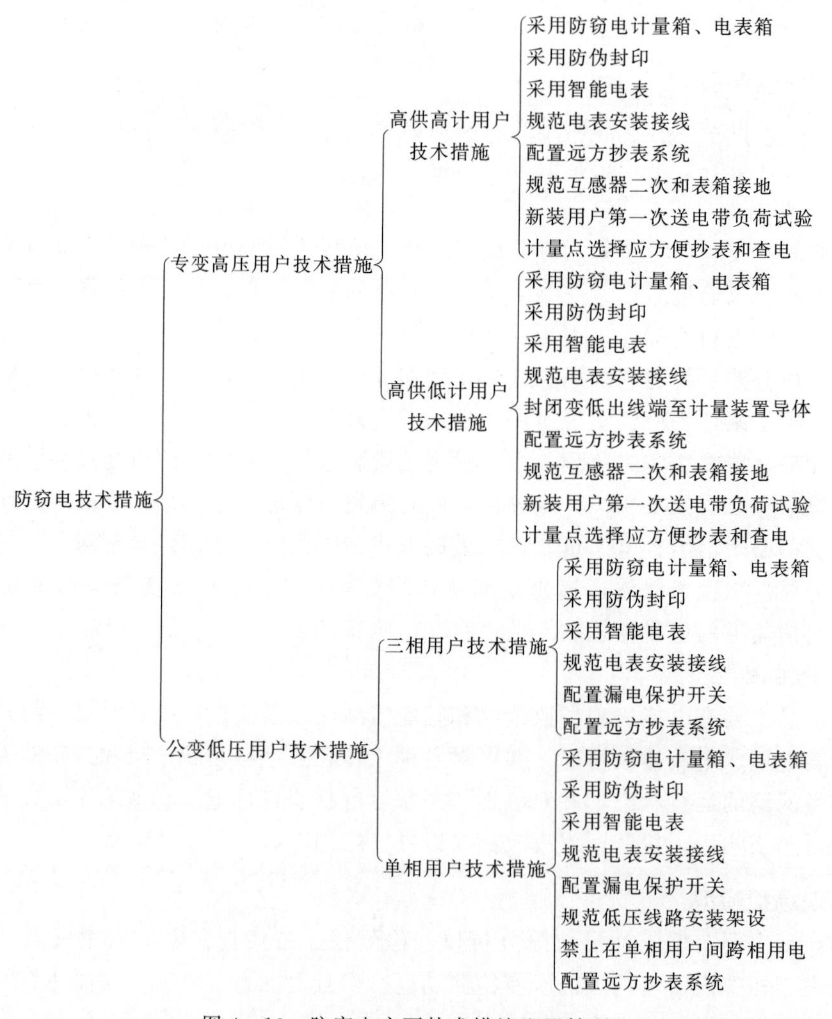

图 4 - 10 防窃电主要技术措施配置情况

第五章　防治窃电组织措施

窃电造成的电量损失是供电线损的一个组成部分，所以对反窃电的管理也是作为线损管理的其中一个重要内容。反窃电工作一般不设专门的组织机构，而是采用分工负责、分级管理的办法。

由于电力行业已实行厂网分家和公司化，过去的地级市电力局或供电局已改为省公司下属的供电分公司，中层管理机制和管理模式也发生了很大变化，但是用电管理流程却基本没变。因此，从用电管理的流程角度出发，防治窃电组织措施的管理思路仍然适用。这样就可以不考虑机构设置的差异，而将防治窃电的管理纳入流程管理就可以了。现以地级市供电分公司为例，介绍防治窃电组织措施，县级供电分公司也可参照实行。

第一节　上　层　管　理

反窃电工作由供电公司主管用电的副总经理亲自挂帅，分公司线损专责负责技术把关和当好参谋。

一、主管用电副总经理的主要责任

（1）负责审批有关反窃电的各种管理制度。

（2）负责审批防窃电的技术措施和计划。

（3）负责审批购置防窃电装置，推广采用现代化防窃技术。

（4）负责审批降损措施计划，掌握线损动态，了解线损构成，组织制订对用电部门的线损考核方案，通过实行线损考核从宏观上监控窃电。

（5）督促用电部门搞好用电普查和开展定期或不定期用电检查。

（6）督促用电部门搞好营业人员的技术培训和职业道德教育。

（7）督促有关部门做好《中华人民共和国电力法》（以下简称《电力法》）等有关法规的宣传。

（8）负责出面协助联系当地公安部门，以便必要时配合用电部门查处窃电行为。

二、线损专责的主要责任

（1）负责理论线损的计算和管理线损的调查与分析，每月进行一次线损统计工作，检查线损指标完成情况，每季度进行一次线损分析研究会，对存在的问题提出解决办法。

（2）负责制定降损措施计划和线损考核方案，对用电部门进行线损考核。

（3）负责指导用电部门开展反窃电技术培训。

（4）参与审核用电部门制定的防窃电技术措施和反窃电有关管理制度。

（5）参与组织和指导用电普查。

（6）掌握科技发展动态，推广应用防窃电的新技术、新产品。

第二节 中 层 管 理

中层管理由分公司下属用电部门负责。主要责任和做法是：

（1）组织技术培训，提高营业人员的技术素质。通过举办电能计量、抄表收费等与反窃电有关的技术业务培训和举办专门的反窃电技术培训，使用电管理人员熟练掌握有关专业技术知识，不但知道偷电者如何偷，而且知道对窃电行为该如何防范、如何侦查、如何处理。

（2）加强职业道德教育，提高营业人员的思想素质。要搞好反窃电工作，用电营业人员的思想素质和技术素质同等重要。因此，用电管理人员一定要思想过硬，廉洁自律，不搞人情电、关系电，更不允许内外勾结窃电。

（3）加强法制教育，组织用电营业人员学习《电力法》等电力供应与使用的有关法规，使用电管理人员知法护法，能利用法律武器自觉维护电力企业的利益。

（4）加强《电力法》等电力供应与使用有关法规的宣传，使广大用户知法守法。可通过广播、电视、标语、在营业地点举办宣传和印发用户须知等形式进行宣传，一方面要让用户知道电是一种商品，是国家财产，窃电是一种违法的盗窃行为，是可耻的，必将受到法律的制裁；另一方面还要让用户知道哪些行为属于窃电行为，是法律不允许的。

（5）加强执法力度，依法查处窃电行为。对窃电现象能否有效制止，查处环节是至关重要的一环。总的原则是要依法办事，对查获的窃电行为，该停电就停电，该罚款多少就罚多少，不得讲人情和照顾面子而从轻执罚，也不要因为窃电者有权有势而不敢执罚或打折扣。当然，查处过程要讲事实重证据，同时还要注意方式方法，必要时可请保卫部门派经警配合或联系当地公安部门配合。

（6）建立约束机制，加强内部防范措施。首先要从源头堵塞漏洞，对抄表人员的管辖范围可实行定期轮换，不但大用户实现两人抄表，普通居民用户也可实行两人抄表以便尽量削弱人情关系网，防止内外勾结窃电；其次是加强抄收全过程管理，认真执行抄表复核制度，加强内部监督；另外，对于抄表人员玩忽职守、查获窃电时不是公了而是私了的行为和内外勾结窃电的行为要从严惩处。

（7）实行线损承包考核制度。由于管理线损等于实际线损减去理论线损，而理论线损可通过电网参数求得或通过仪器测量得到，因此，可根据理论线损的计算或实测结果，结合考虑往年统计线损和设备现状，把供电公司对用电部门（或基层供电公司）的线损考核指标进行分解，制订切实可行的线损率计划指标，按变压器台区或出线回路划分范围，对基层班组（所）直至抄表人员实行逐级承包考核，并与经济利益挂钩。这样，通过经济杠杆的作用，促使抄表班组和抄表人员自觉堵塞窃电漏洞，减少管理线损。

（8）每年组织开展1～2次用电大普查和定期用电检查或突击检查。重点检查违章用电和窃电，同时通过查卡账、查倍率、查电表及接线，也有利于提高抄、收准确性和计量正确性。用电普查要配合搞好宣传活动，要大造声势，扩大影响；定期用电检查要抓住重点，有的放矢，主要精力用于查用电大户；突击检查则主要针对有窃电迹象的疑点户和个别经常性窃电的用户。查电时可采用突然袭击、杀回马枪和声东击西等灵活的战略战术。

（9）组织制订防窃电的技术措施和计划。各地供电部门可根据本地区的实际情况，制订切实可行的防窃电技术措施配置方案，并根据设备现状和经济能力提出实施计划。

（10）组织制订反窃电管理制度，并督促基层班组贯彻执行。这些管理制度应覆盖业扩管理、计量管理和抄收管理各个流程，从用电营业管理的整个流程中堵塞窃电漏洞。用电部门应制订的反窃电管理制度主要是：

1）业扩管理过程的防窃电管理制度。

2）计量管理过程的防窃电管理制度。

3）抄收管理过程的防窃电管理制度。

4）用电检查过程的防窃电管理制度。

第三节　基层班组（所）管理

基层管理实质上就是执行反窃电管理制度。

一、业扩管理过程的防窃电管理制度

（1）认真贯彻落实用电部门制订的有关防窃电技术措施和计划，凡是在业扩管理流程中应该落实的防窃电技术措施都应结合实际情况尽量加以落实。

（2）确定供电方案应该同时考虑是否有利于防窃电，对不利于防窃电的供电方案应尽量不用或采取补救措施。

（3）审核用户工程的设计图纸，也要兼顾到防窃电。例如：计量方案的选择，计量装置的选型和安装地点，计量装置电源侧低压干线或主分支线的布置是否合理等。

（4）用户工程的中间查验要从防窃电的角度认真检查。①从配变至计量装置的低压干线为隐蔽或半隐蔽工程的，中途不得有分支线或可提供分支的接口。②计量电能表与计量互感器不在同一地点的要注意检查互感器的二次电缆敷设情况，中途不得有分支或接口，而且要有利于日后检查。

（5）用户工程的竣工验收和装表接电阶段要与有关人员共同把关。一方面要全面检查一次设备和二次设备的防窃电技术措施是否完备，另一方面还要注意参与检查计量装置的完好性和台账、资料的正确传递工作。

（6）推广应用防窃电的新技术、新产品。

（7）办理供用电合同或用户声明，向用户晓以利害。

二、计量管理过程的防窃电管理制度

（1）建立和完善计量装置台账。电表的型号、规格、生产厂家、出厂编号、本局编号、安装日期、旧表止码、新表止码、安装地点、用户名称、配用电流互感器和电压互感器变比以及检修、更换、试验记录等有关参数和事项都应在台账中填写清楚，以便查电时核对，也是防止内外勾结窃电的有效措施之一。

（2）对计量装置实行定期校验和定期轮换制度。这一措施对于采用改变电流互感器变比或扩差法窃电尤为有效。通过现场检验互感器和电表或将电表拆回校表室检验，有助于准确及时地查处窃电行为。

(3) 采用防窃电技术措施，提高计量装置本身的防窃电功能。可参照第五章介绍的防窃电技术措施，结合本地区的实际情况，提出切实可行的解决方案，并制订配套的管理办法，使之规范化和制度化。

(4) 现场拆、装计量装置应由 2 人或 2 人以上进行，这样做一方面是安全工作之需要，同时也可减少差错和实现互相监督。

(5) 新装和增容的用户工程在装表接电环节上应及时准确地做好资料传递工作，尽量避免出现空档而被用户乘机窃电。

(6) 现场发现计量装置损坏、伪造或启动计量装置封印，计量二次接线被更改等窃电迹象时，应及时向主管领导汇报并通知用电检查班派员前往查处。对于抄表员或用电检查员发现电量或计量装置异常需要做进一步检查时，有关计量人员应协助做好计量装置的检验工作。

三、抄收管理过程的防窃电管理制度

(1) 抄表人员的管辖范围实现定期或不定期轮换，以利削弱人情关系网和防止内外勾结窃电。

(2) 大户实行两人抄表，并定期改变人员组合，以便互相监督；一般居民用户也可实行两人抄表，其中一人相对固定，而另外一人则采用机动组合形式。

(3) 严格执行抄表复核制度，每月抄表复核完毕，应将电量异常的用户统一填表上报，以便组织查明原因。

(4) 抄表人员在抄表过程中发现电量异常应先核对读数和计算过程是否正确，继而向用户询问用电设备的使用情况和查看电表的运行情况，若发现有窃电嫌疑应及时向领导汇报。

(5) 完善用户档案。如电压互感器和电流互感器变比、电表编号、用电地址等应核对无误，尤其是新增用户装表接电阶段要做好交接工作和及时建档。

(6) 实行抄表考核制度。根据用电部门下达到抄表班组（所）的线损考核指标，抄表班长（所长）负责把考核指标分解到配变台区或低压出线回路，对抄表员进行线损指标考核和抄表质量检查考核。抄表班长应定期或不定期地对抄表员的抄表情况进行抽查，以便提高抄表的真实性，不能单纯看线损考核结果，以免被假象掩盖了矛盾。

(7) 抄表人员应加强技术业务学习，不断提高技术业务水平，不但掌握如何正确抄表和正确计算，还应掌握有关计量知识和用户各类用电设备的基本知识。

(8) 抄表人员应加强思想道德和职业道德修养，自觉反腐保廉，敢于秉公办事和坚持原则，坚决杜绝内外勾结的窃电行为和发现用户窃电时不是公了而是私了的行为。

四、用电检查过程的防窃电管理制度

用电检查班负责对窃电行为的查处工作。

(1) 开展用电普查工作。应制订切实可行的普查工作计划，并协助组织实施。用电普查工作，采用地毯式对所辖用户进行全面、彻底的用电检查。

(2) 每月抄表完毕，根据电脑收费系统提供的用户电量突变（突增或突减）和公变、线路的线损异常情况，制订针对性检查计划，有的放矢进行检查。

（3）接到群众举报用户窃电，应及时组织检查处理。

（4）对专变用户实行定期或不定期的用电检查。因为专变的用电量往往占全局用电量的一半以上，而且单个用户的用电量较大，一旦窃电造成的电量损失较大，所以加强专变一类用户的检查监督，对控制窃电造成的损失也就显得特别重要。

（5）对个别经常性窃电而屡禁不止的用户要加强监察，采用突然袭击为主的方式进行经常性的检查。

（6）用电检查人员到用户实行查电的人数不得少于2人，夜间查电还应适当增加人数。

（7）用电检查人员执行查电任务时，不得在用户处讨论内部用电管理的有关规定，或违反规定为用户出谋划策，损害国家利益。

（8）用电检查人员参加用户工程的中间、竣工查验，应注意检查防窃电技术措施是否完善，对发现的问题应提出整改意见并督促落实。

（9）按照《供电营业规则》的有关规定，对查获的窃电行为应坚决严肃处理。任何人不得为窃电户讲人情、拉关系，不能有人扮红脸，有人扮黑脸；也不得网开一面搞下不为例，从轻执罚。

（10）用电检查人员查处窃电时，若有串通用户、弄虚作假，或者受贿渎职的行为发生，一经发现按章处理，决不手软。

第六章　窃电的侦查方法

公安人员在侦破案件时有一套侦查方法，查电人员在侦查窃电时也有自己的一套侦查方法，这些方法归纳起来主要有直观检查法、电量检查法、仪表检查法和经济分析法，可简称为“查电四法”。

第一节　直观检查法

所谓直观检查法，就是通过人的感官，采用口问、眼看、鼻闻、耳听、手摸等手段，检查电能表，检查接线，检查互感器，从中发现窃电的蛛丝马迹。

一、检查电能表

主要从直观上检查电能表安装是否正确牢固，铅封是否原样，表壳有无机械性损坏，电能表选择是否正确，运转是否正常等。

（1）检查表壳是否完好。主要看有无机械性损坏，表盖及接线盒的螺丝是否齐全和紧固。

（2）检查电表安装是否正确。①电表是否倾斜，正常情况下应垂直安装，倾斜角度应不大于2°；②电表进出线预留是否太长；③电表安装处是否有机械振动、热源、磁场干扰；④表箱是否加锁好。

（3）检查电表安装是否牢固。①电表固定螺丝是否完好牢固；②电表进出线是否固定好。

（4）电表选择是否正确。①电表型式选择是否正确，例如三相三线动力用户是选用三元件电表还是选用两元件电表；②电流容量选择是否正确，正常情况下的负荷电流应在电表额定电流的10%～100%额定电流范围内，对于负荷变化较大的是否选用宽负荷电能表，如果经电流互感器接入的还应选用1.5～6A宽负荷的电能表。

（5）检查电表运转情况。①看转盘，正常连续负荷情况下转速应平稳且无反转；②听声音，不应出现摩擦声和间断性卡阻声响；③摸振动，正常情况下手摸表壳应无振动感，否则说明表内机械传动不平稳，响声和振动往往是同时出现的。

（6）检查铅封。这是检查电表时需要最细致、也是最重要的一步。就目前采用的新型防撬铅封来说，检查铅封主要应注意如下三个步骤：

1）检查铅封是否被启封过。可通过眼睛仔细察看，必要时也可用放大镜进一步细看，正常的铅封表面应光滑平整、完好无损，一旦启封过也就破坏了原貌，要想复原是不可能的；此外，也可采用手指轻摸铅封表面，通过手感加以判断。

2）检查铅封的种类是否正确。即根据本供电局对铅封的分类及使用范围的规定，检查铅封的标识字样，防撬铅封通常分为三类，即校表、装表、用电（检查）字样，各自均有其对应的权限范围，若不对应即是窃电行为。

3）判断铅封是否被伪造。可自带各类印好字样的各类铅封，与现场铅封进行对照检查。①检查字迹、符号是否相同。②检查是否有防伪识别，以及识别标记是否相符。通常，铅封字迹要防伪得天衣无缝是相当困难的，仔细辨认都不难区分开来；如果适当增加某些不易觉察的防伪标记，而且这些标记保密程度较高的话，则防伪效果更好，判断真伪也更容易。

二、检查接线

主要从直观上检查计量电流回路和电压回路的接线是否正确完好，例如有无开路或短路，有无更改和错接，导线的接头及电压互感器保险接触是否良好；另外，还应检查有无绕越电表的接线或私拉乱接，检查电压互感器、电流互感器二次回路导线是否符合要求等。

（1）检查接线有无开路或接触不良。①检查电压互感器二次保险和一次保险是否开路，尤其要注意二次保险是否拧紧，接触面是否氧化；②检查所有接线端子，包括电表、端子排、电压互感器和电流互感器的接线端子等，接头的机械性固定应良好，而且其金属导体应可靠接触，要防止氧化层或绝缘材料造成的虚接或假接现象；③检查绝缘导线的线芯，要注意线芯被故意弄断而造成开路或似接非接故障，例如，有些单相用户采用欠压法窃电时故意把零线的线芯折断而导致电表不能正常计量。

（2）检查接线有无短路。①检查不经电流互感器接入的低压用户电表的进线端，主要看进线孔有无U形短路线，接线盒内有无被短接；②检查经电流互感器接入的电表；除了要检查电表进线端，还应检查电流互感器的一次或二次有无被短路，以及从电流互感器二次端子至电表间二次线有无短路，尤其要注意检查中间端子排接线是否有短接和二次线绝缘层破损造成短路。

（3）检查接线有无改接和错接。改接是指原计量回路接线更改过，而错接是指计量回路的接线不符合正常计量要求。检查时对于没有经过互感器的低压用户，电表的简单接线可凭经验做出直观判断，而对于经互感器接入的计量回路可对照接线图进行检查。目前10kV高供高计用户通常采用三相二元件电表计量，判断这类用户的计量接线是否正确可用“抽中相”的办法，正常接线时断开B相电压后，电表转速将降至原来的一半，否则就是接线有误。详细检查通常还要利用仪表测量确定。

（4）检查有无越表接线和私拉乱接。①检查越表接线，对于高供低计用户，一方面要注意在配变低压出线端至计量装置前有无旁路接线，另一方面尤其要注意该段导体有无被剥接过的痕迹；对于普通低压用户，即要注意检查进入电表前的导体靠墙、交叉等较隐蔽处有无旁路接线，还要注意检查邻户之间有无非正常接线；②检查私拉乱接，是指针对那些未经报装入户就私自在供电部门的线路上接线用电，这类窃电有些是明目张胆的，检查时往往一目了然；有些则是较隐蔽的，应注意根据用户登记情况和现场查线进行。

（5）检查电流互感器、电压互感器接线是否符合要求。①电压互感器、电流互感器二次回路的导线截面是否满足不小于2.5mm^2的要求；②计量电流互感器二次回路是否相对独立，如有其他串联负载是否造成二次总阻抗过大；③计量电压互感器二次线是否太长，如有其他并联负载是否造成二次负载过重。

三、检查互感器

主要检查计量互感器的铭牌参数是否和用户手册相符，检查互感器的变比和组别选择是否正确，检查互感器的实际接线和变比，检查互感器的运行工况是否正常。

（1）检查互感器的铭牌参数是否和用户手册相符。高供高计用户同时检查电流互感器和电压互感器，高供低计用户和普通低压用户通常不经电压互感器接入，检查目的是防止偷梁换柱。

（2）检查互感器的变比选择是否正确。①电压互感器变比选择应与电能表的额定电压相符，电压互感器二次电压通常采用标准100V，电能表的额定电压也应是100V；②电流互感器变比选择应满足准确计量的要求，实际负荷电流应在电流互感器额定电流的30％～100％范围内，最大不超过120％的额定电流，最小不少于10％的额定电流；③电压互感器联接组应和电流互感器连接组相对应，以保证电流电压间的正常相位关系，例如电流互感器连接组为V/V－12，则电压互感器连接组也应是V/V－12，电流互感器连接组为Y/Y－12，电压互感器连接组也应是Y/Y－12。

（3）检查互感器的实际接线和变比。①检查电压互感器接线和变比。对于三相五柱式电压互感器，其连接线在生产厂家已完成，出错的概率极小，而且整体封闭在铁壳内，除了新安装时需进行检查试验外，在运行中一般不必检查其接线和变比；而对于单相式电压互感器，相间接线在现场进行，安装、检修和运行中都可能发生改接线或错接，因而就有必要进行检查，以防错接而造成相位和二次电压异常。②检查电流互感器接线和变比。由于电流互感器通常做成多变比，可通过改变原边匝数或副边匝数而得到不同的变比，有的还可以同时改变原边匝数和副边匝数而得到多种变比。110kV及以上高压电流互感器原边通常由几组线圈构成串联或并联多种组合，串联使变比减小，并联使变比增大；低压电流互感器原边通常采用穿心式，穿过线圈匝数越多则变比越小，反之则变比增大。改变电流互感器副边匝数的办法多数是采用抽头式，利用改变副边抽头而得到不同变比。另外，检查电流互感器接线时还注意极性是否正确，不但要注意检查电流互感器副边的同名端接法，还应注意电流互感器原边电流方向是否与L_1、L_2接线端对应。

（4）检查互感器的运行工况。①观察外表有无断线或过热、烧焦现象；②倾听声音是否正常，电流互感器开路时会有明显的“嗡嗡”声，电压互感器过载时也可能有“嗡嗡”声；③停电后马上检查电压互感器和电流互感器，电压互感器过载或电流互感器开路时用手触摸会有灼热感，电压互感器开路时手感温度会明显低于正常值，电流互感器局部闪络短路会有局部过热；另外，电压互感器或电流互感器内部故障引起过热的同时还会有绝缘材料遇热挥发的臭味等。

第二节 电量检查法

一、对照容量查电量

就是根据用户的用电设备容量及其构成，结合考虑实际使用情况对照检查实际计量的电度数。通常用户的用电设备容量与其用电量有一定比例关系，检查时应注意如下几个方面：

（1）用户的用电设备容量是指其实际使用容量，而不是用户的报装容量。例如：①有的用户为了减小支付贴费，申请报装时有意少报用电设备容量，实际用电容量就非常接近报装容量甚至超过报装容量；②有的用户装表时虽然留有一定裕度，但过一段时间后由于负荷增长比预计的要快，也可能造成满载或超载运行；③有的用户报装时由于对用电发展预期值过高，结果造成实际用电容量明显少于报装容量，甚至造成大马拉小车的现象发生；④有的用户因为生产形势变化等原因造成阶段性减容但又未办理减容手续的。

（2）用电设备构成情况主要是指连续性负载和间断性负载各占百分之多少，而不是动力负载和照明负载各占多少。例如：①对于家庭用电，照明、风扇、电视、洗衣机等属于间断性负载，而冰箱就属于长期性负载，空调机在天气炎热时也属于间断性负载；②对于工厂用电，照明和动力往往是同时使用的，如果是三班制生产的则基本是连续性负载，否则就是间断性负载；③对于宾馆、酒店、办公楼一类用电，空调的容量往往占了很大比例，因而其季节性变化很大。

（3）检查实际使用情况应注意现场核实，并考虑如下几个因素：①气候的变化；②生产、经营形势变化；③经济支付能力的变化。因为这些情况的变化将影响到设备的实际投用率，最终影响用电量的变化。

二、对照负荷查电量

就是根据实测用户负荷情况，估算出用电量，然后以电能表的计算电度对照检查。具体做法是：

（1）连续性负荷电量测算法。适用于三班制生产的工厂和天气炎热时的宾馆这一类用户。①选择几个代表日，例如选一个白天、一个晚上，或者选两个白天两个晚上，取其平均值为代表负荷；②用钳形电流表到现场实测出一次电流，或测出二次电流再换算成一次电流值；③根据用户负荷构成情况估算出 $\cos\varphi$；④根据实测电流、$\cos\varphi$ 估算值计算出平均每天用电量，并将电能表的记录电度换算成日平均电量加以对照，正常情况下两者应较接近，否则就有可能是电表少计或者测算有误，应通过进一步检测以查明原因。

（2）间断性负荷测算法。这类负荷是指一天 24h 出现间断性用电，例如单班制或两班制的工厂，一般居民用电、办公楼用电等。测算这类负荷的用电量除了要遵循连续性负荷电量测算法的基本步骤外，还应把一天 24h 分成若干个代表时段，分别测出代表时段的负荷电流值，并分别计算出各个代表时段的电量值，然后累计一天的用电量。为了简化手续，通常可选两个代表日，每个代表日选 2～3 个代表时段即可。例如测算一般居民用户（无空调）的用电量，可选晚上 6—10 时高峰用电期为第一时段，测出该时段的代表负荷并估算出该时段的电量；其他低谷期间为第二时段，测出该时段的代表负荷并估算出相应电量，峰期电量和谷期电量相加即为代表日的用电量。

三、前后对照查电量

即把用户当月的用电量与上月用电量或前几个月的用电量对照检查。如发现突然增加或突然减少都应查明原因。电量突然比上月增加，则重点应查上个月；电量突然减少，则重点应查本月份。由于目前供电企业已普遍使用电脑收费系统，用户的电量突增突减，计算机都会自动提示，这比以前采用人工抄表收费时已方便得多了。

（1）查用电量增加的原因。①抄表日期是否推后了；②抄表过程是否有误，如抄错读数、乘错倍率等；③季节变化、生产经营形势变化等原因引起实际用电量增加；④上月及前几个月窃电较严重而本月窃电较少，或无窃电了。

（2）查用电量减少的原因。①抄表日期是否提前了；②抄表过程有误，造成本月少抄了；③实际用电量减少了；④原来无窃电而本月有窃电，或本月窃电更严重了。

（3）电量无明显变化也不能轻易认为无窃电。例如：①有的用户一开始就有窃电；②用电量多时窃电而用电量少时不窃电，或多用多窃少用少窃的。

第三节 仪表检查法

这是一种定量检查方法，通过采用普通的电流表、电压表、相位表（或相位伏安表）进行现场定量检测，从而对计量设备的正常与否作出判断，必要时还可用标准电能表校验用户电表。此外，还可以采用专用仪器检查，则更加直观简便。

一、用电流表检查

（1）用钳形电流表检查电流。这种方法主要用于检查电能表不经电流互感器接入电路的单相用户和小容量三相用户。检查时将火、零线同时穿过钳口，测出火、零线电流之和。单相表的火、零线电流应相等，和为0；三相表的各相电流可能不相等，零线电流不一定为0，但火零线之和则应为0，否则必有窃电或漏电。

（2）用钳形电流表或普通电流表检查有关回路的电流。此举目的主要是：①检查电流互感器变比是否正确。对于低压电流互感器，检测时应分别测量一次和二次电流值，计算电流变比并与电流互感器铭牌对照；至于高压电流互感器无法直接测量一次电流的，可通过测量其低压侧一次电流然后换算成高压侧的一次电流，或者通过测量其他有关回路的二次电流进而推算到待测回路的一次电流。②检查电流互感器有无开路、短路或极性接错。若电流互感器二次电流为零或明显小于理论值，则通常是电流互感器断线或短路，V/V接线时若某线电流为其他两相电流的$\sqrt{3}$倍则有一只电流互感器极性接反。③通过测量电流值粗略校对电表。测量期间负荷电流应相对稳定，并根据用电设备的负荷性质估算出$\cos\varphi$值，然后计算出电能表的实测功率（也可用盘面有功功率表读数换算），读取某一时段内电能表的转数，再与当时负荷下的理论转数对照检查。

二、用电压表检查

可用普通电压表或万能表的电压挡，检测计量电压回路的电压是否正常。

（1）检查有无开路或接触不良造成的失压或电压偏低。通常先检测电能表进出线端子，然后才根据实际需要往电压互感器方面检查。①单相用户电表的检测。正常时电压端子的电压应等于外部电压，无压则为电压小回路开路或电表的进出零线开路，电压偏低则可能是电压回路接触不良或者电表接零线串有高电阻。②不经电压互感器接入的三相四线三元件电表（或三只单相表）的检测。无压则为电压回路开路，电压偏低则可能是电压回路接触不良或者某相电压回路开路，同时中线断（这时一个元件电压为0，另两个元件的电压为 1/2 线电压）。③电压互感器采用 V/V－12 接线时三相两元件电表电压回路的检测。正常时三个线电压约为 100V，若三个线电压相差较大，且有某些线电压为 0 或明显小于 100V，则有断线或接触不良，例如 A 相断线则 U_{AB} 为 0，C 相断线则 U_{CB} 为 0，B 相断线则 U_{AB} 和 U_{CB} 均为 1/2 线电压。④电压互感器采用 Y/Y－12 时三相两元件电表电压回路的检测。判断方法和电压互感器采用 V/V－12 时大同小异，在此就不举例分析了。

（2）检查有无电压互感器极性接错造成的电压异常。例如当 V/V－12 接线的电压互感器一相极性接反，则检测时会出现某个线电压升高至$\sqrt{3}$倍正常线电压；当 Y/Y－12 接线的电压互感器一相或两相极性接反，则检测时会出现某个线电压为正常线电压的 1/3。

（3）检查电压互感器出线端至电能表的回路压降。正常情况下三相应平衡且压降不大于 2%。①三相平衡但压降较大，则可能是线路太长，线径太小或二次负荷太重；②电压互感器出线端电压正常但至电表的某相压降太大，则可能是某相接触不良或负载不平衡，也可能在某相回路中有串联阻抗。

三、用相位表检查

可用普通相位表或相位伏安表，通过测量电能表电压回路和电流回路间的相位关系，从而判断电能表接线的正确性。由于不经互感器接入的电能表接线比较简单，通常采用直观检查或必要时测量相序（三相表）就可判断相位关系是否正确，因此，用相位表检查主要适用于经互感器接入电路的电能表。测量前应确认电压正常，相序无误，并注意负荷潮流方向和电表转向，以免造成误判断。

（1）三相两元件电表接线的相位检测，通常可采用如下两种测法：①测进表线 U_{AB} 与 I_A、I_B、I_C 的相位差；②测进表线 U_{AB} 与 I_A、U_{CB} 与 I_C 的相位差。

（2）三相三元件电表接线的相位检测。通常可采用如下两种测法：①测进表线 U_{AB} 与 I_A、I_B、I_C 的相位差；②分别测量 U_A 与 I_A、U_B 与 I_B、U_C 与 I_C 的相位差。

测量过程应做好记录，并根据实测数据画出相量图，然后导出功率表达式和判断接线的正确性。

四、用电能表检查

当互感器及二次接线经检查确认无误而怀疑是电能表不准时，可用准确的电能表现场校对或在校表室校验。

（1）在校表室校表，将被校表装上试验台，测出某一时段内标准表与被校表的转盘转数，然后进行换算比较。

（2）在现场校表。宜选用与被校表同型号的正常电表作为参考表串入被校表电路中，校验表盘转数的方法与试验室常规校表的方法相同。若怀疑表内字车有问题，校验的方法是：①抄出被校表与参考表的起始码；②装好参考表后宜将表盘封闭，然后投入运行；③几小时后或 1～2 天后读取被校表与参考表的读数，计算出各自电量；④计算被校表误差，判断字车是否正常，若误差较大则说明字车有问题。对于三相平衡负荷，为了简化接线手续，也可用单相表作为参考表，但单相表应接入相电压和相电流，然后将单相表的记录电量乘以 3 就是三相电量。

用电能表检查时应注意，用电表转盘转数校验认为正常的电表，其实际记录电量都未必正常。这是因为电表计数器是累积式的，在短时区内（例如几分钟内）读数的变化不能代表准确的电量变化，尤其是采用机械计数器的电能表，通常是转盘转动数几十转至几百转才跳字一次，因此，通过校验转盘无误码率的电能表有时还要校字车。

（3）装设监测电能表。①对于采用高压专线供电并在线路末端计量（例如有多台配变分别计量）的用户，在馈线出口处还应装设一套监测电表；②对于普通用户可采用适当分区后在干线或主分支线装设监测电表，以便发现问题和侦查窃电，同时也有利于供电部门内部抄表考核。例如：公共配变可在低压侧装设总表，并在各条干线及主分支线加装分表，10kV 高压用户也可在干线和支线分片装设内部考核的高压计量箱等。

第四节 经济分析法

经济分析法包括两个方面：一方面是对供电部门内部的电网经济运行状况进行调查分析，从线损率指标入手侦查窃电；另一方面是从用户的单位产品耗电量及功率因数考核入手侦查窃电。

一、线损率分析法

电网的线损率由理论线损和管理线损构成。其中，由电网设备参数和运行工况决定的线损为理论线损，这部分线损电量通常可以采用计算、估算、在线实测得到；由供电部门的管理因素和人为因素造成的线损电量为管理线损，这里面除了供电部门的自身因素，就是窃电造成的电量损失。从线损率指标入手侦查窃电的方法步骤如下：

（1）利用计算机收费系统监测各条高压配电线路和公变的线损率，及时发现线损异常情况。

（2）做好统计线损率的计算和分析。每月、每季、每年度的统计线损定期计算统计，并定期召开线损分析会，及时掌握线损动态，不但要做好全局线损的统计分析，同时应逐条回路、逐台公变进行统计、分析、比较。

（3）做好理论线损的计算、分析和推广理论线损的在线实测。这项工作开展起来难度较大，一方面要有专人负责，定期进行；另一方面要结合实际灵活应用。110kV 及以上电网可采用计算机辅助计算为主；10kV 电网可采用计算机辅助计算和线损测量仪表在线实测；0.4kV 电网则宜采用估算法为主。

（4）通过加强管理，减少用电营业人员人为因素造成的电量损失，并且对由于这方面因素造成的电量损失要做到心中有数，以免对分析判断造成误导。

（5）从时间上对线损率变化情况进行纵向对比。例如某线路或某台配变的线损率在某个时间段突然增加或突然减少（尤其注意突增情况），在理论线损的计算（或实测）、分析、对比统计线损得出差值后，如果差值较大，就应进一步查找管理线损的构成因素和检查有无窃电。

（6）从空间上对线损率差异情况进行横向对比。例如某条线路或某个配变的线损率和别的设备参数和运行工况类似的线路或配变对比，若线损率明显偏高，这种情况下就不必进行理论线损的计算分析，而直接查找管理线损因素和检查有无窃电行为。

二、用户单位产品耗电量分析法

所谓单位产品耗电量是指以用户用于生产管理的总用电量除以其单位产品总数量所得出的平均单位产品耗电量。其计算公式为

$$W_D = \frac{W_{总}}{M} \tag{6-1}$$

式中　$W_{总}$——用户用于生产管理总耗电量；

M——用户所生产单位产品总数；

W_D——单位产品耗电量。

对于式（6-1）所需数据，查电人员一般都可以通过各种方法获得。

对于产品单耗，国家对一些常见工业产品都颁布有产品单耗定额，而对于某些不常见产品单耗，查电人员也可以参考本地其他厂家或其他相近产品的单位产品耗电量。查电人员掌握了某用户的实际单位产品耗电量以后，就可以和国家颁布的标准或其他用户产品单耗做比较，从而对用户的用电情况作出评价。

查电人员对用户产品单耗数据的获取途径一般有以下几种方法：

（1）直接计算法。直接计算法是指查电人员从用户的电能计量装置取得总耗电量数据，并从用户的生产报表中取得用户的单位产品总数，再根据公式计算而得其单位产品耗电量。

（2）间接推算法。间接推算法是指查电人员在取得与用户单位产品有直接或间接联系的数据后，通过推算其单位产品的总数的方法。与单位产品总数有联系的数据，例如用户每月上缴税款、海关报关产品数字等，都可以推算出该用户的单位产品数量，从而利用当月该用户的用电量计算出其单位产品耗电量。

单位产品耗电量分析法通常只适用于工矿企业，而不适用于一般的小用户。由于用户的产品总数比较难以掌握，要求查电人员必须经常了解用户的生产情况和经营状况。

三、用户功率因数分析法

一般用户的用电设备在吸收有功和无功电能时，其有功和无功电量的比例就反映出了该设备的自然功率因数，而对于某一固定的生产设备其自然功率因数是比较稳定的。计算功率因数的公式为

$$\cos\varphi = \frac{P}{S} = \frac{P}{\sqrt{P^2+Q^2}} \tag{6-2}$$

式中　P——有功电量；

Q——无功电量；

S——视在电量。

对于某一种类型的企业或生产厂家，由于其生产设备大同小异，而且用户的生产设备是相对固定的，所以说一个生产稳定的用户从电能计量所反映出来的有功和无功电量的比例是相对稳定的。一般的偷电者比较难保持从计量装置反映出来的功率因数不变，因此，对用户功率因数的监视也是一种侦查偷电的方法。

功率因数分析法的具体内容比较简单。首先从用户的历史用电量中掌握用户过去的功

率因数变化情况，以及与该用户生产类型和情况相似的厂家的功率因数或参考有关资料记载。然后通过本次抄见电量计算用户的功率因数，再与历史功率因数或相关数据比较。一般用户的功率因数变化都在10%以内，若有接近10%或超过者，须查明其原因。

在检查用户功率因数出现异常时，除了要检查该用户的电能计量装置之外，还要重点检查用户有没有安装无功补偿装置及其运行状况。因为在实际操作中，经常遇到由于无功补偿装置故障而引起用户功率因数突变的情况。

功率因数分析法的适用范围比较广，因为只要是装无功电能表的用户，不管其大小和类型都可以监视考核。

第五节 注 意 事 项

一、要善于识别真伪

（1）善于识别自然故障与人为故障。例如接头的氧化锈蚀可根据使用时间和周围环境判断，如果使用多年或周围有腐蚀性气体且邻近设备也有氧化锈蚀现象，则一般属于自然故障，否则就可能是人为故障。

（2）善于识破虚接与假接。例如：计量回路绝缘导线的线芯导体可能被故意弄断，查电人员到达现场时又被复原，还有的经过闸刀开头控制其通断，对此查电时一定要细心观察。

（3）要善于区分是供电人员工作失误造成的错接还是被窃电者故意接错。尤其是电流互感器、电压互感器二次线，供电人员接线时一定要认真负责，尽力做到万无一失，同时应做好识别标记并把接头封在箱壳内，通常结合铅封是否原样进行判断。

二、要遵循“三先后”的查电步骤

（1）先易后难。即容易查的先查，较难查的后查，例如现场时一般先作直观检查，必要时才用仪表检查；采用仪表检查时通常也是先用钳形电流表或电压表检查，必要时才用其他仪表检查。

（2）先外后里。即先查表箱外部后查箱内计量设备，检查计量设备时也是先查电表外部如电表铅封、接线等，然后才根据需要考虑检查电表本身。

（3）先微机后装置。即先查微机存储的用户信息，后查计量装置。

三、安全注意事项

为了防止侦查窃电过程发生意外，要严格遵守《电业安全工作规程》中的有关规定，同时还应正确处理好公共关系。

1. 安全规程方面的注意事项

（1）查电人员应具备一定的电工常识和掌握有关专业技术，熟悉《电业安全工作规程》方面的有关规定，身体健康而无妨碍性疾病，懂得触电急救法和人工呼吸法。

（2）查电应至少由两人进行，其中一人专门负责监护，同时也是查电见证人。

（3）严禁酒后查电和疲劳查电。首先，因为酒后和疲劳时人的精神状态欠佳，体力也会下降，不但影响工作效果，而且极易发生事故。其次，由于饮酒后人体电阻减小，一旦发生触电，其后果也更严重。

(4) 查电人员的穿戴应符合安全要求，穿绝缘鞋和长袖棉工作服，戴手套和安全帽，同时还应戴防护眼镜。

(5) 带电检查高压计量箱、高压互感器等可能靠近高压设备时应保持足够的安全距离。

(6) 检查柱上变压器或高压电压互感器、电流互感器等需登高作业时，应采取防止高空跌落的措施，例如梯子应有防滑橡皮垫，并由专人扶住梯子等。

(7) 进入配电房或变压器台前应注意察看周围环境的安全状况，例如有无乱拉乱接的导线，建筑物或构架是否牢固，室内有无易燃易爆物品。当确认无危险后方可进入，并采取措施使房门处于开启状态，选择好撤退路径。

(8) 触及计量盘等带电设备的外壳和设备构架等金属物前应注意先验电，以防漏电造成人身触电事故。

(9) 拆、接低压导线和触及低压设备要先验电后操作，要特别注意，即使开关断开后仍可能由于窃电者私自改动接线造成设备带电。

(10) 在电流互感器回路上工作前应先听声音，判断有无开路，工作中也应严防电流互感器开路，例如带负荷测试时需串入电表，在串入电表前一定要可靠短接后才可进行拆、接线；另外，运行中的电流互感器二次不能用手晃动，以免接线松动造成电流互感器开路。

(11) 使用测量仪表应注意正确接线和正确操作。例如：①多量程电流表或功率表要注意电流端子正确连接，以免造成电流互感器开路。②万能表的挡位选择要特别小心，测电压时不但要选择合适的量程，还应注意避免错打至电流挡；测电流时亦将挡位选好才接入电路，严禁测量电流互感器二次电流过程随意换挡，当确需换挡时则应先短接电流互感器再换挡，以免换挡期间电流互感器开路。

(12) 开关的操作由有操作权的人员操作，查电人员不得越权擅自操作。通常，变、配电所的开关由运行专责人员操作；专用配变的开关原则上由用户电工操作，若无用户电工在场，查电人员操作时应先检查开关的完好情况和了解设备的主接线，在确认有把握时方可操作，否则就应通知用户电工到达现场协助操作。另外，操作户外非电控操作的开关应用合格的绝缘工具，并注意正确的操作步骤。

2. 公共关系方面的注意事项

(1) 查电应有组织地开展工作，严禁私自查电。查电前应向有关领导请示和获得批准，或由有关领导布置组织措施后才可进行。

(2) 白天查电时，应劝阻群众围观，禁止儿童进入现场。因群众围观会影响查电人员工作情绪，容易造成混乱，而儿童进入现场则容易发生意外。

(3) 夜间查电时应有专人负责安全保卫工作，尤其是进入配电室查电时应注意设专人在室外监护和对一些不明真相的群众做好宣传解释工作。

(4) 侦查依仗权势公然窃电一类的钉子户时，应派出经济警察配合或请公安部门协助进行，以免发生意外。

(5) 查电人员与用户有亲属、朋友等关系时应尽量回避，以免碍于情面而影响查电效果或干扰查电人员的情绪。

(6) 查获窃电后需要停电时，若窃电者以武力阻挠，则不要强行停电，以免造成不必要的冲突。解决办法宜采用缓兵计，先向用户做好宣传解释工作和办理签字认证，停电罚款则待后执行。

第七章　窃电行为的依法查处

第一节　窃电行为的法律性质

窃电是指用电户以非法占有为目的，采取隐蔽或其他非法手段盗窃电能的行为。首先，窃电行为违反了供用电双方签订的供用电合同，是一种违约行为；其次，窃电违反了行政法规的规定，是一种违规行为；最后，窃电行为情节严重或所窃电量巨大的，还是违法犯罪行为。

窃电是盗窃社会公共财物的非法行为，具备四个要件：①主体要件，用户，包括个人和单位；②客体要件，破坏供用电秩序，对正常生产和人民生活造成了影响和危害；③主观要件，故意，具体表现为窃电者以非法占有为目的；④客观要件，实施了窃电行为，造成了侵占电力财产的客观事实。

根据《电力供应与使用条例》，窃电行为包括以下内容：

（1）在供电企业的供电设施上，擅自接线用电。

（2）绕越供电企业的用电计量装置用电。

（3）伪造或者开启法定的或者授权的计量检定机构加封的用电计量装置封印用电。

（4）故意损坏供电企业用电计量装置。

（5）故意使供电企业的用电计量装置计量不准或者失效。

（6）采用其他方法窃电。

第二节　依法查处窃电的内容和程序

窃电行为的查处，包括窃电行为的查明和处理两部分内容。窃电行为的查明，是供电企业的用电检查人员在执行用电检查任务时，发现窃电行为并获取窃电证据、认定窃电事实的过程。窃电行为的处理是指供电企业对有充分证据认定的窃电者，依法自行处理或提请电力管理部门以及公安、司法机关处理的过程。

依法查处窃电，就是对窃电行为的检查和处理全过程都依据相关法律法规的有关规定，尤其是查处的程序要合法。

一、用电检查程序

（1）在执行用电检查任务前，用电检查人员按规定填写《用电检查工作单》，经领导审核批准后执行查电任务。查电工作终结时，向领导汇报检查结果，填写检查结果交回单位存档。

（2）供电企业用电人员实施现场检查时，用电检查的人数不少于两人。

（3）用电检查人员在执行查电任务时，先向被检查用户出示用电检查证或行政执法证（电力行政管理部门授权）。

（4）经现场检查，认定用户有窃电事实的，现场取证做好证据保全并由窃电户签名确认，用电检查人员开具《违章用电、窃电通知书》一式两份，一份送达用户并由用户代表签收，一份存档备查。

二、窃电的处理程序

根据《供电营业规则》第一百零二条，供电企业对查获的窃电者，应以制止，并可当场中止供电。窃电者应按所窃电量补交电费，并承担补交所窃电量电费3倍的违约使用电费。拒绝承担责任的，供电企业应报请电力管理部门依法处理。窃电数额较大或情节严重的，供电企业应报请司法机关依法追究刑事责任。

窃电的处理程序如下：

（1）现场检查（提取证据）确认有窃电行为的，在现场予以制止，可当场中止供电，并依法追补所窃电量电费和收取所窃电量电费3倍的违约使用电费。

（2）拒绝接受处理的，供电企业及时报请电力管理部门处理。电力管理部门根据供电企业的报请受理，符合立案条件的，予以立案并及时指派承办人调查。对违法事实清楚、证据确凿的，责令停止违法行为，印发《违反电力法规行政处罚通知书》送达当事人，协助供电企业追补所窃电量电费和收取违约使用电费，并处以应交所窃电量电费5倍以下罚款。

（3）妨碍、阻碍、抗拒用电检查，威胁用电检查人员人身安全等违反治安管理条例的，报请公安机关处理。

（4）对窃电数额较大、情节恶劣、构成犯罪的，供电企业和电力行政管理部门提请司法机关依法追究刑事责任。

（5）供电企业根据查获的证据材料，认定构成犯罪的，可向管辖地的公安机关报案。

三、窃电取证

1. 窃电证据的特点

窃电证据具有证据的一般特征，即客观性与关联性，此外，由于电能的特殊属性所决定，窃电证据表现出不同于其他证据的独立特征，即窃电证据的不完整性和推定性。

窃电证据的客观性，是指证明窃电案件存在和发生的证据是客观存在的事实，而非主观猜测和臆想的虚假的东西。

窃电证据的关联性，是指证据事实与窃电案件有客观联系，二者之间不是牵强附会或者毫不相关。

窃电证据的不完整性，是指由于电能的特殊属性所致，只能获得窃电行为的证据，而无法直接获取窃电财物（电能）的证据，即窃电案件无法人赃俱获。

窃电证据的推定性，是指窃电量往往无法通过用电计量装置直接记录，只能依赖间接证据推定窃电时间进行计算。

2. 对窃电证据的要求

同其他证据一样，用来定案的窃电证据，必须同时具备合法性、客观性和关联性，缺一不可。

3. 窃电证据的依法获取

证据的取得必须合法，只有通过合法途径取得的证据才能作为处理的依据。因此，在收集窃电证据时，必须注意：

（1）用电检查人员执行检查任务时履行了法定手续，而且不能滥用或超越电力法及配套规定所赋予的用电检查权。

（2）经检查确认，确实有盗窃电能的事实存在。

（3）窃电取证保全严格依法进行。

（4）窃电物证的制作应完整规范。

4. 窃电取证的内容和方法

对窃电案件具有法定取证职权的部门包括供电企业、电力行政管理部门和公、检、法部门，以供电企业为主。

（1）供电企业自行取证的主要内容和方法包括：①拍照；②摄像；③录音（需征得当事人同意）；④损坏的用电计量装置的提取；⑤伪造或者开启加封的用电计量装置封印收集；⑥使用电计量装置不准或者失效的窃电装置、窃电工具、材料的收集；⑦在用电计量装置上遗留的窃电痕迹的提取及保全；⑧经当事人签名的询问笔录；⑨当事人、知情人、举报人的书面陈述材料的收集；⑩专业试验、专项技术鉴定结论材料的收集；⑪用电检查的现场勘验笔录；⑫用户用电量显著异常变化的电量、电费资料的收集；⑬用户产品、产量、产值统计表；⑭与用户同类的产品平均耗电量数据表；⑮供电部门的相关线损资料和负荷、电量、窃电监测记录；⑯违章用电、窃电通知书。

除了供电企业自行取证，电力行政管理部门和公、检、法部门则根据其需要自行独立取证，或配合供电企业进行联合取证。

（2）窃电取证因窃电主体不同的差异。窃电主体不同，窃电取证的手段和方法也有所区别，既有共性也有特殊性。

供电企业自行取证的手段和方法中的①、④、⑤、⑥、⑦、⑧、⑨、⑪、⑫、⑯共10项是窃电取证的共性，即无论对哪一类用户窃电都适用的取证途径，而且通常也都是必须采用的手段和方法；余下的则视窃电主体的特殊性而采用不同的手段和方法。例如⑭、⑮项就是对产品厂才适用的。

对制造、销售窃电工具产品的，通常要收集该产品的说明书、产品、产量、生产销售资料、设计图纸等，并尽快向公安部门报告。

目前随着智能电能表的普及使用，窃电证据又增加了智能电能表现场监测的内容。主要包括：电压、电流、功率、功率因数变化记录，以及电表异常事件记录等。

四、窃电量的确定

根据《供电营业规则》，窃电量按以下方法确定：

（1）在供电企业的供电设施上擅自接线用电的，所窃电量按私接设备额定容量（千伏安视同千瓦时）乘以实际使用时间计算确定。

（2）以其他行为窃电的，所窃电量按计费电能表标定电流值（对装有限流器的，按限流器整定电流值）所指的容量（千伏安视同千瓦时）乘以实际用电的时间计算确定。

窃电时间无法查明时，窃电日数至少以180天计算，每日窃电时间，电力用户按12h

计算，照明用户按 6h 计算。

除了上述确定方法外，许多省一级地方性法规或文件对此作了进一步细化和补充，从目前情况看，窃电量的确定主要有如下途径：

（1）窃电时间能够查明的窃电量，计算方法主要有 4 种：

1）按照《供电营业规则》第一百零三条 1、2 款确定。

2）第 1 款不变，第 2 款“以其他方式窃电的，按照计费电能表的最大额定电流值所对应的容量乘以窃电时间计算”。

3）将第 1 款和第 2 款合并，“凡实施窃电行为所用的电气设备均确认为窃电设备。窃电设备的容量按设备铭牌的额定容量确认；无铭牌的设备容量按实际测定确认。窃电量按窃电设备容量乘以窃电时间确定”。

4）按现场实测容量乘以窃电时间确定。

（2）窃电时间无法查明的，在省级地方性法规或文件中规定，采取如下办法确定：

1）按照同类产品平均用电的单耗与窃电用户生产的产品产量相乘，加上其他辅助用电量，再减去抄见电量。

2）在总表上窃电的，按照各分表电量之和减去总表抄见电量的差额计算。

3）按历史上正常月份用电量与窃电后抄见电量的差额，并根据实际用电变化情况进行调整。

4）以上方法仍不能确定的，窃电日数每年以 180 天计算，每日窃电时间，电力用户按 12h 计算，照明用户按 6h 计算。

（3）技术监督部门出具的鉴定结论或者其他法定权威技术鉴定结论。

上述 3 条途径，第（2）条尤为重要，云南、广东等省都作了类似的补充规定，实践证明这是比较科学和合理，可操作性也比较强的，体现了能量守恒定律，有物理学的理论支持；在司法公平方面体现了客观真实，可信度高。这个规定是从《供电营业规则》出台以来经过大量的反窃电实践积累，由社会各方面共同认可，形成的共识。其实际上是对《供电营业规则》6 个月推定的完善，而且更加强调具体案情具体分析确定，无论对供电企业还是窃电户，都是比较公平合理的。

当窃电时间明确，窃电造成的计量可以用公式表达时，则可用计算法确定窃电量（见第八章），计算公式为：少计电量＝抄见电量×（更正系数－1），这是一种以事实为依据，比较公平合理，供用电双方都可以接受的方法。

第三节 查处窃电的有关法律法规依据

一、《中华人民共和国电力法》摘录

第四条 电力设施受国家保护。

禁止任何单位和个人危害电力设施安全或者非法侵占、使用电能。

第二十九条 供电企业在发电、供电系统正常的情况下，应当连续向用户供电，不得中断。因供电设施检修、依法限电或者用户违法用电等原因，需要中断供电时，供电企业应当按照国家有关规定事先通知用户。

第三十一条 用户应当安装用电计量装置。用户使用的电力电量，以计量检定机构依法认可的用电计量装置的记录为准。

用户受电装置的设计、施工安装和运行管理，应当符合国家标准或者电力行业标准。

第三十二条 用户用电不得危害供电、用电安全和扰乱供电、用电秩序。

对危害供电、用电安全和扰乱供电、用电秩序的，供电企业有权制止。

第三十三条 供电企业应当按照国家核准的电价和用电计量装置的记录，向用户计收电费。

供电企业查电人员和抄表收费人员进入用户，进行用电安全检查或者抄表收费时，应当出示有关证件。

用户应当按照国家核准的电价和用电计量装置的记录，按时交纳电费；对供电企业查电人员和抄表收费人员依法履行职责，应当提供方便。

第五十二条 任何单位和个人不得危害发电设施、变电设施和电力线路设施及其有关辅助设施。

在电力设施周围进行爆破及其他可能危及电力设施安全的作业的，应当按照国务院有关电力设施保护的规定，经批准并采取确保电力设施安全的措施后，方可进行作业。

第五十七条 电力管理部门根据工作需要，可以配备电力监督检查人员。

电力监督检查人员应当公正廉洁，秉公执法，熟悉电力法律、法规，掌握有关电力专业技术。

第五十八条 电力监督检查人员进行监督检查时，有权向电力企业或者用户了解有关执行电力法律、行政法规的情况，查阅有关资料，并有权进入现场进行检查。

电力企业和用户对执行监督检查任务的电力监督检查人员应当提供方便。

电力监督检查人员进行监督检查时，应当出示证件。

第五十九条 电力企业或者用户违反供用电合同，给对方造成损失的，应当依法承担赔偿责任。

电力企业违反本法第二十八条、第二十九条第一款的规定，未保证供电质量或者未事先通知用户中断供电，给用户造成损失的，应当依法承担赔偿责任。

第六十条 因电力运行事故给用户或者第三人造成损害的，电力企业应当依法承担赔偿责任。

电力运行事故由下列原因之一造成的，电力企业不承担赔偿责任：

（一）不可抗力；

（二）用户自身的过错。

因用户或者第三人的过错给电力企业或者其他用户造成损害的，该用户或者第三人应当依法承担赔偿责任。

第六十四条 违反本法第二十六条、第二十九条规定，拒绝供电或者中断供电的，由电力管理部门责令改正，给予警告；情节严重的，对有关主管人员和直接责任人员给予行政处分。

第六十五条 违反本法第三十二条规定，危害供电、用电安全或者扰乱供电、用电秩序的，由电力管理部门责令改正，给予警告；情节严重或者拒绝改正的，可以中止供电，可以并处五万元以下的罚款。

第七十条 有下列行为之一，应当给予治安管理处罚的，由公安机关依照治安管理处罚条例的有关规定予以处罚；构成犯罪的，依法追究刑事责任：

（一）阻碍电力建设或者电力设施抢修，致使电力建设或者电力设施抢修不能正常进行的；

（二）扰乱电力生产企业、变电所、电力调度机构和供电企业的秩序，致使生产、工作和营业不能正常进行的；

（三）殴打、公然侮辱履行职务的查电人员或者抄表收费人员的；

（四）拒绝、阻碍电力监督检查人员依法执行职务的。

第七十一条 盗窃电能的，由电力管理部门责令停止违法行为，追缴电费并处应交电费五倍以下的罚款；构成犯罪的，依照刑法有关规定追究刑事责任。

第七十二条 盗窃电力设施或者以其他方法破坏电力设施，危害公共安全的，依照刑法有关规定追究刑事责任。

第七十三条 电力管理部门的工作人员滥用职权、玩忽职守、徇私舞弊，构成犯罪的，依法追究刑事责任；尚不构成犯罪的，依法给予行政处分。

第七十四条 电力企业职工违反规章制度、违章调度或者不服从调度指令，造成重大事故的，依照刑法有关规定追究刑事责任。

电力企业职工故意延误电力设施抢修或者抢险救灾供电，造成严重后果的，依照刑法有关规定追究刑事责任。

电力企业的管理人员和查电人员、抄表收费人员勒索用户、以电谋私，构成犯罪的，依法追究刑事责任；尚不构成犯罪的，依法给予行政处分。

二、《电力供应与使用条例》摘录

第二十六条 用户应当安装用电计量装置。用户使用的电力、电量，以计量检定机构依法认可的用电计量装置的记录为准。用电计量装置，应当安装在供电设施与受电设施的产权分界处。

安装在用户处的用电计量装置，由用户负责保护。

第三十条 用户不得有下列危害供电、用电安全，扰乱正常供电、用电秩序的行为：

（一）擅自改变用电类别；

（二）擅自超过合同约定的容量用电；

（三）擅自超过计划分配的用电指标的；

（四）擅自使用已经在供电企业办理暂停使用手续的电力设备，或者擅自启用已经被供电企业查封的电力设备；

（五）擅自迁移、更动或者擅自操作供电企业的用电计量装置、电力负荷控制装置、供电设施以及约定由供电企业调度的用户受电设备；

（六）未经供电企业许可，擅自引入、供出电源或者将自备电源擅自并网。

第三十一条 禁止窃电行为。窃电行为包括：

（一）在供电企业的供电设施上，擅自接线用电；

（二）绕越供电企业的用电计量装置用电；

（三）伪造或者开启法定的或者授权的计量检定机构加封的用电计量装置封印用电；
（四）故意损坏供电企业用电计量装置；
（五）故意使供电企业的用电计量装置计量不准或者失效；
（六）采用其他方法窃电。

第三十三条　供用电合同应当具备以下条款：
（一）供电方式、供电质量和供电时间；
（二）用电容量和用电地址、用电性质；
（三）计量方式和电价、电费结算方式；
（四）供用电设施维护责任的划分；
（五）合同的有效期限；
（六）违约责任；
（七）双方共同认为应当约定的其他条款。

第三十六条　电力管理部门应当加强对供电、用电的监督和管理。供电、用电监督检查工作人员必须具备相应的条件。供电、用电监督检查工作人员执行公务时，应当出示证件。

供电、用电监督检查管理的具体办法，由国务院电力管理部门另行制定。

第四十条　违反本条例第三十条规定，违章用电的，供电企业可以根据违章事实和造成的后果追缴电费，并按照国务院电力管理部门的规定加收电费和国家规定的其他费用；情节严重的，可以按照国家规定的程序停止供电。

第四十一条　违反本条例第三十一条规定，盗窃电能的，由电力管理部门责令停止违法行为，追缴电费并处应交电费5倍以下的罚款；构成犯罪的，依法追究刑事责任。

第四十二条　供电企业或者用户违反供用电合同，给对方造成损失的，应当依法承担赔偿责任。

第四十三条　因电力运行事故给用户或者第三人造成损害的，供电企业应当依法承担赔偿责任。

因用户或者第三人的过错给供电企业或者其他用户造成损害的，该用户或者第三人应当依法承担赔偿责任。

第四十四条　供电企业职工违反规章制度造成供电事故的，或者滥用职权、利用职务之便谋取私利的，依法给予行政处分；构成犯罪的，依法追究刑事责任。

三、《电力设施保护条例》摘录

第十四条　任何单位或个人，不得从事下列危害电力线路设施的行为：
（一）向电力线路设施射击；
（二）向导线抛掷物体；
（三）在架空电力线路导线两侧各300米的区域内放风筝；
（四）擅自在导线上接用电器设备；
（五）擅自攀登杆塔或在杆塔上架设电力线、通信线、广播线，安装广播喇叭；
（六）利用杆塔、拉线作起重牵引地锚；
（七）在杆塔、拉线上拴牲畜、悬挂物体、攀附农作物；

（八）在杆塔、拉线基础的规定范围内取土、打桩、钻探、开挖或倾倒酸、碱、盐及其他有害化学物品；

（九）在杆塔内（不含杆塔与杆塔之间）或杆塔与拉线之间修筑道路；

（十）拆卸杆塔或拉线上的器材，移动、损坏永久性标志或标志牌；

（十一）其他危害电力线路设施的行为。

第三十条 凡违反本条例规定而构成违反治安管理行为的单位或个人，由公安部门根据《中华人民共和国治安管理处罚法》予以处罚；构成犯罪的，由司法机关依法追究刑事责任。

四、《供电营业规则》摘录

第六十六条 在发供电系统正常情况下，供电企业应连续向用户供应电力。但是，有下列情形之一的，须经批准方可中止供电：

1. 对危害供用电安全，扰乱供用电秩序，拒绝检查者；
2. 拖欠电费经通知催交仍不交者；
3. 受电装置经检验不合格，在指定期间未改善者；
4. 用户注入电网的谐波电流超过标准，以及冲击负荷、非对称负荷等对电能质量产生干扰与妨碍，在规定限期内不采取措施者；
5. 拒不在限期内拆除私增用电容量者；
6. 拒不在限期内交付违约用电引起的费用者；
7. 违反安全用电、计划用电有关规定，拒不改正者；
8. 私自向外转供电力者。

有下列情形之一者，不经批准即可中止供电，但事后应报告本单位负责人：

1. 不可抗力和紧急避险；
2. 确有窃电行为。

第六十七条 除因故中止供电外，供电企业需对用户停止供电时，应按下列程序办理停电手续：

1. 应将停电的用户、原因、时间报本单位负责人批准。批准权限和程序由省电网经营企业制定；
2. 在停电前三天至七天内，将停电通知书送达用户，对重要用户的停电，应将停电通知书报送同级电力管理部门；
3. 在停电前30分钟，将停电时间再通知用户一次，方可在通知规定时间实施停电。

第六十九条 引起停电或限电的原因消除后，供电企业应在三日内恢复供电。不能在三日内恢复供电的，供电企业应向用户说明原因。

第一百零一条 禁止窃电行为。窃电行为包括：

1. 在供电企业的供电设施上，擅自接线用电；
2. 绕越供电企业用电计量装置用电；
3. 伪造或者开启供电企业加封的用电计量装置封印用电；
4. 故意损坏供电企业用电计量装置；
5. 故意使供电企业用电计量装置不准或者失效；

6. 采用其他方法窃电。

第一百零二条 供电企业对查获的窃电者，应予制止，并可当场中止供电。窃电者应按所窃电量补交电费，并承担补交电费三倍的违约使用电费。拒绝承担窃电责任的，供电企业应报请电力管理部门依法处理。窃电数额较大或情节严重的，供电企业应提请司法机关依法追究刑事责任。

第一百零三条 窃电量按下列方法确定：

1. 在供电企业的供电设施上，擅自接线用电的，所窃电量按私接设备额定容量（千伏安视同千瓦）乘以实际使用时间计算确定；

2. 以其他行为窃电的，所窃电量按计费电能表标定电流值（对装有限流器的，按限流器整定电流值）所指的容量（千伏安视同千瓦）乘以实际窃用的时间计算确定。窃电时间无法查明时，窃电日数至少以一百八十天计算，每日窃电时间：电力用户按 12 小时计算；照明用户按 6 小时计算。

第一百零四条 因违约用电或窃电造成供电企业的供电设施损坏的，责任者必须承担供电设施的修复费用或进行赔偿。

因违约用电或窃电导致他人财产、人身安全受到侵害的，受害人有权要求违约用电或窃电者停止侵害，赔偿损失。供电企业应予协助。

第一百零五条 供电企业对检举、查获窃电或违约用电的有关人员应给予奖励。奖励办法由省电网经营企业规定。

五、《供用电监督管理办法》摘录

第十三条 各级电力管理部门负责本行政区域内发生的电力违法行为查处工作。上级电力管理部门认为必要时，可直接查处下级电力管理部门管辖的电力违法行为，也可将自己查处的电力违法事件交由下级电力管理部门查处。对电力违法行为情节复杂，需由上一级电力管理部门查处更为适宜时，下级电力管理部门可报请上一级电力管理部门查处。

第十四条 电力管理部门对下列方式要求处理的电力违法事件，应当受理：

1. 用户或群众举报的；

2. 供电企业提请处理的；

3. 上级电力管理部门交办的；

4. 其他部门移送的。

电力管理部门对受理的电力违法事件，可视电力违法事件性质和危及电网安全运行的紧迫程度，可依法在现场查处，也可立案处理。

第十五条 电力违法行为，可用书面和口头方式举报。口头方式举报的事件，受理人应详细记录并经核对无误后，由举报人签章。举报人举报的事件如不愿使用真实姓名的，电力管理部门应尊重举报人的意愿。

第十六条 电力管理部门发现受理的举报事件不属于本部门查处的，应及时向举报人说明，同时将举报信函或笔录移送有权处理的部门。对明显的治安违法行为或刑事违法行为，电力管理部门应主动协助公安、司法机关查处。

第十七条 符合下列条件之一的电力违法行为，电力管理部门应当立案：

1. 具有电力违法事实的；

2. 依照电力法规可能追究法律责任的；

3. 属于本部门管辖和职责范围内处理的。

第十八条 符合立案条件的，应填写《电力违法行为受理、立案呈批表》，经电力管理部门领导批准后立案。经批准立案的事件，应及时指派承办人调查。现场调查时，调查承办人应填写《电力违法案件调查笔录》。调查结束后，承办人应提出《电力违法案件调查报告》。

第十九条 电力管理部门对危及电网运行安全或人身安全的违法行为，当供电企业在现场制止无效时，应当即指派供用电监督人员赶赴现场处理，制止违法行为，以确保电网和人身安全。

第二十条 案件调查结束后，应视案情可依法作出下列处理：

1. 对举报不实或证据不足，未构成违法事实的，应报请批准立案主管领导准予撤销；

2. 对违法事实清楚，证据确凿的，应依法作出行政处罚决定，并发出《违反电力法规行政处罚决定通知书》，并送达当事人；

3. 违法行为已构成犯罪的，应及时将案件移送司法机关，依法追究其刑事责任。

第二十一条 案件处理完毕后，承办人应及时填写《电力违法案件结案报告》，经主管领导批准后结案。案情重大或上级交办的案件结束后，应向上一级电力管理部门备案。

第二十二条 当事人对行政处罚决定不服的，可在接到《违反电力法规行政处罚决定通知书》之日起，十五日内向作出行政处罚决定机关的上一级机关申请复议；对复议决定不服的，可在接到复议决定之日起十五日内，向人民法院起诉。当事人也可在接到处罚决定通知书之日起的十五日内，直接向人民法院起诉。对不履行处罚决定的，由作出处罚决定的机关向人民法院申请强制执行。

第二十八条 电力管理部门对危害供电、用电安全，扰乱正常供电、用电秩序的行为，除协助供电企业追缴电费外，应分别给予下列处罚：

1. 擅自改变用电类别的，应责令其改正，给予警告；再次发生的，可下达中止供电命令，并处以一万元以下的罚款。

2. 擅自超过合同约定的容量用电的，应责令其改正，给予警告；拒绝改正的，可下达中止供电命令，并按私增容量每千瓦（或每千伏安）100 元，累计总额不超过五万元的罚款。

3. 擅自超过计划分配的用电指标用电的，应责令其改正，给予警告，并按超用电力、电量分别处以每千瓦每次五元和每千瓦时十倍电度电价，累计总额不超过五万元的罚款；拒绝改正的，可下达中止供电命令。

4. 擅自使用已经在供电企业办理暂停使用手续的电力设备，或者擅自启用已经被供电企业查封的电力设备的，应责令其改正，给予警告；启用电力设备危及电网安全的，可下达中止供电命令，并处以每次二万元以下的罚款。

5. 擅自迁移、更动或者擅自操作供电企业的用电计量装置、电力负荷控制装置、供电设施以及约定由供电企业调度的用户受电设备，且不构成窃电和超指标用电的，应责令其改正，给予警告；造成他人损害的，还应责令其赔偿；危及电网安全的，可下达中止供电命令，并处以三万元以下的罚款。

6. 未经供电企业许可，擅自引入、供出电力或者将自备电源擅自并网的，应责令其改正，给予警告；拒绝改正的，可下达中止供电命令，并处以五万元以下的罚款。

第二十九条　电力管理部门对盗窃电能的行为，应责令其停止违法行为，并处以应交电费五倍以下的罚款；构成违反治安管理行为的，由公安机关依照治安管理处罚条例的有关规定予以处罚；构成犯罪的，依照刑法第一百五十一条或者第一百五十二条的规定追究刑事责任。

六、《最高人民法院、最高人民检察院关于办理盗窃刑事案件适用法律若干问题的解释》摘录

第四条　盗窃的数额，按照下列方法认定：

（三）盗窃电力、燃气、自来水等财物，盗窃数量能够查实的，按照查实的数量计算盗窃数额；盗窃数量无法查实的，以盗窃前六个月月均正常用量减去盗窃后计量仪表显示的月均用量推算盗窃数额；盗窃前正常使用不足六个月的，按照正常使用期间的月均用量减去盗窃后计量仪表显示的月均用量推算盗窃数额。

第八章 查处窃电典型案例

兵书上说，攻心为上，攻城为下。不战而屈人之兵才是上上策。防治窃电的最佳效果就是窃电者不敢偷，也偷不到。要通过侦查工作的快速出击和精准打击，用事实说话，让窃电者知道供电局有“千里眼”和“火眼金睛”，对窃电者的一举一动都了如指掌，天网恢恢，疏而不漏，手莫伸，伸手必被捉。

在案件处罚环节，要依法依规，有理有据，首犯轻罚，屡犯重罚。也可学习诸葛亮七擒孟获策略，处罚尽量从轻，重在收服人心。通过文明执法，共同建设和谐有序的供用电秩序。

查处窃电过程可能会遇到阻力或干扰。这时就要向孙悟空学习，打得赢就打，打不赢就走；但不是一走了之，而是去搬“救兵”。世间一物降一物，万物皆有克星。

根据供电方式和计量方式的不同，分为单相用户窃电案例、10kV 专变高压计量用户窃电案例、低压三相三元件计量用户窃电案例。

第一节 查处单相用户窃电

案例一：某居民用户装有两部空调，但夏天用电量和其他季节差不多，每月电量都在200kW・h以下，日常巡查和智能电表现场监测都未发现异常。后来在一次夜间巡查时发现用户家门口电表箱上方主线多搭接了两条导线引入户内，跨接导线处还放了一个建筑装修用的竹排，很明显这个竹排就是用来挡住查电人员的视线。查电人当场制止了用户的窃电行为，并明确指出私接公线是窃电行为，是违法的；同时这种行为十分危险，如果触电死亡不但责任自负，连保险公司也不会赔偿。由于无法查明具体的窃电时间，按规定认定窃电天数为 180 天，居民用电每天 6h，根据现场查见的用电设备计算应交电费，扣除期间已经缴纳的电费计算窃电追补电费，再加 3 倍违约使用电费给予处罚。用户诚恳认错，表示愿意接受处罚。保证今后决不再犯。此后这户夏天月用电量都在 600kW・h 以上。

案例二：某临街商铺的门面进行了一次装修，其间把经过这户屋檐下的供电线也包装在店门上方的三合板里面。此后发现这户用电量比以前明显减少了。经多次明察暗访，但未发现任何蛛丝马迹。用钳形电流表测量这户门口主线的进线电流、出线电流和电表电流，三者符合节点电流定律；测电表火、零线电流也符合节点电流定律；似乎用户并无窃电嫌疑。此事便不了了之。不久供电局计量改造，投入使用智能电表，从智能电表现场监测记录发现这家曾有窃电嫌疑的用户夜间电表零线电流大于火线电流，提示用户窃电。后经用电检查人员现场查实取证，用户在装修门面时从主线上多接了一条导线进入户内，并经过一个闸刀开关控制接入与退出。用户在铁证面前只得认错认罚。

案例三：21 世纪初期，当时的单相电能表有的还是机械式双转向电能表。有一个居民用户平时用电量较少，明显与这家人口及家用电器不对应。有一天抄表人员发现电表时而正转时而反转，怀疑电表有问题。把电表拆回校表室检验，电表并无异常。换过新表再观察，结果依然如故。进一步检查发现电能表火、零线被对调，零线电流小于火线电流。电表进线的火、零线对调后电表就没有反转了，但是零线电流依然小于火线电流。后来他们从杂志上了解到，电能表火、零线被对调，同时表后零线接地就会引起电能表转向不定，有的窃电者就是利用这个原理实施窃电。为了防止电表接线错误造成计量异常，有效的措施就是规范电表安装接线，确保正确无误。

【点评】

以上三个案例是单相用户比较常见的典型个案。表面看似简单，实则很有学问。案例一是偷偷摸摸，案例二是暗度陈仓，案例三是内藏玄机。在目前普及使用智能电表和远程抄表系统的情况下，对于常见窃电的侦查手段固然先进一些，但是防治窃电的技术措施和组织措施仍然有用，今后还要两条腿走路，新技术和老办法一起发挥作用。例如，案例一属于无表法窃电，智能电表就无能为力，防范对策还是老办法；案例二看似问题解决了，其实不然，因为安装的智能电能表如果是单电流元件（计量用），它只有运行状态监测功能，应对用户窃电还是十分被动，除非采用双电流元件（计量用）智能电表，问题才能从根本上解决；案例三的防范对策除了采用双电流元件智能电表，规范电表安装接线仍然是重要一环。总之，任何一种防范对策都不可能做到天衣无缝，都有鞭长莫及的地方，这就要八仙过海，各显神通，兵来将挡，水来土掩，才能做到魔高一尺，道高一丈。另外，案例二有很大的火灾隐患，可以通过安监和消防部门明令禁止。供电企业最好能与地方政府有关部门联合，推广使用漏电保护开关，这既是保护人身安全的必要措施，也是保障正常计量的有效措施。

第二节　查处 10kV 专变高压计量用户窃电

10kV 专变高压计量互感器通常采用 V/V 接线，电流互感器接线则有三线制和四线制。这种计量接线比较复杂，误接线和故障概率较高，窃电手法通常是故意制造误接线和开路、短路故障。

案例一：某市南部郊区成立高新技术开发区，随后市供电局也在高新区成立城南供电局。因为这里原是郊区农村，供电业务由村干部和村电工承包。除了居民用电，还有一些私营工厂用电。城南供电局成立后，这里的供电设施和农村电工一并由市供电局收编。在移交清点设备时，城南供电局对移交的十几台专变都用仪器仪表检查计量装置的正确性和完好性。其中有一台 315kVA 专变采用高压计量方式，接线为三相两元件电流四线制。检查发现电压回路正常，但 A 相电流反进 Ⅱ 元件，C 相电流正进 Ⅰ 元件，这种接线对应的测量功率为 $P=2UI\sin\varphi$，而正确接线时的测量功率是 $\sqrt{3}UI\cos\varphi$，当时实测功率因数角 31°，依此计算，少计电量约 1/3。由于农村电工对表箱封印管理比较随意，这个厂的法人代表又刚换过，在设备移交期间就不便追究到底是装表接线工作失误还是有人故意为之。

案例二：某地一个毛纺厂原有两台 315kVA 专变，因为生产发展加装一台 315kVA 变压器，计量方式为高压计量电流四线制。投产几个月后抄表人员发现这台新增变压器每月用电量不足 10000kW·h，而这个厂原有两台变压器月用电量都超过 100000kW·h。起初认为可能是厂内负荷还未分割好，因为三台变压器没有并联，负荷分担不均也是正常的事。但后来发现原来两台专变月用电量比增容前明显减少，而新增变压器每月电量都不足 10000kW·h，即这个厂总的月用电量比增容前减少了。为了解开疑团，他们决定采用刚买来的计量故障分析仪检测一下。结果发现 A 相电流和 C 相电流互接错。在这种接线下，电能表的测量功率表达式 $P=0$。因为厂内有很多单相负荷，三相电流不对称，所以电表测量的电量是三相不平衡引起的。事后供电局组织相关责任人查找原因，以便吸取教训。正常情况下按照操作流程，安装三相电表除了接线复核，还有重要一环就是带负荷测试，只有带负荷测试正确无误并且装表责任人和用户代表签名确认才算工作完结。但这次并无带负荷试验记录，是何原因不得而知。

案例三：某海滨城市有一个制冰厂，装有一台 400kVA 专变，高压计量方式电流三线制。通常每年 9 月至来年 4 月是捕鱼季节，也是制冰旺季，这段时间的月用电量达 100000kW·h 左右。有一年 9 月、10 月抄表电量才刚刚超过 6 万 kW·h。抄表人员觉得有疑问，就和用电检查人员带上万能表和计量故障分析仪来到现场。在冰厂老板和电工陪同下，通过直观检查，首先发现高压计量箱的封印被开启过，开箱后又发现电压互感器的二次 A 相接头松动接触不良，引起电能表 A 相失压，其他则无异常。按现场实测功率角（约 30°）计，正常接线时的测量功率为 $1.5UI$，而 A 相失压时的实测功率为 UI，刚好少计 1/3，计量分析结果与 8 月、9 月电量相对应，在铁的事实证据面前，冰厂老板和电工心服口服。但冰厂老板再三陈情，说是近年来海洋资源明显减少，捕鱼和制冰的日子都不好过，请求手下留情，愿补电费但不要处罚。考虑到用户窃电是首犯，态度诚恳而且情有可原，最后按往年 8 月、9 月电量为基数，补交差额电量电费和 3 倍违约使用电费，其他月份冰厂基本停产，就没有进一步追究，但对冰厂老板明确表态，既往可以不究，但是下不为例。

案例四：某市供电局远程抄表系统提示郊区一个炼钢厂有一台专变凌晨 5 点 20 分 A 相电流突然为零。资料显示，这个炼钢厂有两台 800kVA 专变，10kV 计量电流四线制。A 相电流为零，可能 A 相电流互感器二次断线，有重大窃电嫌疑，于是用检人员稍作准备于 9 点左右赶到炼钢厂，见到钢厂接待人员就开门见山说明来意，钢厂电工一听马上脸色大变，随后前来的钢厂老板十分谦恭。现场直观检查发现计量箱门被开启过，箱门封印是伪造的。智能电表显示 5 点 20 分 A 相电流中断。进一步检查 A 相电流互感器二次 A 相线芯被弄断，明显是人为破坏制造故障。因为 A 相断流通常少计 1/3 左右，窃电者自以为神不知鬼不觉，没想到刚做完手脚就被发现。查电人员明确告诉钢厂老板，供电局有“电猫”，专捉偷电的“老鼠”。这次偷电时间从 5 点 20 分至 9 点 20 分，4h 共偷电约 1000kW·h，另加 3 倍罚款。考虑到停电可能使炼钢厂造成重大损失就网开一面，今后手莫伸，伸手必被捉。这次查电信息准确，动作迅速；有理有据，合情合法。用户不但心服口服，还奔走相告，一传十十传百，使供电局名声大振，也让用电客户对智能电网千里眼反窃电产生敬畏之心。

案例五：某县供电局远程抄表系统显示 5 点 10 分有一台专变的电压互感器电压和功率减半，提示有窃电嫌疑。这台专变容量为 400kVA，高压计量电流三线制。平时每月电量十余万千瓦时，是一个来料加工企业，三班制生产。当天上午 9 点左右用检人员带着仪表仪器来到现场，厂方接待人员是一个电工和办公室主任。当用检人员通报远程发现电压互感器断相时，电工支支吾吾十分惶恐。经直观检查发现计量箱门开启过，封印是伪造的。开箱检查发现 B 相接头松动并有白色塑料填充物，电能表监测数据也显示 5 点 10 分电压异常记录，用万能表测得表尾电压有两个 52V 和一个 105V，低压计量分析仪实测向量图可见三相电压异常。显然这是人为制造电压回路故障的窃电行为，造成窃电期间电量少计一半。取证完毕，用检人员当场开具违章用电、窃电通知单，并告诫用户到此为止，下不为例。在铁证面前，用户表示认错认罚，并承诺今后绝不再犯。最后用检人员根据实测负荷计算 4h 用电量少计约 600kW·h，另加 3 倍违约使用费。

案例六：某市用检负责人从远程抄表系统获悉，有个工厂的专变半夜时分 A 相电流突然比 C 相电流减少一半左右。这台专变容量 500kVA，高压计量方式，电流四线制，电流互感器变比 30/5。日常负荷 400kW 左右，二次电流 4A 左右。从电流数据初步分析，很可能是短接电流互感器二次线窃电。用检人员稍作准备即驱车赶到现场。先作直观检查，发现计量箱门被开启过，电表显示零时十分 A 相电流有突减记录。测表尾电流，A 相约 2A，C 相约 4A。未见 A 相电流互感器二次有短接线。进一步检查电流互感器出线端电流，两相电流基本相等。问题就在这段电缆线。经再三详细检查，结果发现电缆内部被短路。这明显是一起比较隐蔽的短接电流互感器二次线窃电行为。窃电者自以为神不知鬼不觉，可以瞒天过海，没想到还是被查电人员发现了，按照实测功率因数计算，少计电量约 1/6。用检人员按规定执罚，并在内部交流了这次查电经验。

案例七：某镇供电所用检负责人从远程抄表系统获悉，有个织布厂的专变早上 6 点 35 分功率因数异常。这种情况以前从未见过，经请示所长后向县供电局请求派人指导。10 点左右县供电局来人和所用检人员简单会商。调阅用户资料可知，这个厂的专变容量 400kVA，高供高计电流四线制。平时功率因数 0.8 左右，而这天的功率因数 0.5 左右，初步怀疑有改变计量二次线窃电行为。一行人到达现场后，询问织布厂有无请人开箱改动计量接线，回答牛头不对马嘴，经直观检查发现高压计量箱门被开过，封印是伪造的，电表监测记录显示 6 点 35 分功率因数异常。用计量故障分析仪检测表尾，发现电压向量正常，电流向量异常，判断为 C 相电流正进Ⅰ元件，A 相电流反进Ⅱ元件。在这种接线下，结合实际功率因数估算，少计电量约 1/3，这种手法非内行人员是不懂的。后来厂方人员坦承，改接线的是一个外地人，说是有好方法可以帮助工厂节电，收费才 4000 元，觉得很划算。没想到偷鸡不着反而蚀把米，不但要补齐窃电导致少计 500kW·h 电费，还要另加 3 倍罚款。

案例八：某市供电局用检班长从远程抄表系统告警信号获悉，市区有一个制衣厂的专变计量装置上午 10 点 5 分突然出现功率减半。这个厂装有一台 500kVA 专变，高压计量三相两元件电流三线制，电流互感器变比 30/5A，日常负荷和月用电量比较平稳，因为两班制生产，从早上 8 点到晚上 12 点的负荷正常情况下变化不大。十年前这个厂曾经窃电被供电局处罚过，因过程曲折差点打官司，所以大家记忆犹新。用检班长参与过上次查处过程，如今作为当家人深感责任重大，丝毫不敢大意，经与全班同事商量，初步判断电流互感器断 B 相，决定请公安介入查处工作。经过事前一番准备，尤其是检查用的仪表仪器和取证用的录像照相设备，全部都用上。下午 3 点，用检班三人和一名公安驱车来到现场，见到厂方代表就开门见山说来意。现场直观检查首先发现计量箱门和封印被开启过，开箱检查电流互感器发现 B 相公共联接头松动并有绝缘材料。这是制造二次电流回路故障的窃电行为，证据确凿，不容抵赖。取证完毕，下发用户违约用电、窃电通知书和停电通知书，告知用户这种窃电少计一半电量，将追补窃电损失电量电费和 3 倍违约电费。处理结果是当天晚上 11 点 30 分执行停电，次日执行经济处罚。由于这次用户配合较好，停电时间有些通融；用户交罚款也很积极，第二天下午 3 点就恢复供电。整个查处过程十分顺利，供电局和用户握手言和。

【点评】

10kV 高压计量用户是供电企业的“半壁江山”。远程抄表系统把这类用户列为重点监测对象，日常管理自然也是重中之重。以前曾经是防治窃电的难点，如今随着智能电表和远程抄表系统的应用，防治窃电工作有了质的飞跃，就像有了孙悟空的千里眼和火眼金睛，对窃电者的一举一动了如指掌。现在用检人员坐在办公室的电脑前就能远程监测用户的计量状态，就像蜘蛛结网。南阳诸葛亮，稳坐中军帐，布下八卦阵，专捉飞来将。窃电的侦查工作已可以做到非常精准和高效。由于借助智能电网新技术可以及时发现用户的窃电行为，只要用检人员及时查处，在短时间内的窃电量往往较小，这样就使经济处罚比较容易执行。但是，简单有效的技术措施和组织措施仍然不能舍去，封印管理和带负荷试验还显得更加重要。以防为主，防治结合的做法也要坚持下去。为了防止误接线，电能计量装置二次联合接线模块就是行之有效的解决办法。

10kV 计量装置诊断要诀：

AC 断线必为零，
B 相断线减一半，
TA 短路电流降，
功角异常误接线。

解释：

第一句的意思是，A 相或 C 相断线必然会出现电压为零（电压互感器断线）或电流为零（电流互感器断线）。A 相断线 A 为零，C 相断线 C 为零。

第二句的意思是，对于三线制的电流二次回路或三线制电压二次回路，电压 B 相断线则电能表两个元件的电压减少一半，功率也减少一半，电流 B 相断线则电流减至$\sqrt{3}/2$倍，同时测量功率和有功电能也减少一半。

第三句的意思是，电流互感器二次回路短路，流进电能表测量元件的电流就会降低（减少）。因为电表电流元件的电阻很小，和短路线的电阻可能在同一个数量级，名为短路，实则并联。

第四句的意思是，电能表的实测功率因数角异常是误接线引起。接线正常时两个测量元件电压电流间的夹角（功角）一个小于 120°，另一个小于 60°，否则就是误接线。功角是否正常可以用计量故障分析板实测向量图判断，也可以通过智能电能表运行监测的功率因数判断。

第三节　查处低压三相三元件计量用户窃电

这类用户包括高供低计和低供低计三相三元件电流四线制以及三相三元件电流六线制计量用户，但不包括三个单相表分相计量用户。电流经互感器接入，电压不经互感器接入。常见窃电手法是制造二次回路故障，其次是更换电流互感器。

案例一：某市区繁华路段有一间新开张的大酒店，专变容量200kVA，电流互感器变比400/5A，高供低计三相三元件电流六线制。酒店开张后连续数月电量不足20000kW·h，起初抄表人员认为可能是酒店生意未旺。用检人员获知情况后带上仪表仪器来到现场，直观检查发现计量箱被开启过，封印是伪造的，表尾实测向量图与带负荷试验记录无异，说明计量接线正确无误。随后实测电流互感器变比，发现原来配置的三个400/5A被换成600/5A，这就导致少计电量1/3左右。在铁证面前，酒店老板只得认错认罚，并供认三个电流互感器是在一家电器店购买，并介绍一个外地人前来安装更换。这个案例发生在智能电表和远程抄表系统尚未投运前，所以未能及早发现。但如果有关人员及时检查计量箱封印，也许就不会造成长时间电量被窃。

案例二：一天上午，某县供电局用检班长从远程抄表系统发现一个提示信息。城东一个制衣厂计量装置的B相电压早上6点55分突然为零。这个制衣厂报装容量80kW，三相三元件电流四线制计量方式，电流互感器变比200/5A，日常接近满负荷运行。用检班长胸有成竹，这是一个断开B相电压窃电手法。稍作准备就带上另外两名用检人员驱车来到现场。见到制衣厂接待人员直接询问为什么早上计量箱B相断线失压。厂方人员故作镇静，但答非所问。直观检查计量箱门开启过，智能电表有失压记录，进而开箱检查发现B相电压线开路。因为当时三相负荷接近平衡，一相失压造成少计电量约1/3。眼见用检人员如此轻车熟路，厂方人员唯唯诺诺，连连点头称是。取证完毕开具违约用电、窃电通知书，此案除了执行停电，还追补3h窃电量和3倍罚款，厂方人员就像做错事的孩子，一句怨言也不敢说，还连声称赞用检班长料事如神。

案例三：某日上午，市局用检人员从远程抄表系统获悉，有个电子厂的计量装置A相电流在5点15分突然中断。这个厂安装一台160kVA专变，低压计量三相三元件电流六线制，电流互感器变比300/5A，日常三班制生产，24h负荷曲线比较平缓。用检班简单交流了一个意见，大家觉得可能是二次电流线开路所致，是否为窃电行为则需现场调查取证才能确定。用检班一行三人9点左右来到现场，和厂方人员一起先做直观检查，首先发现计量箱门及封印开启过，电表有断电流记录。进而开箱检查二次线，发现A相电流二次线开路。恢复正常接线后做表尾测试向量图未见异常。用检人员按照破坏计量接线窃电对用户进行处罚。根据实测功率，窃电期间少计电量约200kW·h。考虑到用户首次窃电，而且认错态度较好，决定仅处以补交差额电费加3倍罚款。由于用户主动积极交款，实际停电一天。整个处理过程有理有据，文明礼貌，用户心服口服，还赞扬用检人员如包公断案。

案例四：某县供电局用电检查班长从远程抄表系统中得知，城东一个制衣厂的计量装置凌晨4点B相电流突然减少一半左右。由于以前从未见过这种情况，就打电话到市供电局请教。市供电局用检班长见多识广，一相电流突减，有可能是负荷变化，也可能是电流互感器二次线短路。因为电能表的电流取样元件电阻很小，电流互感器二次线被短路时相当于在电能表电流元件并联一条分流导线，这样就使电能表的实测电流减小了。从用户档案获知，这个厂专变容量200kVA，低压计量三相三元件电流六线制，电流互感器变比400/5A，用检人员到达现场按市供电局的指导意见“三步走”：第一步查表箱封印，发现箱门和封印开启过；第二步查电表记录信息，发现电流突变记录；第三步直观检查表箱内接线，发现电流互感器二次出线被短接。表尾实测向量图和校验电流互感器变比，未见其他异常。根据实测负荷和分流量，5h少计电量约200kW·h，按照初犯轻罚的原则，除了按规定执行停电，并对用户处以补交200kW·h电量电费外加3倍罚款。因为证据确切，处罚得当，用户被罚还连声道谢，说是多谢供电局发现及时，否则就可能亏大了。

【点评】

三相三元件电流四线制以及电流六线制计量接线比较清晰明了，由于电压电流一对一同相组合，就像三个单相表组装起来，向量图分析和侦查工作就较两元件电表简单些。对于容量较小而没有配置电流互感器的三相四线制用户，从兼顾安全角度考虑最好采用三个单相电能表分相计量。因为三相四线制电能表相间距离较小，操作过程容易引起相间短路，查电人员被电弧烧伤的事故时有发生。为了减少带电流互感器低压三相计量装置误接线概率，也可采用全模块化防窃电低压计量装置。

第九章　新技术在防治窃电中的运用

第一节　智能电能表的防窃电功能和查窃电方法

一、智能电能表的防窃电功能

智能电能表是指同时具备电能计量、实时监测、信息数据存储保护及处理、信息交互通信功能的电子式电能表。其防窃电功能主要体现在多功能计量功能、电能表运行状态检测功能、电能表运行事件记录功能、数据安全防护等四个方面。

（1）智能电能表一般具备正反向四象限计量功能，同时应具备按不同用户类别管理需求，对正反向计量进行组合计算计量结果的功能，以防止部分采用移相法方式的窃电。按照管理需求，部分智能电能表可以选配零线计量功能，以防止部分在单相表火线采用欠流法方式的窃电。

（2）智能电能表一般具备运行状态监测功能，并以状态字的形式存储在电能表中，按配置以主动或被动的方式与上位机系统通信将状态信息及时上传给信息管理系统，起到防窃电监测的功能。以南方电网对智能电能表的技术要求为例，电能表需具备对存储器、计量芯片、时钟、电表温度、电流电压超限、安全防护模块等与防窃电直接或间接相关的电表状态监测功能。

（3）智能电能表一般具备异常现场操作记录、电压电流测量异常记录、电能计量异常记录、内外部环境异常记录、存储数据信息变更记录、内部硬件异常等多维度运行事件记录功能，按配置以主动或被动的方式与上位机系统通信将事件信息及时上传给信息管理系统，起到防窃电事件监测的功能。以南方电网对智能电能表的技术要求为例，智能电能表需具备失压欠压断流失流事件、功率因数值异常、功率潮流反向、电流不平衡、谐波超限事件、电能表数据事件清零、电能表编程事件、时钟设置、时钟故障、停电事件、开盖记录、电池欠压、时段表修改、有功无功组合方式编程、零线电流异常、计量芯片故障、电能表内部电源异常、强磁干扰等电能表事件记录功能。智能电能表的系列事件记录，可以供供电企业反窃电管理人员结合实际综合分析判断用电客户是否存在窃电嫌疑。

（4）新一代智能电能表，支持安全认证功能，通过内嵌安全模块采用加密保护方式进行身份认证、对传输数据进行加密保护和安全认证，做到数据机密性和完整性保护，有效防止非法操作修改关键计量参数方式的窃电。

智能电能表防窃电功能除具备记录存储及远程通信传送外，还具备异常事件或状态的本地报警提示功能，例如以液晶符号或指示灯的形式，以便巡检人员及时发现异常情况。

二、智能电能表的查窃电方法

查窃电方法包括行动前用电异常分析和行动时现场操作两个环节。

智能电能表的查窃电方法，相比以往机械式或普通电子式电能表的查窃电方法，增加了基于智能电能表数据的分析手段和方法。目前存在基于数据与窃电嫌疑行为存在因果关系的逻辑推断法，以及基于数据与窃电行为存在相关性的大数据关联法。

1. 基于因果判断的逻辑推断法

（1）通过运行状态及告警事件进行分析判断用电异常。供电企业反窃电人员可以通过对智能电能表内部存储的电表运行状态、运行事件的读取，根据电表运行状态或事件与用电状态或用电行为异常的因果逻辑关联性，从而判断电能表是否处于窃电嫌疑状态。读取电能表内部存储状态和事件数据的方式可以是电能表本地读取，也可以通过远程采集技术由信息管理系统远程采集读取。通过查看智能电能表液晶形式界面提示符号，也可以判断电能表是否存在异常告警信息。

例如，通过读取电能表的分相故障状态字，可以判断电能表该相当前是否存在电流断相失流或电压失压欠压现象或潮流反向现象，从而根据异常现象读取电能表的电压电流功率值等数据信息，进一步分析异常现象的具体表现，以判断异常的具体内容。通过读取电能表的合相故障状态字，可以判断电能表当前是否存在电流严重不平衡现象或总功率因数过低超下限现象，则需进一步采集读取电能表的三相电流数据和总功率因数数据，如果数据值持续超过实际管理设定值则可判断电能表计量存在异常，需现场核查导致电能表出现异常的原因，如属人为导致则属窃电行为嫌疑。通过读取电能表存储的运行告警事件记录，可以判断电能表是否存在异常的用电状态，从而辅助判断用户是否存在异常用电行为。例如读取电能表的开盖事件记录，可以知道电能表是否存在被开盖行为；读取电能表的零线异常记录，可以知道电能表是否存在计量被分流行为……供电企业反窃电人员可以结合所属管理区域内智能电能表具备的监测功能，采集相关数据结合实际建立综合分析算法，判断用电客户是否存在窃电嫌疑行为。

（2）通过电能表的电流、电压、功率因数等负荷数据判断是否存在用电计量异常。供电企业反窃电人员可以通过对电能表记录的电压、电流、功率、功率因数等负荷数据在时序维度的连续分析，远程初步判断电能表接线的正确性，经现场有针对性地核查，可以高效地判断计量装置的接线异常状态，从而协助发现用户窃电嫌疑。

例如，三相四线电能表计量的普通用户在一般用电状态下其分相及总功率不应小于零，如果存在某相持续小于零，可初步判断该相接线错误。三相三线电能表计量的普通用户在一般对称用电状态下其两计量元件电流电压间夹角绝对值应不大于 120°，两元件夹角相减绝对值应接近 60°，如果存在某元件电流、电压间夹角持续大幅度超过 120°，可初步判断该相接线错误。两元件夹角相减绝对值严重偏离 60°，可初步判断大概率存在接线错误。

（3）通过线损与用户电量变化对应关系进行分析判断用户用电异常。供电企业反窃电人员可以根据线损率或线损电量与用户电量变化，从发生时间和变化程度的对应关系进行分析，从而判断用户大概率存在用电异常窃电嫌疑。

例如，某台区线损率某天突然升高 2%，线损电量增加 400kW・h，同一天某用户相比上一天电量变化率偏大且与其他用户横向比较减少约 370kW・h，此时可以初判该户是导致该台区线损率某天突然升高的主要原因，存在用电异常开始窃电嫌疑，需现场开展用电检查。同理，如果台区线损率某天突然降低 2%，线损电量减少 400kW·h，同一天某用户相比上一天电量变化率偏大且与其他用户横向比较增加约 370kW·h，此时可以初判该户是导致该台区线损率某天突然降低的主要原因，存在用电异常结束窃电嫌疑，需现场开展用电检查。

(4) 通过对用户电能表计量失准误差值进行假设，根据合理的线损率评估，然后运用计算机的强大算力进行数学解方程，得出嫌疑失准用户。

例如，某台区下面共有 150 个用户，其中有某户由于篡改电表窃电，其误差为 -70%，导致台区线损误差超标异常。当算法把 -70%假设值代入该户计算电量和线损时，得到一个相对稳定合理的线损值，这时可以认为该户大概率存在计量失准现象，用户可能存在窃电嫌疑。同样该方法可以用于馈线下用户的计量失准状况评估。

2. 基于数据与窃电行为存在相关性的大数据关联法

应用大数据关联法的，一般是以用户长时间且高频度的大量数据，包括负荷数据、电量数据、环境数据、历史业务数据等，经统计算法或应用人工智能算法，不经任何因果分析直接输出用户用电异常或窃电嫌疑的方法，目前各种大数据算法技术路线尚在探索和验证之中。

在应用智能电能表各种运行状态或事件负荷数据进行应用分析时，不管是逻辑推断法还是大数据关联法，由于电能表硬件或软件缺陷原因，或者远程信息系统采集过程中通信质量的原因，都会使电能表数据存在错误、采集不全或无效等现象，导致后台应用信息系统采集到的数据质量无法全部达到可直接应用的水平，所以对电能表数据的有效性筛选和清洗是对电能表数据进线应用分析的关键环节。其次是各种分析算法的参数设置，需结合各个地区以及各种用电类型用户的不同特点进行个性化设置，也需根据不同时期设置不同参数，以尽量提高数据分析判断的准确性。

三、智能电能表的查窃电现场操作

1. 查窃电行动时现场操作流程

(1) 出发前准备。在开展现场用电检查前，需结合检查对象情况按规范要求准备好各种作业表单，以及查处对象的用户基本档案和计量档案。按现场场景可能用到的安全工器具及手工具、测量仪器、取证工具，配齐配足并检查其状态正常。做好检查路线规划及安全应急处理预案交底。

(2) 到达现场逐步检查。对于区段性范围的扫描式检查，通常到达现场后按照电源干线—表箱及引下线—电能表的顺序，从外到内结合常见的信息逐步深入查证。对于针对性用户的检查，应按照事前分析的用户可能采用的窃电手段，直接抵达可能的窃电点，在第三方见证下检查并取证。

(3) 发现窃电行为取证保全。发现窃电行为后应马上对窃电行为点进行取证，现场取证以全程录像为主、拍摄照片为辅的方式，在公安等政府执法人员见证下开展取证工作，录像和照片需有体现见证人员在场的信息，确保取证工作的时效性及证据的真实性、合法性与关联性。证物需经见证人员签名确认并封存，首选交由公安部门封存。

(4) 结果处理。现场查证窃电行为后，需将窃电行为和造成少计电量电费的结果清晰告知窃电用户在场代表人员，并签名送达用户违约用电窃电检查通知单，在用户陪同下记录窃电现场用电设备清单，收集用户负责人身份证明等资料。现场签证完毕后下发用户停电通知书按规范实施停电。窃电用户配合检查且对违法行为悔过态度好，没有造成恶劣影响的，一般按照违约行为追补窃电损失电量及处3倍违约使用电费，以及配合政府电力管理执法部门处5倍以下窃电金额的行政处罚；窃电行为造成恶劣影响且窃电金额较大的，可移交司法机关立案提起公诉追究刑事责任。

2. 低压查电六步口诀

结合长期的现场查处低压窃电工作经验，可以总结为低压查电六步口诀。

(1) 第一步（事前及现场管理）：表档器具需备好，安全取证要确保。

指在开展现场用电检查前，需按规范要求准备好用户违约用电窃电检查通知单，用电检查现场记录表，用户用电设备清单，用户停电通知书，用户停（复）电工作单等各种作业表单，以及查处对象的用电类别、计量倍率、台区电表清单等基本档案情况。现场使用规范合格的手工器具和仪器且数量规格要足够，如带绝缘套的螺丝刀、带绝缘手柄的钳子、手电、低压感应验电笔、钳形电流与万用表（2把以上）、能打开移动营销APP的手机、录像仪执法仪等。配备必要的备品备件，如封印、绝缘胶布等。现场工作需按照规范穿戴好个人安全防护用品，如棉质工作服、安全帽、绝缘鞋、低压绝缘帆布手套等，备好安全带、绝缘梯等，使用前需检查确认状态合格。开工前需对现场安全风险进行评估，明确风险点及做好防护措施，工作过程需有人员监护，确保工作全程安全可靠。发现窃电行为后需马上应用录像仪执法仪等全程取证及做好证据保全。录像取证过程查电人员尽量同步讲明窃电点及窃电导致的计量失准效果，存在擅自接线窃电线路的可以沿线路连续录像至用户进户处，同时说明窃电效果。进入用户户内录像或拍摄记录窃电用电设备时需由用户陪同。

(2) 第二步（电源干线检查）：电源干线防擅接，隐秘分流和借线，街码管线最常见。线路首末同测平，零火合测差为零，窃电两处测点里。

电源干线防擅接，隐秘分流和借线，街码管线最常见：指台区低压配网发生的偷漏电现象，经常会发生在主干电源线或表箱引下线上。常见的窃电点是在电源干线的街码安装处、表前电源引下线套管的管码支撑点、隐秘的转角点、与电源干线并行或搭接在一起的其他线路交叉点等位置，引接出隐蔽的分流线路，是分流窃电的常见手法。线路首末同测平：指检查某线路段时，采用同时钳测线段首末两端的实时电流，两端的电流必须平衡一致，否则中间就一定存在分流线路，对于两端电流不平衡且存在线路部分被遮挡的情景，常见在遮挡处存在分流线路窃电的现象。如果当前无电流，不代表不存在分流线路，必要时需采用无线拍摄装置等查看方可确认。零火合测差为零：指用钳形电流表合测单相线路的零火线，或三相线路的所有相线和零线，此时钳表应显示电流为零，即剩余电流为零，如果不为零则说明钳流点的负荷侧存在用户另接线路分流用电的情况。窃电两处测点里：指当发现线段的首末电流不一致时，分流的线路（漏窃电点）就一定在首端钳流点和末端钳流点之间。当发现零火合测不为零，而该钳流点的负荷侧某钳流点是合测为零时，引起不平衡的分流线接入点（窃电嫌疑户）就在合测为零钳流点与不为零钳流点之间。

(3) 第三步（电表箱检查）：表箱进线钳差流，有则箱内定户表，分流线路箱外找。无则箱内查线表，电源杂线理清了，提防分流和强扰。

表箱进线钳差流：指在开始对电表箱进行查电时，遵循从外到内的顺序，需先对表箱的电源引下线按第二步首末一致零火合零查一遍，然后开箱钳测进线是否零火合测不为零，存在剩余电流。有则箱内定户表，分流线路箱外找：指如果箱内总线零火合测不为零，则需对箱内电表逐个钳测零火电流，定位到导致表箱零火合测不为零的具体电表。对于零火合测不为零且零线电流大于火线电流的，应查找该电表对应用户在表箱外引入户内的分流火线。例如检测该用户建筑物四周的所有进户电视线、网线电话线等是否存在不经电表的火线、是否在某个靠近电源干线的地方引接了隐秘的分流火线，甚至需要扩大范围查看是否有埋地下的分流线等，此类窃电用户一般户内装有切换开关对外接的窃电火线进行控制。无则箱内查线表，电源杂线理清了，提防分流和强扰：指如果箱内总线零火合测为零，则需进一步检查箱内表前电源开关或线路有无被接出绕越电表用电的隐秘线路，特别对于电源线杂乱的场景需细心逐条理清关系，检查有无不经电表接出用电的窃电线路，检查表箱内部有没有和供电无关的额外设备存在，例如强磁铁、微波发射器等。如果都没发现异常情况，则进入下一步，对电表接线及电表本体逐个检查。

（4）第四步（电能表检查）：电表零火钳差流，有则接线分类究，零火调线外接零，电源断零控走停。无则外封底细察，痕迹编号显行家。实测压流核表数，钳流脉冲测误差，定载用电测行码。三相互感防开路，现场钳流核倍数。二次分流假虚接，表显压流值欠缺。接线压流需同相，错接表显反方向。表内遥控现拆验，全程录像莫缺欠。

电表零火钳差流，有则接线分类究：指在开始对电表接线及本体检查时，一般先钳测电表 2、4 孔出线零火合测是否为零，如果不为零，则说明该电表用户存在外接线路分流用电的情况，此类窃电按实际接线情况可以分为：火线跨表隐接零线过表、电表零火对调再另接零线、虚接电表电源零线再倒送零线控制电表三类。需结合上一步检查表箱总线是否存在剩余电流的结果，可以确定外接线接入点是在表箱内还是表箱外，总线平衡则外接线接入点一般在箱内，反则在箱外。零火调线外接零：指如果电表进线零火线被对换（如单相电表接线端子 1 孔接了零线，3 孔接了火线），需钳测电表出线零火合测是否为零，如果不为零且 3 孔火线电流大于 1 孔零线电流，则说明用户正在窃电，可以结合表箱电源总线零火合测结果判断该用户外接或借用零线的位置，如果此时表箱总线零火合测电流为零，则说明外接或借用零线的位置在箱内。如果判断外借零线在箱内则可检查同箱内其他电表是否也存在电表出线零火合测不为零且零线电流大于火线电流的现象，存在则说明是属于借用该表零线两表联合窃电方式，不存在则需细查箱内是否存在绕过电表私接电源零线的线路，有则属于外接零线窃电。需特别注意在整个查找外接或借用零线的过程中要一直监测嫌疑电表的零火合测差流是否依然存在，如果差流已经消失，则只能检查是否存在外接线路，或进入用户户内检查寻找窃电投切开关并恢复差流现象。如果电表进线零火线被对换，但钳测电表出线零火合测为零，则需细查箱内电源零线是否有私接线路，该电表对应用户的房屋是否外接了其他零线，检查用户户内是否存在异常的切换开关，同时结合该电表对应用户的电费情况决定检查的深度。电源断零控走停：指钳测电表出线零火合测不为零，且零线电流为“0”，此时如果断开电表零线表后线电表会失电，则应查找出电表零线进线的断开点，确定用户为控零窃电，用户户内一般安装有倒送零线给电表的控制开关，以控制电表的走和停。无则外封底细察，痕迹编号显行家：指如果电表零火出线合测为零，未发现接线异常，则需对电表封印、外观贴纸、底部等详细查看是否存在篡改、孔洞痕迹，查看过程必须戴手套保留原有外观痕迹。对于有告警认为异常的电表，更应详细观察封印及封线的完好性，各种胶水及撬痕、编号是否与系统记录一致，以及表壳、端子座是否存在钻孔痕迹，表大盖固定螺丝是否有胶水痕迹，端子 1 孔 2 孔间有无隐秘连线等，从中确定异常电表的窃电点。实测压流核表数：指钳测电表出线零火合测为零，也不存在零火接线对换的情况，外观检查正常，则需实测电表进线电流与电表显示值是否相符，电表电压显示值是否与现场值一致，如果不一致，则说明电表有异常。其中需特别注意当发现直接接入式三相表电压显示明显小于现场实际电压时，需检查异常相别的电表接线端子上电压连片是否被虚接或断开。当发现电表有一相电压显示为 380V 左右时，需检查电表零线端子是否被接入了火线，同时其中一相火线端子被接入了零线，此时需检查用户户内是否存在另接零线，如果存在，则可能为利用接入电表零线端子的火线窃电，如果不存在，则属错接线需改正。钳流脉冲测误差：指钳测电表进线电流，按公式（脉冲间隔秒数 $T=3600000/$（电表常数 $C\times$电压 $V\times$功率因数$\times$电流 A，以常见的单相费控表常数 $C1200$ 为例，脉冲间隔秒数 T 约为 15 除以电流 A）测算电表脉冲间隔时间是否和电流值基本匹配，从而估测电表的误差是否基本合理。定载用电测行码：指给电表一个相对固定的负载，如 1kW 的电吹风开启 3min，电表应走码 0.05kW·h（尽量让电表走 0.05kW·h 以上减少电表最少示数对误差评估的影响），查看电表走码是否与估算值基本相符。如果电表走码与估算值相差较大（一般误差 30%以上），则说明电表有异常。三相互感防开路：指检查三相经电流互感器方式的计量装置时应小心谨慎，轻钳轻触二次回路接线，不要大力拉扯二次接线，提防一次带负载情况下电流二次线瞬间开路产生高电压发生触电风险。现场钳流核倍数：指先核对现场电流互感器铭牌变比与营销系统用户计量档案互感器变比是否一致，不一致的话，一种可能是营销系统计量档案录入差错，另一种是用户通过用大变比互感器替换小变比互感器致使少计电量，属于窃电行为。档实变比核对无误后，可逐相对互感一次线及二次电流线进行钳流测量计算倍率，实际测量的倍率应与电流互感器铭牌变比一致，如出现较大误差如 20%以上，应检查电流互感器铭牌是否被人为更换或二次回路被虚接或分流。二次分流假虚接，表显压流值欠缺：指电流互感器铭牌完好但实测倍率与铭牌变比不符，应重点检查电流二次线有无存在虚接导致接触不良或被短接分流窃电。通过按电能表功能键查询电能表显示的电流是否和互感器二次端子出口的实测电流相符，如果发现不相符，应检查互感器与电表之间电流二次线是否存在分流窃电现象。通过按电能表功能键查询电能表内显示的相电压是否与现场实际电压相符，如果发现电压过低或零电压，应检查电压二次线是否存在接触不良或出现断点导致开路。接线压流需同相，错接表显反方向：指经电流互感器的低压三相计量装置，其电压电流的二次接线必须接同一相别，三相电流二次线的极性不能接反，错误接线会导致电能表计量失准少计电量，大部分电压电流二次线出现错误接线时，在三相电能表显示屏下方的相电流标识会出现负号提示该相别计量方向异常。表内遥控现拆验，全程录像莫缺欠：指如果认定为用电异常电表且通过以上办法仍然无法确定异常电表的窃电证据，则需在用户和第三方见证下现场打开电表检查并全程录像，查看内部是否存在被更换电表元件或者被加装遥控窃电设备等现象，发现窃电证据后需当场向用户和第三方见证人说明窃电事实并全程录像保全佐证。

（5）第五步（档案核对）：无户电表易蒙混，现场核档形无遁。指对于利用与供电局运行中电表外观相似或者直接用供电局未开户表充当计量电表接线用电的现象，由于该表属无户表不用缴交电费，实属借形擅自接线窃电。此类窃电电表接线完全正确，只有通过在线档案核对才能识别是否属无户表。所以在开展现场查窃电前，特别是开展全台区全面排查工作时，需备好该台区低压用户清单、电表清单等资料以及移动在线档案查询终端工具，以随时核对所见电表是否属无户表擅自接线窃电。

（6）第六步（窃电确认与停电处理）：窃电告知有凭证，拆表停电守规范。指经过一系列的核查之后，发现用户确有窃电行为后，除了及时在窃电点现场取证保全之外，还需告知窃电户负责人其窃电行为，并对用户当面签发用户违约用电、窃电检查通知单，用电检查现场记录表，用户用电设备清单等书面确认材料。用户拒不配合签证的，在第三方见证下对窃电设备所在建筑物整体外观及可见的用电设备外观进行拍照、录像，并与警务室人员或电力管理部门执法人员签发用户违约用电、窃电检查通知单并贴于明显处，全过程用执法仪和摄像机进行拍摄存证。经过窃电通知并签证后，需向用户发出用户停电通知书，然后按规定操作，对窃电户进行停电，拆回用户计量表计封存。

第二节　远程抄表系统在查窃电中的运用

远程抄表系统由终端设备、后台主站及终端与主站间、终端与电能表间的数据传输通道组成。主站是整个远程抄表系统的控制和信息收集中心，通过远程通信通道对现场终端的信息进行采集和控制，并对采集的大量数据进行分析和综合处理。终端设备安装在用电现场，负责各信息采集点电能信息的采集、数据管理、数据传输以及执行或转发主站下发的控制命令。数据传输通道分终端与主站间的终端上行通道和终端与电能表间的终端下行通道。终端上行通道有移动无线、以太网等多种专网方式，终端下行通道有 RS－485 总线直连、电力线载波、小功率无线通信等方式。

1. 远程抄表系统在查窃电中的优势

远程抄表系统主站集中了现场用电信息数据，通过与其他（如营销和生产管理等系统）的横向数据共享，可以从用户属性档案、用电业务行为、现场状态及行为事件记录、现场实际用电负荷表现等多维度进行画像及用电行为逻辑分析，实现远程检查定位窃电行为。通过长期的数据累积大数据及人工智能算法的应用，实现智能远程定位窃电行为。远程抄表系统给检查窃电提供了新方式和广阔平台。

例如，基于因果判断的逻辑推断法，由于远程抄表系统汇集了用户档案、业务行为数据，现场负荷及事件记录等多维数据，除了可以从现场数据特征判断用户行为之外，还可以结合各维度之间的数据变化因果逻辑关系、数据变化的同步性判断用户的用电异常行为，从而更高效精准地识别和定位用户的窃电行为。也因为远程抄表系统汇集了用户档案、业务变更、现场量测数据等多维数据，可以按照量测数据的时间颗粒度计算出同等颗粒度的线损结果，从而根据线损变化和用户量变化定位到电量异常嫌疑用户，并可以根据同时发生的负荷数据变化、异常状态及事件记录发生时间，实现精准判断窃电嫌疑行为的方式及规律，从而实现远程定位窃电用户及行为。

应用远程抄表系统可视化界面的展示功能，可以直观展示数据变化的趋势，例如用户每小时负荷数据的变化曲线展示，通过用户曲线与代表曲线的对比可以发现部分异常用电户，这是必须依靠信息系统才能做到的效果，对于传统检查现场监测到的离散点型数据，基本难以做到多数据的直观比对和趋势分析。

2. 边缘计算技术在远程抄表系统中的应用

远程抄表系统中的台区集中抄表终端，一般称为抄表集中器或台区智能量测终端，该设备具备一定的数据存储能力和运算能力。应用边缘计算技术可以在集中抄表终端实现本地数据简单比对和分析，实现主站的部分防窃电监测功能，对一些用电异常发出实时告警信息，结合点对点通信可以实现告警事件的实时管理。通过边缘计算完成本地计算任务，可以减轻远程抄表系统主站的计算压力，提升主站的运行响应效果，改善系统的使用感受。

第十章　防治窃电相关论文选编

一、电能计量装置二次联合接线模块研制探讨

黎海生[1]，叶剑飞[2]

（1. 广东电网公司汕尾供电局，广东汕尾　516600；

2. 广东省汕尾市质量计量监督检测所，广东汕尾　516600）

摘　要：电能是生产生活不可缺少的商品，电能计量装置是用于能源计量、贸易结算等方面的重要计量器具之一，其技术性能结构是否科学直接关系到计量的准确、可靠、统一。传统电能计量二次装置的安装，一般是将互感器、电能表、终端、电表箱、二次电缆、试验接线盒、连接导线等计量装置的构成元器件和辅材带到安装现场配线组装，其二次联合接线都是由安装人员在现场用最原始的电缆电线等材料手工制作与连接而成。这种做法导致接线不规范、不美观，同时容易错接，给安全生产埋下隐患，易破坏计量装置准确度进行窃电，同时工作效率低。

关键词：计量装置；二次联合接线模块；研制探讨

现代化的电气设备生产企业，为了提高工作效率、降低错接率、方便设备的运行维护和更换，通常将设备按不同的功能或工作环节分成不同的组成模块，组装时只需将对应的接口连接，然后再整体调试即可。计量装置同样也应该采取模块化的安装方式，这是计量装置安装技术的发展趋势和方向。近年来，计量自动化终端外形结构进一步规范，发布了电能计量装置典型设计，这些技术规范和产品标准，为计量二次接线模块的研制奠定了基础。因此，在这基础上结合从事计量工作和供电工作多年的经验，对电能计量装置的二次联合接线模块创新探讨。

1　计量装置二次联合接线模块（以下简称接线模块）的技术关键创新点

（1）电能计量装置二次接线模块具有防破坏计量装置准确度、防窃电功能。

1）外壳采用全透明材料，内部接线情况一目了然。

2）设计有接线模块开启探测开关，若面盖在使用过程中被打开，会通过终端门节点端口将相应信息传送到主站管理系统。

3）接线模块外接电缆入口处不留任何间隙。

4）接线模块背面和计量表箱内电能表安装平面留有一定的间隙，可方便稽查人员看到接线模块背面有无窃电线缆，有效管控计量违法行为。

（2）电能计量装置二次接线模块结构设计特点。

1）接线模块内部走线采用印刷线路方式进行，线路排列整齐、美观。

2）电流线路采用加锡或并接铜线处理，以适应通过大电流的需要。

3）设计有电压开路和电流短路联片开关，可以在不停电的情况下更换或检修终端或电能表。

4）有防联片错位的功能，当连接片处于错误位置时，接线模块的面盖将无法合上。

5）每一相电流设计有钳形电流表采样端口，可随时对计量仪表进行精度校验及向量图检查。

6）设计有负控终端与电能表数据采样 RS-485 连接口，方便负控终端与电能表之间 RS-485 线连接。

7）设计有接线面盖开启探测电路及信息传送端口。

8）接线模块和终端之间、接线模块和电能表之间的连接采用固定的接线柱，只需对准终端和电能表端子盒的相应孔位推入，然后旋紧固定螺钉即可，操作简单、快捷，且绝对不会接错。

9）为保证模块长期工作的可靠性以及防尘、防锈的需要，印刷线路采用加强绝缘及防潮工艺，使印刷线路板铜箔、外接电缆连接部位等处全部密封。

10）接线模块兼容三相四线和三相三线的计量方式接线。

2 接线模块设计

本项目根据用途不同，分别设计为两种方式的接线模块。

（1）负控终端接线模块。负控终端接线模块原理图如图 1 所示。

1）功能要求。和负控终端及电能表的连接采用接线柱直接推入负控终端及电能表接线孔，然后旋紧螺钉的方式。具有不用断电可更换负控终端及电能表的功能，每相均设计电压开路和电流短路联片开关。连接线缆与接线盒结合处须有防止线缆反复集中受力折断措施。具有三相钳表电流采样端口。端口大小兼容常用厂家 5A 钳钳口的规格需求。

2）性能要求。导线间隙、爬电距离、耐压等符合国家相关标准。联合接线模块长期工作稳定、可靠。

（2）配变终端接线模块。配变终端接线模块原理图如图 2 所示。

功能要求：和配变终端的连接采用接线柱直接推入配变终端接线孔、然后旋紧螺钉的方式。具有不用断电可更换配变终端的功能；每相均设计电压开路和电流短路联片开关。

3 成果效益

经过对项目成果样品的测试和现场安装效果对比，证明应用接线模块后效率大幅提高。在相同操作人员的条件下，使用接线模块安装一套经互感器的计量装置联合接线平均需 20min，采用传统接线平均需耗时 70min，工作效率提高 71.4%。按汕尾地区范围测

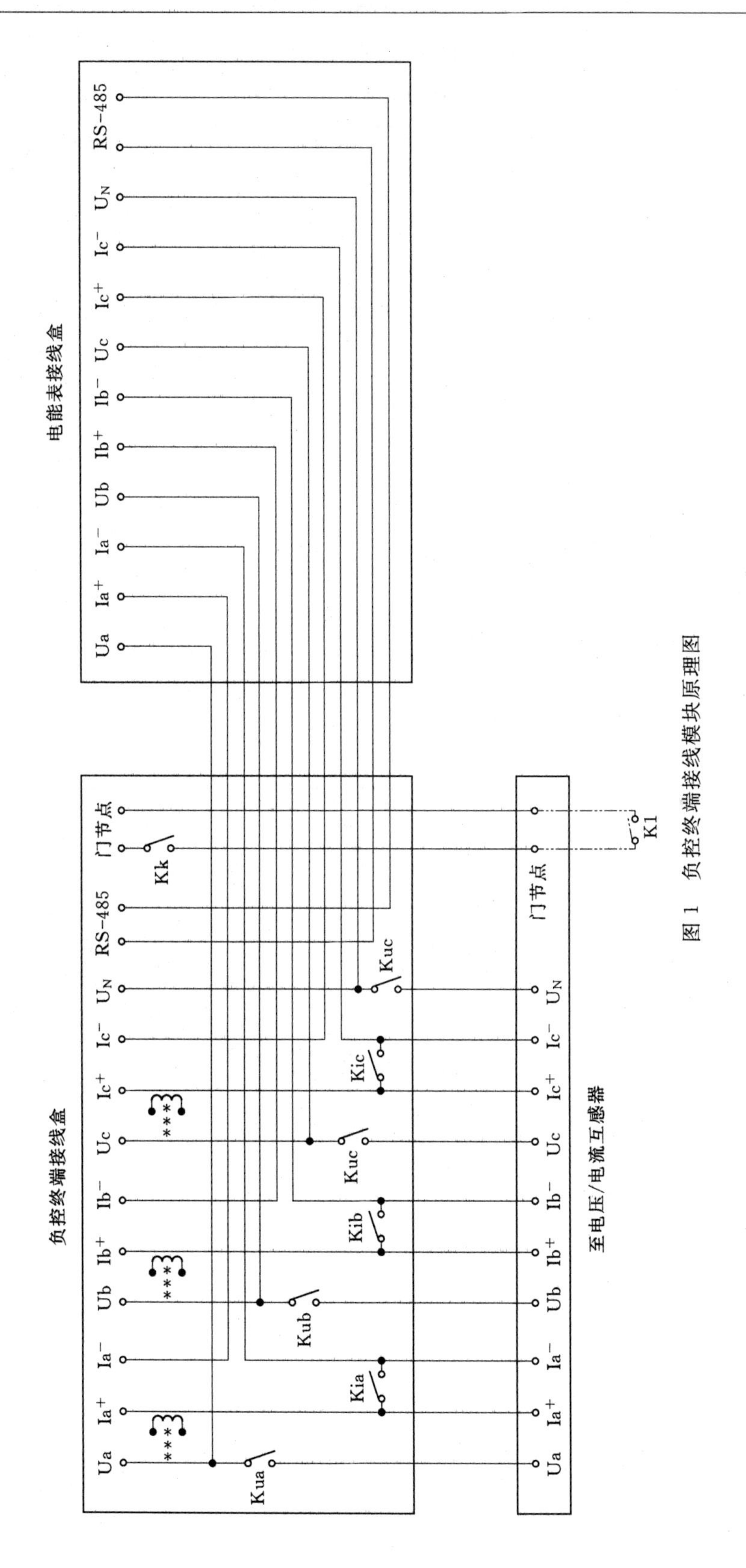

图 1 负控终端接线模块原理图

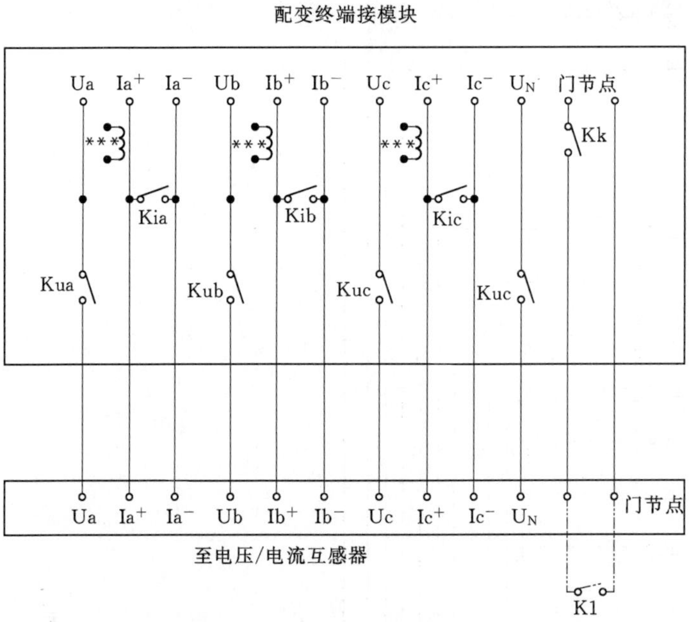

配变终端接模块

至电压/电流互感器

图 2 配变终端接线模块原理图

算，应用模块接线后预计全年可减少停电时间 2.5 万 min，可贡献降低客户平均停电时间约 0.031min。效率的提高对现场安装人工工时及停电时间的节约都可以产生直接的效益。而且模块可以保证电表接线正确率 100%，应用模块接线后整体外观整洁、现场检定校准方便快捷，有效控制计量违法行为，维护国家财产和公民的合法权益。

参考文献

[1] 国家质量监督检验检疫总局. 电子式交流电能表：JJG 596—2012 [S]. 北京：中国质检出版社，2013.

[2] 国家质量监督检验检疫总局. 电力互感器规程：JJG 1021—2007 [S]. 北京：中国计量出版社，2007.

[3] 中国南方电网有限责任公司. 三相电子式电能表外形结构规范：Q/CSG 113012—2011 [S]. 2011.

[4] 广东电网公司. 广东电网公司电能计量箱订货及验收技术条件：S.00.00.04/Q 100-0001-0810-1307 [S]. 2008.

[5] 广东电网公司. 广东电网公司配变监测计量终端技术规范：S.00.00.04/Q104-0025-0903-5146 [S]. 2009.

[6] 广东电网公司. 广东电网公司电能计量装置技术规范（试行）[S]. 2007.

[7] 广东电网公司. 广东电网公司计量自动化终端外形结构规范：S.00.00.64/MT.02.0034 [S]. 2010.

二、全模块化防窃电低压计量装置及其关键技术研究

黎海生，许明柱，唐坚钊，刘煦
（广东电网公司汕尾供电局，广东汕尾 516600）

摘　要：文章提出一种低压电能计量装置全模块化连接方案，通过研究开发全新的电能计量二次联合线束插接装置和低压三相整体式多功能电流互感器实现低压三相表箱内电能表、电流互感器快速连接，现场无须裁剪导线，极大地提高安装效率，避免接线错误，方便日常现场校验，提升二次回路的防护能力。同时集成在多功能互感器中的监控装置具备三相电能计量功能和电流互感器二次回路监测、计量电压监测功能，可与电能表计量所计电能进行比对，可对电流互感器二次开路和过载、计量电压缺相进行报警，从而实现对电能计量装置全面、实时、不间断地防护，保证电能计量装置健康运行，杜绝各种低压窃电行为。

关键词：全模块化；联合线束插接装置；多功能电流互感器；电量比对；二次回路监控

1　引言

目前380V供电经电流互感器的电能计量装置常采用电能计量联合接线盒[1-2]将电能表、电流互感器连接在一起，现场安装时需裁剪十几根长短粗细不一的导线，按相应的电气规则将它们连接起来。这种工作方法效率较低，且因施工人员技能水平不同而出现接线不统一、不规范的现象，也易出现错误接线事故，给安全生产埋下隐患，易给供电公司带来经济损失，追补电量时也会引起客户的不满。另外由于接线复杂、不易查看，导致计量装置易被篡改破坏，所以此方式供电的小工商业用户一直是管理线损的重灾区和难点。虽然《广东电网公司电能计量装置典型设计》强调将计量单元及辅助单元等所有电气设备及部件装设在一个封闭柜体内的表箱，但由于保护表箱的计量封印容易被仿制假冒，对防止用户非法入侵计量装置效果已不理想，这在近年的反窃电工作中已多次发现此现象。

汕尾供电局2014—2016年通过开展职工创新工作开发了一种电能计量装置二次联合接线模块，该模块使电能计量装置二次回路接线及联合接线盒组成一个整体，大大方便了现场安装电能表工作，但受限于电流互感器外形，在互感器端还是采用传统的接线方式，未能完全解决现场安装和互感器二次回路防护问题。为此我们通过研究开发全新的电能计量联合线束插接装置和低压三相整体式多功能电流互感器，实现了低压三相表箱内电能表、电流互感器快速连接。同时集成在多功能互感器中的监控装置具备三相电能计量功能和电流互感器二次回路监测、计量电压监测功能，保证电能计量装置健康运行，杜绝各种低压窃电行为。

2　电能计量联合线束插接装置

在电力行业中联合接线盒的使用十分广泛，通过它把电能表接入到互感器二次回路中

以实现各种项目的检验和测试。在运行过程中，联合接线盒的主要作用是现场校表及带电更换电能表等。然而，由于电能表二次接线的复杂性，导致现场安装联合接线盒时需制作、布置、连接数十条导线，工作量大且容易出错，而且方便非法入侵计量装置，不易现场查处窃电行为。为此我们参照电能表台接插电能表方式和借鉴汽车线束工艺设计出电能计量联合线束插接装置（图1），将复杂低效的现场工作转移到工厂中采用现代化生产设备和工艺将导线和联合接线盒融合成一个一体化的线束插接装置，在现场装表时无须裁剪任何导线直接将电能表和互感器插接到线束上锁紧螺丝即可，杜绝了错误接线，提高了工作效率，提升了计量装置的反窃电水平。

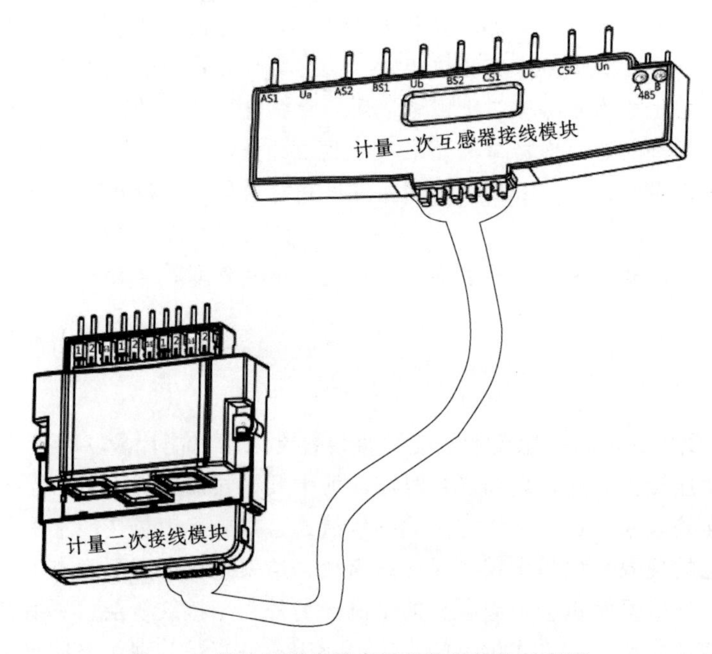

图1 电能计量联合线束插接装置结构示意图

全新的电能计量联合线束插接装置实现了以下创新点：①联合线束插接装置一端为电能表插接模块，另一端为电流互感器插接模块，两者采用定制的线束连接在一起形成整体装置；②插接模块内部走线采用铜排成型方案，线路排列整齐，美观，过流能力强，同时采用专用设备加工铜排效率高，质量好，零错误；③电能表插接模块设计有电压开路和电流短路联片开关，可以在不停电的情况下更换或检修电能表，而且为每一相电流设计有钳形电流表采样端口，方便现场对电能表进行实负荷精度校验及向量图检查；④插接装置和电能表、互感器之间的连接采用接线柱连接，只需对准电能表、互感器端子盒的相应孔位推入、然后旋紧固定螺钉即可，操作简单、快捷，且绝对不会接错；⑤插接装置采用优质透明PC材料制造，坚固美观，绝缘耐热，防入侵效果好。配套线束采用专业工厂定制电缆，电阻率低、绝缘性好，完全符合相应国家标准。同时电缆内部支线二次绝缘可靠，线束紧实、电缆外皮坚韧可靠，大大增加无痕迹入侵难度。

3 低压三相一体化多功能电流互感器

3.1 多功能电流互感器的工作原理

根据《电能计量装置技术管理规程》（DL/T 448—2016）规定“低压供电计算负荷电流为 60A 以上时，宜采用经电流互感器接入电能表的接线方式”。所以对于报装容量在 50kVA 以上的小工商业用户（此类用户用电容量在 250kVA 以下，依据容量大小配置 200A/5A 或 400A/5A 两个规格低压电流互感器），广东电网公司业扩报装计量典型设计采用三个独立的低压电流互感器采样一次电流转化为二次电流，通过二次回路供给电能表计量电能。随着电能表技术的发展，多功能电能表具备了较为完善的防入侵监控功能，如开盖报警、失流、失压事件记录等，但电流互感器及其二次回路始终是电工设备，不具备任何自我监控功能，故成为非法入侵的重点对象。为此我们研制了低压三相一体化多功能电流互感器（以下简称多功能电流互感器），将三个独立的电流互感器集成为一个整体，并在其内部集成电能计量与监测的电子单元，将一/二次设备、电工电子技术融合在一起，实现了一次设备的多功能智能化。其原理框图如图 2 所示。

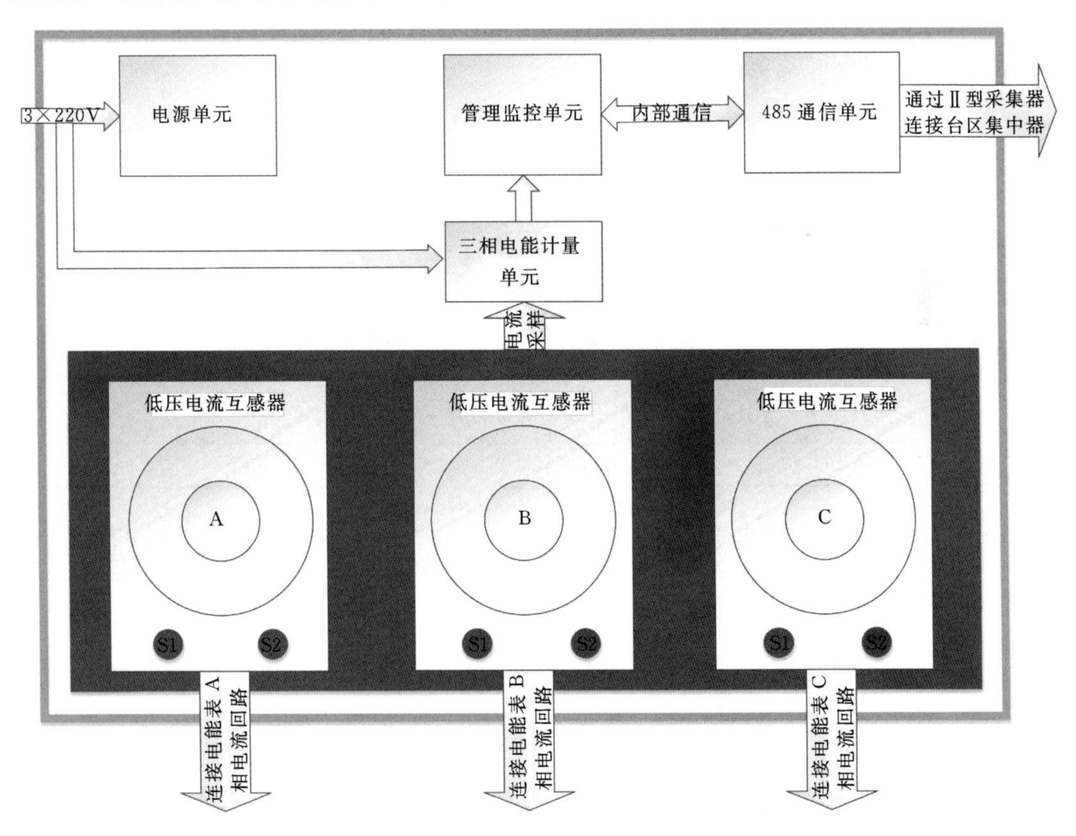

图 2 低压三相一体化多功能电流互感器原理框图

多功能电流互感器集成了三相电能计量单元和电流互感器二次回路监测单元。它由 MCU、电源管理模块、通信模块、存储模块、电压电流测量信号调整模块、高精度 AD 组成。具体工作方式为主回路的电压、电流经过电压测量模块和宽量程电流互感器后由高压、大电流信号转换为小信号，通过 A/D 采样调整过的电压、电流波形计算出电能、电压、电流、功率、功率因数等相关的电测量数据并输出有功电能脉冲和无功电能脉冲。电源管理模块采用宽输入电压设计，输出 3 路隔离电源供通信回路和主回路使用；本地通信模块采用 RS-485 通信模块，便于接入电网的计量自动化系统；存储模块采用了非易失性存储器设计，用于存储用户的设置数据以及电量数据，配合软件算法可以满足 10 年的使用标准。

多功能电流互感器中集成的电流互感器与原现场使用的电流互感器完全一致，仅外形做了改变，电气性能、计量性能均未做修改，完全符合国家标准，并在投运前根据检定规程进行了强制检定。

3.2 多功能电流互感器二次负载监测研究

实践中偶有出现电能表或电流互感器接线螺丝未拧紧引起接触不良导致电流互感器二次负载超差或开路的故障。由于目前南方电网标准的低压电流互感器二次负载标称值为 10VA，有一定的负载能力，如长期过载，一方面电流互感器误差将变大直至超差，另一方面会导致接触点发热氧化负载继续变大直至烧表。经试验研究低压电流互感器二次电流的二次负载特性（见表 1 和图 3、图 4）可以看出，随着电流互感器铁芯出现饱和电流互感器输出电流减小，二次电流误差开始变大。

表 1　低压电流互感器二次电流的二次负载特性测试数据表

变比	一次电流/A	二次负荷（$\cos\varphi=0.8$）/VA													
		2.5	3.75	5	6.25	7.5	10	12.5	15	20	25	30	40	50	60
		二次电流													
200/5	50	1.25	1.25	1.25	1.20	1.24	1.23	1.24	1.20	1.28	1.21	1.25	1.23	1.24	1.21
200/5	100	2.51	2.48	2.55	2.53	2.49	2.50	2.45	2.49	2.49	2.48	2.48	2.50	2.46	2.38
200/5	200	4.95	5.00	4.98	4.93	4.95	5.00	4.93	5.00	5.05	4.95	4.70	3.90	3.30	2.83
200/5	300	7.45	7.47	7.38	7.40	7.51	7.47	7.47	7.47	7.02	6.10	5.35	4.25	3.53	3.01
200/5	400	10.20	10.15	10.10	10.20	10.20	10.10	9.40	8.60	7.20	6.10	5.40	4.30	3.60	3.05

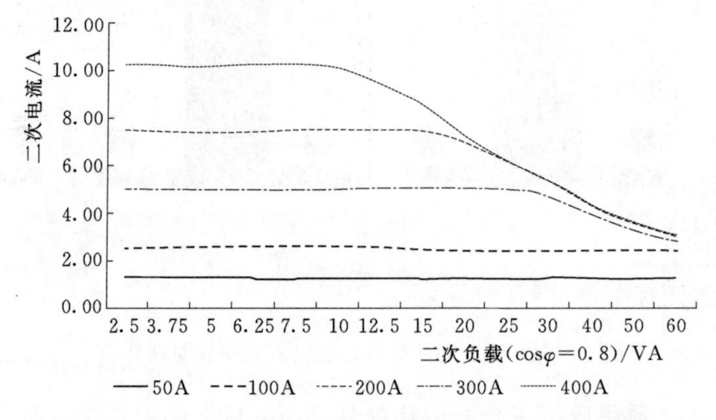

图 3　低压电流互感器二次电流的二次负载特性曲线图

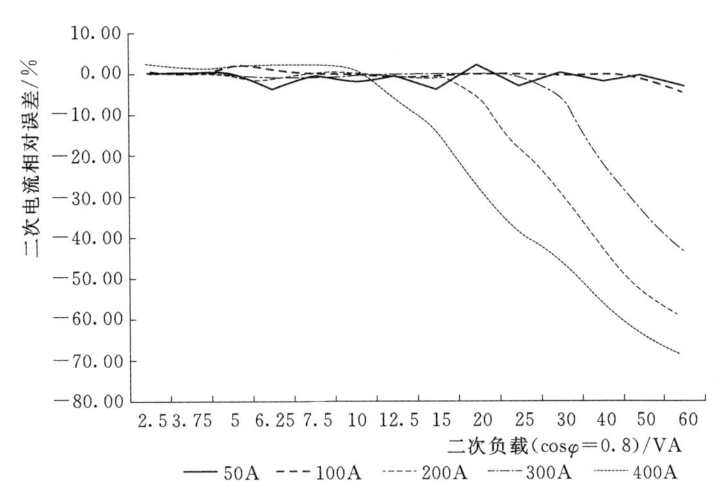

图 4　低压电流互感器相对误差的二次负载特性曲线图

为此我们开发了电流互感器二次回路监测单元，通过测量电流互感器二次输出电压计算二次阻抗判断电流互感器是否过载或开路并形成故障事件记录供主站查询，实现了对电流互感器二次回路的全方位不间断的监控，保证了电能计量装置的健康运行。

3.3　多功能电流互感器电压取样方案

多功能电流互感器接入低压三相用户供电回路后除正常输出二次电流供传统电能表计量外，巧妙地结合穿刺线夹的做法，将电压接入到多功能电流互感器的二次端子，电压接入点可以单独加封。另外将多功能电流互感器的二次端子设计与前述联合线束插接装置的二次接线模块配合，便于三相电压和二次电流的插接式连接，实现整个计量装置的全模块化安装，创新整个计量装置的现场安装方式。具体外形如图 5 所示，全模块化防窃电低压计量装置组装示意图如图 6 所示。

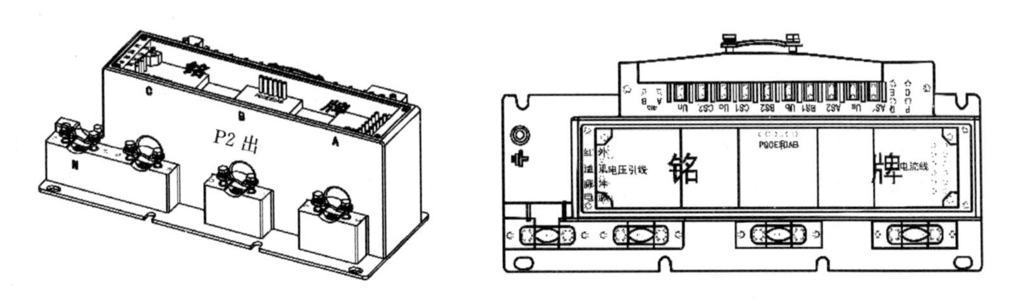

图 5　低压三相一体化多功能电流互感器外形示意图

4　系统运行方式

装置投入运行后多功能电流互感器与电能表两套电能计量装置同时进行电能计量，并按《多功能电能表通信协议》（DL/T 645—2007）通过各自的 RS－485 接口接入采集器，供集中器采集电能和回路瞬时状态参量及事件，具体系统框图如图 7 所示。这样无论用户

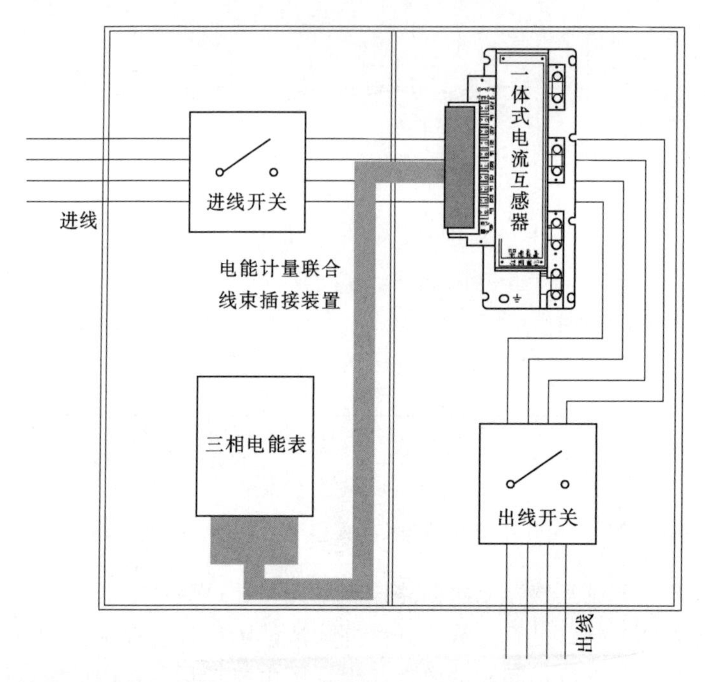

图 6　全模块化防窃电低压计量装置组装示意图

非法改动互感器二次回路还是入侵电能表造成原电能计量装置计量电能减少，一体化多功能电流互感器内部计量单元用户均很难入侵，且可以自主监测计量二次回路并生成异常事件。这样系统主站每天采集两者数据进行比对分析就可及时发现窃电行为和计量装置故障，便于用电检查人员进行处理，从而降低供电企业的管理线损。

5　结束语

汕尾供电局所属安装南网规范表箱的三相低压用户中选择一批用户采用全模块化反窃电计量装置实施改造试点，在验证模块的功能与实用性的同时对这批用户实施防窃电监控。经近半年的运行，设备运行可靠，系统功能正常，对这批用户的电能计量装置实施了有效的监控，杜绝了各种非法入侵计量装置的行为。经实践证明，全模块化反窃电计量装置可以大幅提高低压三相用户计量装置的防窃电能力，降低低压管理线损。同时实现了计量装置的全模块化连接，提升了现场工作的便利性和安全性，避免各种低压装表故障和事故，值得更大范围的推广和应用。

参考文献

［1］周伟. 电能计量联合接线盒在电能计量装置二次回路中的应用［J］. 中外企业家，2016，32：121.

［2］陈立军. 电能计量联合接线盒在二次回路中的应用［J］. 宁夏电力，2010，4：64－66.

［3］叶剑飞，黎海生. 电能计量装置二次联合接线模块研制探讨［J］. 水电建设，2016，16：195.

［4］陈丽冰. 电能计量装置二次联合接线模块应用推广的可行性［J］. 中国高新技术企业，2014，21：41－42.

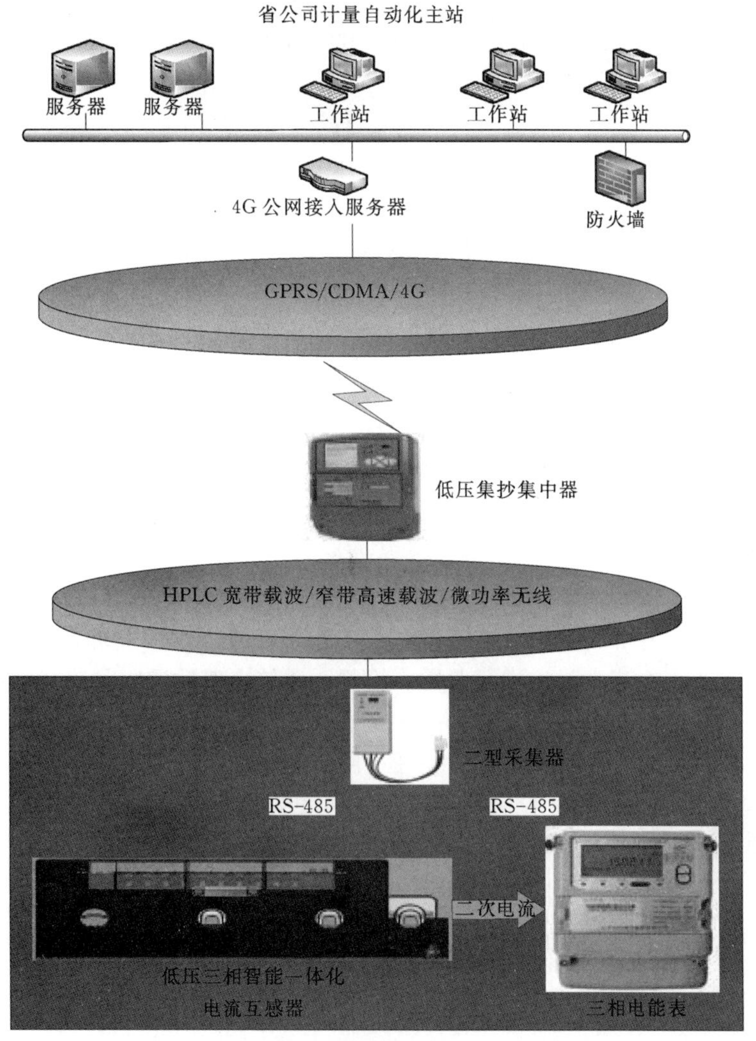

图7 全模块化防窃电低压计量装置系统运行框图

[5] 邓高峰，赵震宇，王珺，等. 基于改进自编码器和随机森林的窃电检测方法 [J]. 中国测试，2020，7：83-89.

[6] 忻龙彪. 智能电能表技术及其应用 [J]. 河北建筑工程学院学报，2014 (3)：90-92.

[7] 关长祥，马虹，钟树海，等. 具有窃电取证功能的防窃电表箱研究与应用 [J]. 供用电，2016，33 (12)：43-46.

[8] 付婷，朱碧钦，林海平，等. 智能防窃电综合解决方案研究 [J]. 电气时代，2017 (12)：109-112.

[9] 窦健，刘宣，卢继哲，等. 基于用电信息采集大数据的防窃电方法研究 [J]. 电测与仪表，2018，55 (21)：43-49.

[10] 张晶，刘晓巍，张松涛. 基于营销大数据的用电异常事件统计及窃电特征分析 [J]. 供用电，2018，35 (6)：77-82.

三、防窃电器的探讨

李景村
（广东省汕尾电力工业局，广东汕尾 516600）

1 引言

近年来，为了防范形形色色的窃电行为，各种防窃电的产品也应运而生。这些防窃电器有的已获得了国家专利，部分还经历了上网运行考验。但是，这类产品大多数尚处于新技术的开发研制阶段，其防窃效果还有很多不尽人意之处，而且产品说明和产品广告中有关技术方面也还缺乏一些规范的说法，难免会产生一些误导。因此，有必要对防窃电器进行深入的技术探讨，以期更好地推广应用防窃电器，减少窃电造成的电量损失。

2 防窃原理

目前国内生产的各种类型的防窃电器，其工作原理基本相同，即通过采用电子技术，对接入电表的电压、电流、相位进行取样、检测、比较，然后根据比较结果判断和发出指令，由断电器执行操作命令。正常接线（无窃电行为）时，电表电压回路的电压处于正常值，电流去路与回路之和为零（单相为一去一回，三相三线为两去一回，三相四线为三去一回），有关电压、电流间的相位关系也符合电能表的设定相位，这时断电器向用户正常供电；用户窃电时上述关系将破坏，防窃电器动作，由断电器切断用户电路。用户中止窃电后，防窃电器又取消断电指令而自动恢复向用户正常供电。

3 结构型式

防窃电器有整体式和分体式两种结构型式。通常20A以下功率较小的单相防窃电器采用整体式结构，除用于检测的电流互感器外，包括断电器在内的其他元件全部集中装在一块电路板上，这样，由于防窃电器的整体外形小巧玲珑，因而可方便地加装在普通单相电能表的表壳内，不但易于实施，而且有利于防窃，功率较大的单相防窃电器和三相防窃电器，由于断电器的体积较大而无法安装于表壳内，因而将断电器单独安装于表外，通过控制线联接完成有关指令。为了防止窃电者故意弄断控制线而造成装置失灵，断电器的主触点应采用常开式。

4 防窃功能

防窃电器顾名思义就是用于防窃电的器具。然而任何事物都有它的局限性，防窃电器也不可能对任何窃电手法都能防范。就目前笔者所了解的各种防窃电而言，它主要对如下几种窃电手法具有防窃功能：

（1）欠压法窃电，即故意改变电能表的正常接线，或故意造成计量电压回路故障，致使电能表的电压线圈失压或所受电压减少。

（2）欠流法窃电，即故意改变电能表的正常接线，或故意造成计量电流回路故障，致使电能表的电流线圈无电流通过或只通过部分电流。

(3) 移相法窃电，即故意改变电能表的正常接线，或接入与电能表线圈无电联系的电压、电流，从而改变电能表线圈的正常相位关系，致使电能表慢转甚至倒转。

当用户采用上述手法窃电时，窃电器动作而中断供电，一旦恢复正常接线后又自动恢复供电。而当用户采用如下的窃电手法时，防窃电器将鞭长莫及：①扩差法窃电，即故意使电能表本身的误差扩大，或故障损坏电能表，改变电能表的安装条件，使电能表少计；②无表法窃电。即未经报装入户就私自在供电部门的线路上接线用电，或有表用户私自甩表用电；③上述窃电手法以外的其他窃电行为。

5 质量评价

产品的质量是一个综合性的指标。从实用的角度看，防窃电器的质量指标除了一般电气设备应具备的绝缘水平、耐压水平等基本指标外，主要应根据如下几项指标进行评价：

(1) 功能。是指对哪些窃电手法具有防范作用。通常，要求用户无论采用欠压法、欠流法、移相法窃电时应能自动断电，而且要求恢复正常接线时又能自动供电。

(2) 灵敏度。即窃电时能使防窃电器动作的最小窃电功率。因灵敏度尚未统一标准，检验时可根据产品说明书进行。

(3) 可靠性。即动作的正确率。要求做到该动则动，不该动则不动，即不误动，也不拒动，即动作正确率达100%。

(4) 耐用性。按照产品说明书规定的使用条件，能够正确动作的次数，一般应不小于10^5次。

(5) 电流容量。主要是断电器的通流能力。

6 选用方法

(1) 额定电压选择。电能表不经电压互感器接入时，防窃电器的额定电压应不小于电能表的额定电压；电能表经电压互感器接入时，因电压互感器二次额定电压为100V，而一次电压通常为千伏级以上高压，此时防窃电器电路板部分的额定电压可选100V，而断电器的额定电压则应根据接入电路的实际电压选择。例如，10kV专用配变高供高计用户，断电器的额定电压可选380V，并从配变低压总出口处接入。

(2) 额定电流选择。电能表不经电流互感器接入时，防窃电器的额定电流应不小于电能表的额定电流；电能表经电流互感器接入时，因电流互感器二次额定电流为5A，而一次电流少则几十安多则上百安上千安，此时防窃电器电路板部分的额定电流可选5A，而断电器的额定电流则应根据接入电路的实际电流选择。

(3) 结构型式选择。用户容量较小时可采用整体式，外形应与电能表相适应，以便装在表壳内；用户容量较大时可采用分体式，三相表通常也采用分体式。

防窃电器的生产和应用目前尚处于摸着石头过河的初级阶段，这类产品还没有公认的名牌，使用的经验也还不足。因此，从稳妥起见，使用前应多作调查研究，然后择优选用，也可先少量试用，取得经验并认为有推广价值后才批量运用；同时，也希望科研单位和生产厂家尽快研制出功能更加完善、性能更加优越的防窃电器。

四、常见窃电的防范与侦查

李景村
（广东省惠州电力局，广东汕尾 516001）

1 引言

本文主要针对非供电营业管理人员的窃电行为，讨论常见窃电的防范与侦查。窃电的手法五花八门，但归纳起来主要有以下五种：

（1）欠压法窃电。即故意改变电能表的正常接线，或故意造成计量电压回路故障，致使电能表的电压线圈失压或所受电压减少。

（2）欠流法窃电。即故意改变电能表的正常接线，或故意造成计量电流回路故障，致使电能表的电流线圈无电流通过或只通过部分电流。

（3）移相法窃电。即故意改变电能表的正常接线，或接入与电能表线圈无电联系的电流、电压，从而改变电能表线圈的正常相位关系，致使电能表慢转甚至倒转。

（4）扩差法窃电。即故意使电能表本身的误差扩大，或故意损坏电能表，改变电能表的安装条件，使电能表少计。

（5）无表法窃电。即未经报装入户就私自在供电部门的线路上接线用电，或有表用户私自甩表用电。

2 常见窃电的防范的措施

（1）电能表集中安装于电表箱或专用计量柜。这项措施对上述五种窃电手法都有防范作用，但对于类似于农村供电的分散居民用户，实施起来就有一定困难。比较切实的做法是：县城供电的一般居民用户和其他集中居民用户采用集中电表箱装表，工矿企业等大用户采用专用计量柜，对于较分散的居民用户则根据实际情况适当分区后，在用户中心安装电表箱。

（2）强制低压用户安装漏电保护开关。这项措施可以起到一举多得的作用：既可以起到漏电保护作用，又对欠压法窃电、欠流法窃电和移相法窃电有一定防范作用。在实际应用中必须注意，对于分散装表的用户，应将漏电开关和电能表装于同一地点，以免为窃电者提供方便。另外，还应定期检查漏电保护开关，保证其工作完好。只有这样，才能使漏电保护开关在出现漏电事故或窃电时能自动跳闸。

（3）采用有逆止机构或双向计量机构的电能表。移相法窃电时电能表可能会倒转，采用这项措施便可以起到一定防范作用。双向计量的电能表还可以起到自动记录窃电的作用。

（4）经电压互感器接入的计量电压回路配置失压记录仪或失压保护。目前的10kV直供用户通常都采用高压计量，电压互感器二次回路电压是否正常直接影响到计量结果。采用失压记录仪或失压保护这项措施，既可以对欠压法窃电起到防范作用，同时也是计量电压回路出现故障时的一种补救措施。实施时应结合实际，对于主回路开关配置电控操作的可采用失压保护。当计量回路失压时，先作用于信号，再经延时作用于跳闸。对于主回路开关无电控操作的则采用失压记录仪，必要时取消电压互感器二次保险。

(5) 低压线路架设清晰，进户表电源侧走线尽量避免贴墙安装。目前不少地方的低压线路仍然比较凌乱，农村乡镇则普遍还是沿墙架线分户装表，这些都为私自接线窃电提供了方便。解决的办法可按要求进行整改。

(6) 电能表及接线安装牢固，并认真做好电能表铅封、漆封等印记。电能表的铅封和漆封用于防止窃电者私自拆开电能表，并为侦查窃电提供依据，因此务必认真做好。电能表及接线要安装牢固，进出电能表的导线也要减少预留长度，其目的是防止改变电能表安装角度窃电。

(7) 严格执行报装入户手续，坚决杜绝用电黑户。其目的一方面是用于防止无表法窃电；另一方面是保证用电安全，防止私拉乱接造成事故的必要措施。

(8) 在电能表本身功能和结构上防止窃电。目前国内外生产的部分电子式电能表已具有一定的防窃功能，有条件的可优先考虑采用。也可对现有机械式电能表加以改进，例如换装双向记录器或反转加倍计数的记录器；把电压联片移入表内连接，使外面接线盒无法解开；电能表盖的螺丝改由底部向盖部上紧，使窃电者难以打开表盖等。

(9) 禁止在不同相别的单相用户间跨相用电。在单相用户间跨相用电时，通常（落后功率因数）一个电能表正转，另一个电能表反转，理论上这两个电能表累计电量的绝对值之和与实际用电量相等，但如果这种用电方式不是连续的，则有可能形成变相窃电。

(10) 禁止将中性线接入三相三线电表能用电。三相三线电能表通常是两元件电能表，如果接入中线，则为用户窃电提供了方便。因此，对于这类用户，除了要求安装漏电保护开关外，禁止接入中线也是防止欠流法窃电的有效措施之一。

3 常见窃电的侦查方法

3.1 直观法

(1) 检查电能表。主要从直观上检查电能表安装是否正确牢固，封印是否原样以及有无机械性损坏；电能表在运行中的声音和振动是否正常，转速是否平稳，有无反转等。

(2) 检查接线。主要从直观上检查接线是否正确完好，例如：有无更改和错接，有无开路或短路，导线的接头及电压互感器保险接触是否良好。另外，还应注意检查有无越表接线或私自接线等非正常用电。

(3) 检查互感器。主要检查互感器的铭牌参数是否与用户手册相符，有无过热、烧焦、开路等故障现象。对于穿心式和带抽头的电流互感器，要特别注意检查其接法和变比。

3.2 电量检查法

(1) 对照容量查电量。即根据用户的用电设备容量及其构成，结合考虑实际使用情况对照检查用电量。通常用户的用电设备容量与其用电量有一定比例关系，如有反常，务必查明。

(2) 对照负荷查电量。即根据用户的负荷情况粗略估算其用电量，并与电能表实测值对照检查，相差太大则应查明。

（3）前后对照查电量。即把用户当月用电量与上月用电量或前几个月的用电量前后对照检查。如发现用电量突然增加或突然减少，都应查明原因。

3.3 仪表检查法

（1）用电流表检查。即用普通电流表或钳形电流表检查有关回路的电流。如果电能表经互感器接入电路，主要检查电流互感器变比是否正确和有无开路或短路；如果电能表不经互感器接入电路，则主要检查火、零线电流及电流之和。单相表的火、零线电流应相等，用钳形电流表测单相表或三相表的火、零线电流之和应为零，否则必有漏电或窃电。检查时，应注意电流值是否与电能表转速对应，线路有无中途不明分流等。

（2）用电压表检查。即用普通电压表或万能表检查电压回路是否正常。重点检查有无开路或接触不良造成的失压或电压偏低，电压互感器二次有无过载现象等。另外，还应注意检查比较电压互感器出线端的电压与电能表进线端的电压是否符合要求。

（3）用相位表检查。即用相位表测量电能表回路的相位关系来判断电能表接线的正确性。对于经互感器接入电路的电能表，要特别注意电压互感器、电流互感器的相别、极性是否正确。检查时还应注意负荷潮流方向和电能表的转向。

（4）用电能表检查。即用标准电能表检验用户电能表或对用户分区装设监测电能表。在试验室或现场检验电能表，主要用于校验用户电能表的准确度和检查接线的正确性；对用户采用适当分区后在干线及主分支线装设监测电能表，以便发现问题和侦查窃电。

防止窃电还需要抓好以下几项工作：①加强宣传工作，强化电是商品意识；②制定防范措施和计划，做到有的放矢；③定期组织用电普查和非定期突击检查，严格抄表复核制度，及时查出漏洞；④以法管电，以《中华人民共和国电力法》为武器，对窃电者严肃处理。

五、用电营业管理中的降损措施

李景村

（广东省惠州电力局，广东汕尾 516001）

线损率是供电企业的三大经济指标之一。研究降损措施始终是供电部门的一个重要课题，线损问题是较为复杂的系统工程，其中用电管理过程的降损措施往往是降低线损的关键。这些降损措施归纳起来主要有业扩过程八项降损措施，计量管理过程八项降损措施和抄收管理过程八项降报措施。

1 业扩管理过程八项降损措施

（1）供电电压的确定。应根据用电容量、送电距离、电网规划等因素，进行技术经济比较后，与用户协商确定。从降低线损的角度考虑，应尽量采用高一级的电压供电。

（2）配电网布局和供电半径的确定。10kV 电网应尽量构成环网，并将高压引入负荷中心；0.4kV 低压电网应尽量采用辐射状供电，所有公用变应处于负荷中心，以便缩短低压供电半径。综合考虑投资和线损，对于城市电网，10kV 线路宜控制在 2km 以内，0.4kV 线路宜控制在 200m 以内，对于农村电网，由于普遍采用趸售供电，关键是合理选择变电站的站址，使主要负荷尽量靠近变电站。

(3) 配变容量的确定。应根据用户报装容量和实际负荷合理选择，使主要用电期间的负荷率在 40%～80%。

(4) 配变选型。一是尽量采用低损耗变压器，对使用中的高损耗变压器应逐步淘汰；二是对于大用户专用变和负荷比较集中的公用变宜采用有载自动调压变压器。

(5) 大用户主结线方案的确定。主要根据用户的负荷容量、负荷峰谷差和负荷重要性等因素，确定变压器台数和接线方式。在此需要说明的是，为了降低线损，对于负荷容量较大且峰谷差明显的通常以采用 2 台或以上配变为宜，要特别注意轻载时是否满足计量要求；对于重要的大用户可采用双回供电，这不仅可提高供电可靠性，同时也有利于降损。

(6) 低压用户负荷分配与相数的确定。用户负荷在 5kW 以下通常采用单相供电，10kW 以上通常采用三相供电，5～10kW 则可用单相也可用三相供电。对于单相用户，在确定相别时应注意负荷分配是否合理，以便保持三相尽量平衡，原则上应使三相四线制（或三相五线制）低压供电线路在变压器出口处的不平衡度不大于 10%，干线及主分支线首端的不平衡度不大于 20%。

(7) 导线截面和材料的确定。原则上应按经济电流密度选择导线，并尽量选用低电阻率的材料。综合考虑投资和线损，除高压架空线通常采用钢芯铝绞线外，低压线路和高压电缆应采用铜线。

(8) 无功补偿的选择。一是根据用户的负荷容量和负荷性质，按照《全国供用电规则》的有关规定选择补偿容量和补偿方式；二是从电网的角度安排好就地补偿和集中分区补偿，原则上按电压分级和负荷分区实行补偿，使补偿电容合理分布，并尽量做到根据负荷需要实现自动投切，减少无功潮流来回输送。同时，还应结合对用户力率考核，用经济手段提高力率。

2 计量管理过程八项降损措施

(1) 计量点选择。用户配电计量点应尽量选在供用电双方的产权分界点上，以方便管理和减少有关线损分担的计算。另外，对于峰谷差较大的大用户还应考虑轻载计量的准确度问题，例如装有两台及以上自用变且峰谷差较大的用户，则变压器单元分别计量比总表计量要准确得多。

(2) 计量方式选择。计量方式是指专用变的高压侧计量或低压侧计量，低压用户的电能表是经互感器接入电路或不经互感器接入电路。通常低压用户以电能表不经互感器接入电路为宜，以便减少误差和避免错误；高压用户是在高压侧计量还是在低压侧计量则主要根据配变负荷率和电流互感器变比的配置情况判断，当电流互感器的一次、二次电流满足计量要求时，尽量在高压侧计量为宜。

(3) 计量装置的选择。主要指互感器的选择和电能表的选用。电压互感器的选择主要以满足计量要求及与额定电压相符即可；电流互感器的选择还应根据负荷电流选择合适的变比，使正常负荷的变动范围尽量在电流互感器额定电流的 30%～100%，最大不超过

120%额定电流，最小不小于10%额定电流，必要时还可根据用户负荷发展情况调节，暂时负荷较小则用小变比，待负荷增大时才换用大变比。电能表的选用要根据用户的实际负荷或估算负荷，使正常负荷的变动在电能表误差的正常范围之内，对于峰谷差较大的一般居民用户，则宜以峰期电流不超过电能表额定最大电流为原则，有条件的应推广采用宽负荷电能表。

（4）计量装置的安装方式选择。主要是采用按户分散装表和集中装表，为了方便管理和防窃电，有条件的应尽量采用集中表箱装表；按户分散装表时，则主要以安全、方便为原则，并注意有利于防窃电。

（5）计量装置的防故障措施。安装、检修计量设备应认真负责，确保质量，尽量避免工作失误和疏漏，尤其是三相电能表经互感器接入时应注意变比、极性、相别不能接错。对于高压计量用户的电压互感器二次回路，必要时可加装失压记录仪或失压保护。

（6）计量装置的定期检验和巡检。要按照有关规程做好计量装置的定期检验工作，同时，还应经常组织人力到现场巡视检查，以便发现问题及时处理，使计量装置经常保持准确程度，对于运行中由于故障造成少计的也便于追补电费。

（7）计量装置的防窃电措施。针对五花八门的窃电手法，计量装置的防窃电措施有：

1）电表集中安装于表箱或专用计量柜，这是最行之有效的措施。

2）强制低压用户安装漏电保护开关。

3）采用有逆止机构或双向计量机构的电能表。

4）经电压互感器接入的计量电压回路配置失压保护或失压记录仪。

5）电表及接线安装牢固，并认真做好铅封、漆封等印记。

6）采用具有防窃功能的电能表，或将现有普通电能表加以改进使之有利于防窃电，例如把电压联片在表内联接等。

（8）计量装置的更新改造。在选择计量装置时，除315kVA以下的低压计量用户外，新装和增容的其他各类用户，应按照《电能计量装置管理规程》选用高一级的电能表和互感器，对于运行中的设备，有条件的也应按规程要求进行技术改造；对于峰谷差较大的用户，应推广采用宽负荷电能表，以利提高轻载时段的计量精度；由于电子式电能表具有较多功能，有条件的也应推广使用。

3 抄收管理过程八项降损措施

（1）完善抄收制度。目前抄收主要还是靠人工为主，其次是机械人工结合抄收，但无论是哪种抄收方式，都要按规定的程序完成抄收工作，同时必须规定抄表日期及实抄率，月末抄收电量要占总电量的99%以上。

（2）加强抄收人员的职业道德教育，提高抄收人员的思想素质。要防止在抄收过程中用电能这种特殊商品做人情、拉关系、搞等价交换；同时，对于依仗权势用电的行为要敢于理直气壮地秉公办事。

（3）加强岗位培训，提高抄收人员的技术业务能力。要避免在抄收过程中由于抄错读数、错标倍率、抄错小数点等造成的错计损失，以及由于漏抄电表、漏乘倍率、漏算变损等造成的漏计损失。对于窃电行为应具有一定的识别能力。

（4）实行管理线损考核制度。由于管理线损等于实际线损减去理论线损，而理论线损可通过电网参数计算求得或通过仪器测量得到，因此，可根据理论线损的计算和实测结果，结合考虑往年统计线损和设备现状，制定切实可行的线损率计划指标，按变压器台区或出线回路划分范围，实行逐级承包考核，并与经济利益挂钩。

（5）建立约束机制，加强防范措施。要认真执行抄表复核制度，尽量减少错漏；对抄表人员的管辖范围实行轮换，尽量削弱人情关系网等，同时要注意防止内外勾结窃电，以及发现用户窃电时不是公了而是私了的行为。

（6）结合组织用电普查和突出检查，重点检查违章用电和窃电，同时通过查卡帐、查倍率、查电表及接线，也有利于提高抄收准确性和计量正确性。

（7）对不明线损要进行调查研究，要力求查个水落石出，切忌不了了之。如发现用户电量突然增加或突然减少等异常情况也应查明原因。

（8）推广抄收现代化管理。应有计划地逐步由人工抄收向机械人工结合抄收过渡，有条件的则采用机械抄收，既可减少抄收工作量和方便用户，又可减少抄收失误造成的电量损失。

六、单相电能表火、零线接反状态估计与分析

李万[1]，李景村[2]

（1. 河南理工大学，河南焦作　454000；
2. 广东电网汕尾供电局，广东汕尾　516600）

摘　要：单相电能表火、零线接反可能构成典型桥式电路。本文从电能表接入处的支线电路入手，通过等效和化简，进而由简单到复杂，从局部到整个低压系统，全面分析了等效桥式电路工况和三相不对称运行、多点接地或漏电对计量状态的影响；并用二元函数描述了电能表测量功率与负荷的关系，使计量状态的估计与分析更加清晰明了，对用电管理人员有一定实用价值，对电能表生产厂家也有一定参考作用。

关键词：电能表接反；桥式电路；负荷状态；计量结果

早期电力部门的巡检过程中有时会发现单相电能表时而正转，时而反转，在排除电能表质量问题后可将问题归于电能表火线与零线反接，同时表后零线接地或漏电。但这种反转现象只会出现于较为老式的无逆止机构机械式电能表，而从 20 世纪初开始，电子式电能表逐步普及，到 2009 年，智能电表开始使用，并最终由功能更加完善的智能电表取而代之，之后火、零线接反对计量状态的影响也需重新探讨。

1　普通单相电能表正确接线时的计量

普通单相电能表正确接线和原理如图 1 所示。

这种电能表只有一个电流测量元件和一个电压测量元件，它的有功功率表达式为 $P=$

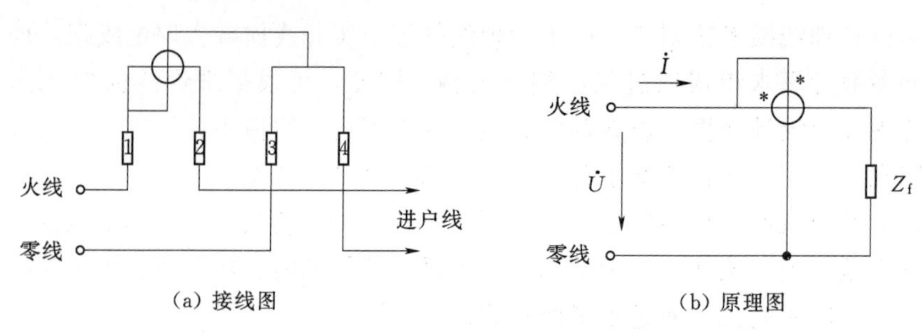

(a) 接线图　　　　(b) 原理图

图 1　普通单相电能表接线图和原理图

$UI\cos\varphi$，计量电度为有功功率对于时间的积分。即使表后有漏电或接地，由于电能表的电流线圈串接在进线的火线端，漏电流和接地电流全部流过电表的电流线圈，与正常的负荷电流路径相同，电表能正确记录电度，不存在漏计现象。

2　普通单相电能表火、零线接反时的计量

2.1　表后没有漏电与接地

表后没有漏电与接地接线如图 2 所示。

这时电能表的功率表达式与正确接线时相同，所以仍能正常计量。

2.2　表后火线对地漏电

表后火线对地漏电接线如图 3 所示。由于漏电流没有流过电表的电流线圈，这部分漏电功率就计量不到。通常情况下变压器低压侧中性点直接接地，当火线对地电阻 R 很小或直接对地短路时就可能会形成远大于正常负荷电流的对地电流，电源开关将自动跳闸。

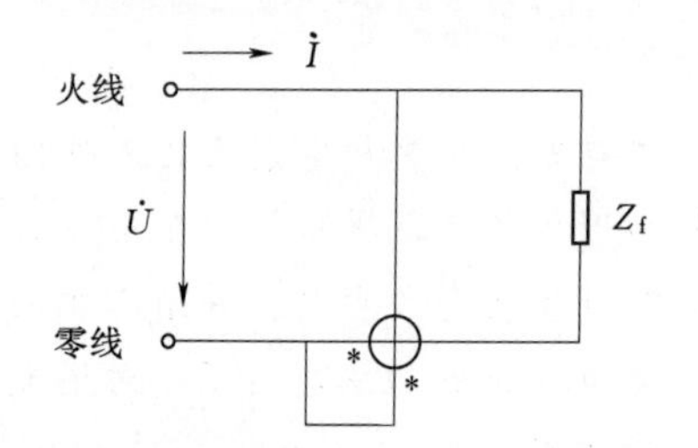

图 2　表后没有漏电与接地接线示意图

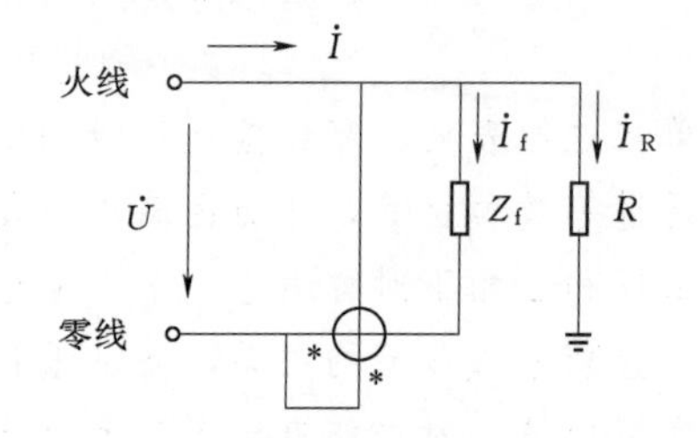

图 3　表后火线对地漏电接线示意图

2.3　表后零线接地

一个单相电能表接入电路，就和整台变压器供电的低压系统全部元件及网络结构互相关联，分析的思路就不能局限于一个电表，而应该扩展到整个低压系统。为了分析方便，可按照由简到繁、由近及远、由局部到全部的原则，先抓主要因素，后考虑次要因素。

2.3.1　简化等效电路的分析

先做如下假设：①三相对称，中线无电流；②其他用户没有漏电与接地，低压系统内无重复接地；③电表接入的支线二端网络等效电源无穷大，即等效电源内阻抗为零。

现从支线电路入手，对于分散装表的单相用户，单相电能表接入处的支线等效电路如图 4 所示。

图 4 中，$\dot{U}_A$ 为支线二端口等效电源，R_{L1}、R_{L2}、R_{L3} 为火线各段电阻，R_{01}、R_{02}、

R_{03} 为零线各段电阻，Z_1、Z_2 为相邻负载阻抗，Z_f 为本用户阻抗。根据二端网络定理，①、②左端等效电源阻抗为

$$Z_n=\{(R_{L1}+R_{01})//Z_1+(R_{L2}+R_{02})\}//Z_2+R_{L3}+R_{03} \tag{1}$$

由于 $Z_1 \gg R_{L1}+R_{01}$，所以 $(R_{L1}+R_{01})//Z_1 \approx R_{L1}+R_{01}$。

同理 $Z_2 \gg (R_{L1}+R_{01})+(R_{L2}+R_{02})$，所以 $\{(R_{L1}+R_{01})//Z_1+(R_{L2}+R_{02})\}//Z_2 \approx R_{L1}+R_{01}+R_{L2}+R_{02}$。

等效电源内阻抗 $Z_n \approx (R_{L1}+R_{L2}+R_{L3})+(R_{01}+R_{02}+R_{03})=R_L+R_0$。这样就可把 Z_1、Z_2 看成并联关系，并把火线电阻和零线电阻分别以 $R_L(R_{L1}+R_{L2}+R_{L3})$ 和 $R_0(R_{01}+R_{02}+R_{03})$ 代替。显然，对于集中装表的单相用户，等效电源内阻抗也就是 $Z_n=R_L+R_0$。

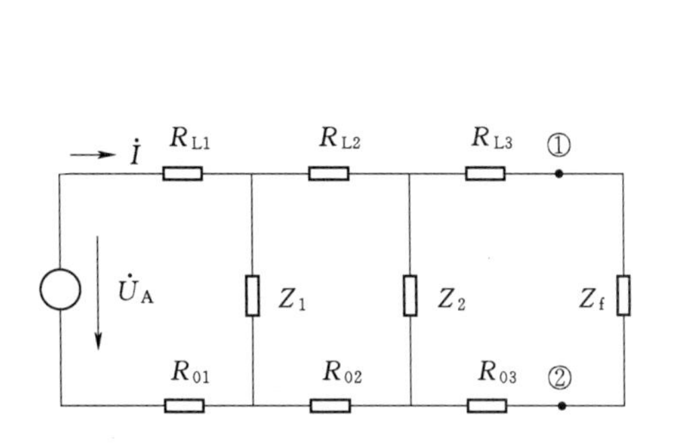

图 4　单相电能表接入处的支线等效电路图

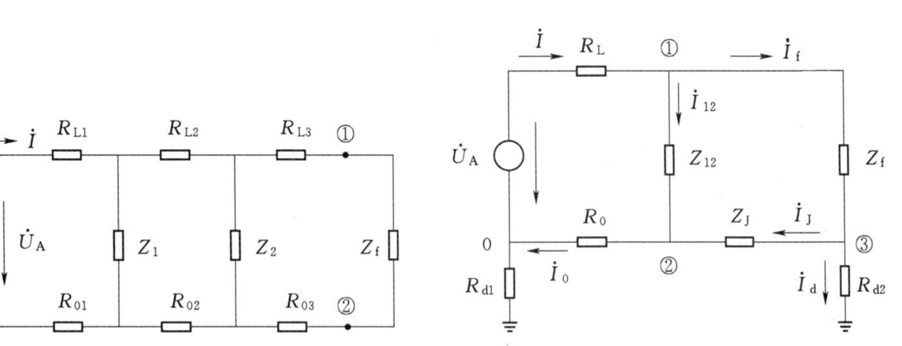

图 5　户内零线接地后的简化等效电路图

经过等效和化简，户内零线接地后的简化等效电路如图 5 所示。

图 5 中，Z_{12} 为 Z_1、Z_2 并联阻抗，也可看成多个阻抗并联值，Z_J 为电表电流线圈阻抗（或电阻分流器），I_J 为电流线圈正向电流；R_{d1} 为变压器中性点接地电阻，R_{d2} 为表后接地电阻，由于流过同一电流，两者可以直接相加，即 $R_d=R_{d1}+R_{d2}$。显然，Z_{12}、Z_f、R_0、R_d、Z_J 构成一个典型的桥式电路，桥臂为 Z_{12}、Z_f、R_0、R_d，Z_J 则在桥上。

目前使用的单相电能表种类很多，但从本文分析电路的角度看，只需分为单电流元件（计量用）和双电流元件（计量用）两大类。双电流元件电能表的火、零线端电流元件都用于计量电度，通常情况下选择火线电流计量，这和普通单相电能表正确接线时完全一样；当零线电流大于火线电流且达到设定值时，自动切换为零线电流计量，这时的等效电路和图 5 无异。

以变压器中性点为参考点，$\dot{U}_2=\dot{I}_0R_0$，$\dot{U}_3=\dot{I}_dR_d$，$\dot{U}_{32}=\dot{U}_{30}-\dot{U}_{20}$；把电能表电压线圈两端电压 $\dot{U}_{12}$ 作为参考向量，$\dot{U}_{12}$ 与 $\dot{I}_J$ 之间的夹角就是电能表测量的功率因数角 φ。下面就从电桥的工况分析电表的计量状态。

(1) 电桥完全平衡。$\dot{U}_{30}=\dot{U}_{20}$，两个电压不但有效值相等，而且相位角也相同，这时 $\dot{U}_{32}=0$，$\dot{I}_J=0$，Z_J 可以断开，则

$$\dot{U}_{20}=\dot{U}_{10}\frac{R_0}{R_0+Z_{12}},\quad \dot{U}_{30}=\dot{U}_{10}\frac{R_d}{R_d+Z_f} \tag{2}$$

将其代入电压平衡式可推出

$$\frac{R_0}{R_0+Z_{12}}=\frac{R_d}{R_d+Z_f},\quad \frac{R_0}{Z_{12}}=\frac{R_d}{Z_f} \tag{3}$$

这就是电桥平衡时的阻抗平衡式。由于 $\dot{I}_J=0$，则测量功率为零，电能表无记录电度，但双电流元件电能表则由火线电流元件正常计量。

（2）电桥极不平衡。有$\frac{R_d}{|Z_f|}\gg\frac{R_0}{|Z_{12}|}$和$\frac{R_0}{|Z_{12}|}\gg\frac{R_d}{|Z_f|}$两种情形。

1）$\frac{R_d}{|Z_f|}\gg\frac{R_0}{|Z_{12}|}$，此时$U_{30}>U_{20}$，$U_{32}$ 为正，I_J 也为正，出现这种情况的原因可能是 Z_f 减小或 Z_{12} 增大，也可能两个原因兼而有之，极端情况是 Z_{12} 空载。这时 $\dot{I}_J$ 主要由 $\dot{I}_f$ 决定，当 Z_f 为感性负载时，$\dot{I}_J$ 滞后 $\dot{U}_{12}$ 落在第四象限；当 Z_f 为容性负载时，$\dot{I}_J$ 超前 $\dot{U}_{12}$ 落在第一象限；当 Z_f 为电阻负载时，电流 $\dot{I}_J$ 与 $\dot{U}_{12}$ 可能同相，也可能超前或滞后 $\dot{U}_{12}$ 落在第一象限或第四象限，即 $\dot{I}_J$ 都在平面直角坐标的右半平面，$\dot{U}_{12}$ 与 $\dot{I}_J$ 的夹角 $\varphi<90°$，测量功率为正，但由于 $\dot{I}_J=\dot{I}_f-\dot{I}_d$，$\dot{I}_d$ 的分流作用使 $I_J<I_f$，电能表少计电量。但对于双电流元件电能表则照常计量。

2）$\frac{R_0}{|Z_{12}|}\gg\frac{R_d}{|Z_f|}$，此时$U_{20}>U_{30}$，$U_{32}$ 为负，I_J 也为负。导致这种情况的原因可能是 Z_{12} 减小或 Z_f 增大，也可能两个原因都有，极端情况是 Z_f 空载。这时 $\dot{I}_J$ 主要由 $\dot{I}_{12}$ 决定，当 Z_{12} 为感性负载时，$\dot{I}_J$ 超前 $\dot{U}_{12}$ 落在第二象限；当 Z_{12} 为容性负载时，$\dot{I}_J$ 滞后 $\dot{U}_{12}$ 落在第三象限；当 Z_{12} 为电阻负载时，电流 $\dot{I}_J$ 与 $\dot{U}_{12}$ 可能反相，也可能落在第二象限或第三象限，即 $\dot{I}_J$ 总在平面直角坐标的左半平面，$\dot{U}_{12}$ 与 $\dot{I}_J$ 的夹角 $\varphi>90°$，测量功率为负。对计量结果的影响主要有三种情形：

第一种为单向计量电能表，此时电表停止计量。

第二种为双电流元件智能电能表，这种电能表具有组合有功计量模式，设置为此模式时对测量功率正、负一样计量，并取绝对值相加。如果不考虑功率因数的影响，则当 $I_f>I_J$ 时照常计量，$I_J>I_f$ 时可能多计了电量。而当电能表未设置为组合有功模式，且出现负功率时电表只将电量计入反向表码，这时可能少计了电量。

第三种为单电流元件智能电能表，这种电表对正、负有功电能分别计量，当电能表未设置为组合有功模式，正功率电量用于计费，负功率电量仅作为状态记录，这时也可能少计了电量。

除了上述电桥特殊工况，一般情况下电桥工况介于完全平衡与极不平衡之间，电流相量 $\dot{I}_J$ 就可能落在平面直角坐标的右半平面或左半平面。落在右半平面时电能表测量功率为正，落在左半平面时电能表测量功率为负。

当智能电能表现场监测信息出现功率为负，同时火、零线电流不相等时，可初步判断用户有窃电嫌疑；但必须结合有无电压、电流突变记录，有无开表盖记录，有无开表箱和更改火、零线证据等综合分析判断，才能认定用户有无窃电行为或窃电企图（作案未遂）。

2.3.2 三相不对称的影响

实际的低压三相系统不可能完全对称，一般情况下，三相电源是对称的，而低压三相负载是不对称的。不对称三相负载产生中线电流 I_N，并在中线阻抗 Z_N 上形成中点位移电压 $\dot{U}'_0$，显然，此时三相不对称影响如图 6 所示。

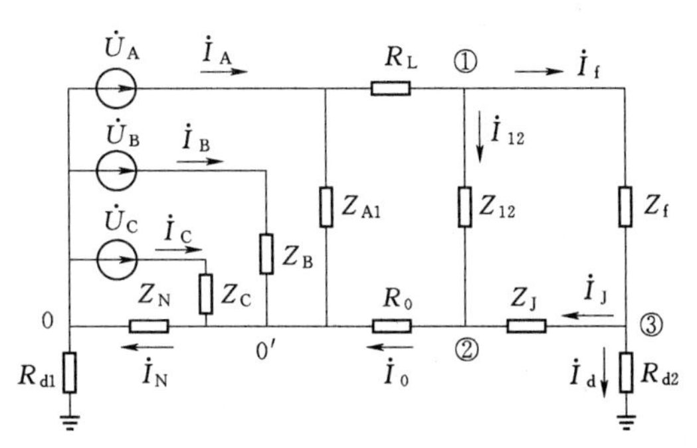

图 6 三相不对称影响示意图

$\dot{I}_N=\dot{I}_A+\dot{I}_B+\dot{I}_C\neq 0$，0′点与 0 点不重合。

图中 $\dot{U}_A$、$\dot{U}_B$、$\dot{U}_C$ 为三相对称电源，Z_N 为支线接入点至变压器中性点零线阻抗，Z_{A1} 为 A 相其他负载阻抗，Z_B 为 B 相阻抗，Z_C 为 C 相阻抗。当 Z_A、Z_B、Z_C 三相不对称时，中线电流产生的电压为 $\dot{U}'_0=\dot{I}_N Z_N$，叠加在 R_0 上，使得 $\dot{U}_2=\dot{I}_0 R_0+\dot{I}_N Z_N$ 升高，逼使 I_J 减小甚至变负，从而影响计量结果。

2.3.3 其他用户接地或漏电的影响

当其他用户接地或漏电时，流入地中的电流 $\dot{I}'_d$ 和 $\dot{I}_d$ 一样流过变压器中性点接地电阻 R_{d1}，这就抬高了地电位和 $\dot{U}_3$，如图 7 所示。

设 $\dot{I}'_d$ 为 n 倍 I_d，即 $I'_d=nI_d$，则 $\dot{U}_3$ 可表示为

$$\dot{U}_3=R_{d2}\dot{I}_d+R_{d1}(n+1)\dot{I}_d \tag{4}$$

R_{d1} 相当于提高到（$n+1$）倍，例如取 $n=2$，则 R_{d1} 提高到等效电阻 $R'_{d1}=3R_{d1}$。显然，其他用户接地或漏电将使 I_J 正向增大，用户内接地漏电的影响就会减少，或者说电表少计的程度就会减轻。

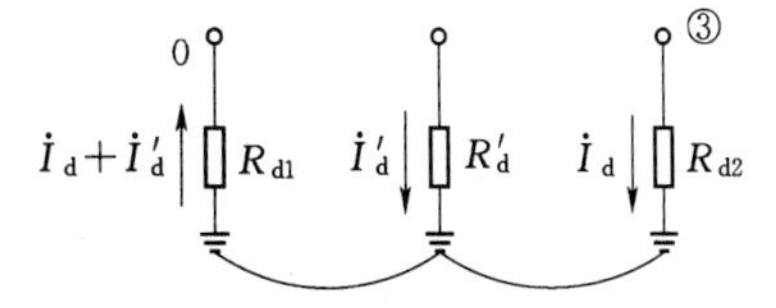

图 7 其他用户接地或漏电影响示意图

另外，当低压三相系统采用重复接地时，接地电流的作用与其他用户接地电流的作用相同。

2.3.4 等效电源内阻抗的影响

支线端口等效电源实际上并非无穷大，而是存在一定内阻抗 Z_n。从图 5 可以看出，等效电源的内阻抗 Z_n 与 R_L 是串联关系，Z_n 与 R_L 的存在使负载端电压下降，导致负荷功率减少，但它们都不在桥内，不影响电桥的平衡，也不影响计量准确度。

表后零线对地电压很低，通常才几伏，所以对地漏电流也相对较小。但是，表后零线

对地漏电和零线接地对电能表的计量影响在原理上是相同的，两者只是影响的程度可能不同，推理从略。

2.3.5 支路负荷状态的影响

在回路正常情况下，R_0、R_d 为常数，Z_{12} 和 Z_f 为变数，即对应的负荷功率 P_{12} 和 P_f 是变数。单电流元件电能表测量功率 P 可表示为 P_{12}、P_f 的二元函数。即

$$P=AP_f-BP_{12} \tag{5}$$

其中

$$A=\frac{R_d}{R_d+Z_J+R_0}$$

$$B=\frac{R_0}{R_d+Z_J+R_0}$$

式中 A——$\dot{I}_f$ 单独作用时 $\dot{I}_J$ 的分流系数；

B——$\dot{I}_{12}$ 单独作用时 $\dot{I}_J$ 的分流系数。

考虑到 Z_J 阻抗很小，可以忽略。所以有

$$A\approx\frac{R_d}{R_d+R_0},\ B\approx\frac{R_0}{R_d+R_0} \tag{6}$$

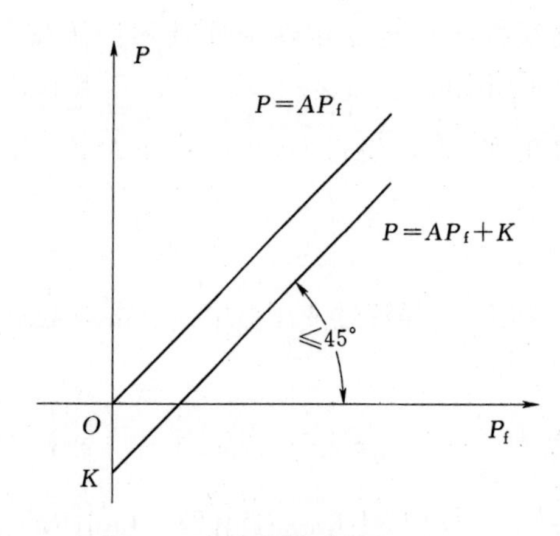

图 8 P_{12} 为常数时 $P=f(P_f)$ 函数图像

若 Z_{12} 为恒定负载，则 P_{12} 为常数，式（6）可变为 $P=AP_f+K$，这样就把二元线性函数变成一元线性函数，式中 $K=-BP_{12}$ 为纵轴截距，也是 P_f 空载时的电能表测量功率。函数图像如图 8 所示。

图 8 中，$P=AP_f$ 是 P_{12} 为零（无载）时的图像，$P=AP_f+K$ 是 P_{12} 有载时的图像，两者是互相平行的两条直线，$P=AP_f+K$ 的函数图像与横坐标交点，即电桥平衡点。

实际上，P_{12} 通常是变数，这时表示 $P=AP_f+K$ 的直线将在 $P=AP_f$ 线下方随着 P_{12} 增大或减小向下平移或向上平移，电桥平衡点也随之向右或向左移动。以平衡点为界，左边 P_f 减小 P 为负，右边 P_f 增大 P 为正。

R_d 通常小于 10Ω，R_0 通常小于 0.1Ω，若按 $R_d=10\Omega$，$R_0=0.1\Omega$ 计算，则 $A\approx0.99$，$B\approx0.01$，图 8 中两条平行直线的倾角 $\psi=\tan^{-1}0.99=44.7°\approx45°$。电桥平衡时 $P=0$，$AP_f=BP_{12}$，再设此时 $P_{12}=5P_{fN}$，$P_f=xP_{fN}$（P_{fN} 是电能表额定电流对应的功率）。代入电桥平衡式：$0.99xP_{fN}=0.05P_{fN}$，求出 $x=0.05$（即 5%），在 P_f 轻载区间。若 $P_{12}=10P_{fN}$，则 $x=10\%$，仍在 P_f 轻载区间。

若 R_d 取值减小，例如 $R_d=5\Omega$，R_0 仍按 0.1Ω 计算，则 $A\approx0.98$，$B\approx0.02$，两条平行直线的倾角 $\psi=\tan^{-1}0.98\approx44.4°$，$P_{12}=5P_{fN}$ 时 $x=10\%$，$P_{12}=10P_{fN}$ 时 $x=20\%$，

都还在轻载区间。R_d 减小使 $P = AP_f + K$ 的直线与纵轴交点下移，同时与横坐标交点右移，R_d 的分流作用对计量的影响更大。

因为 $A \gg B$，影响计量状态的主要因素是 P_f，把 P_f 分为空载、轻载（大于零但小于 $50\% P_{fN}$）和重载（$\geqslant 50\% P_{fN}$），同时把 P_{12} 分为有载和无载，综合以上分析，不同负荷状态下的电表测量功率 P 见表 1。

双电流元件电能表选择火线电流计量时不受负荷状态影响；选择零线电流计量时与单电流元件电能表计量状态相同。

表 1　　不同负荷状态下的电能表测量功率 P

P_{12}	P_f		
	空载	轻载	重载
有载	负	负　零　正	正，$<P_f$
无载	零	正，$<P_f$	正，$<P_f$

3　结语

从电桥工况和负荷状态对计量的影响可以发现，对于单电流元件电能表，当实测功率大于或等于零时少计有功电量，当实测功率为负时也可能少计有功电量；对于双电流元件电能表，当实测功率大于或等于零时照常计量，当实测功率为负时可能还正常计量，也可能多计或少计了电量，这不但取决于选择的计量模式，而且与火、零线电流相对大小有关。但是，双电流元件电能表仍可在多数运行状态下正常计量，对于防止在火线采用欠流法窃电也有很好的效果。

目前居民用户普遍安装了漏电保护开关，在漏电开关功能正常情况下表后漏电和接地是不可能长时间存在的运行方式。但是有些用户可能没有安装漏电保护开关，或者漏电开关失效，形同虚设，火、零线接反后当用户漏电和零线接地时就可能导致计量状态异常。所以安装电表时要遵照规范，确保正确无误；同时供电企业最好能和政府部门联合推广用户安装漏电保护开关，这既是保护人身安全的必要措施，也是保障正常计量的有效措施。其次是电能表增设零、火线自动识别功能，这样就可以及时发现问题和及时更正。

参考文献

[1] 焦斌，李景村. 单相电能表转向不定的原因 [J]. 农村电气化，2006 (10)：21-23.
[2] 李宁，李建闽，张建文，等. 单相双向计量多功能智能电能表设计 [J]. 自动化仪表，2017，38 (3)：70-74.
[3] 刘宇鹏，燕伯峰，董永乐，等. 基于零线电流测量和计量功能的单相电能表防窃电应用分析 [J]. 内蒙古电力技术，2017，35 (6)：6-10.
[4] 刘阳力. 单相电子式防窃电电能表设计 [D]. 长沙：湖南大学，2008.
[5] 李景村. 防治窃电应用技术与实例 [M]. 北京：中国水利水电出版社，2004.
[6] 李景村. 防治窃电实用技术 [M]. 北京：中国水利水电出版社，2009.

七、电量退补计算中功率因数角的求取方法

黎海生

（广东电网公司汕尾供电局，广东汕尾 516600）

摘 要： 本文介绍一种在电能计量装置异常接线时，利用异常接线期间电表记录的电量数据准确计算退补电量的方法。

关键词： 电能计量；功率因数角；计算

1 引言

电能计量装置异常接线时的电量退补计算通常采用更正系数法，即根据正确接线与异常接线所对应的功率表达式之比求出更正系数，进而求出正确接线下的电量与异常接线时记录电量之差作为退补电量。由于更正系数往往是一个含有未知数 φ（用户功率因数角）的表达式，对于供电企业已经掌握情况的老用户，在用电情况变比不大时，可以通过以往正确接线期间的电量记录计算其功率因数角。而对于新用户，因为缺乏正确的历史电量记录作为参考，要确定其功率因数就比较困难。若采用改正接线后的电量数据来计算，某些用户又可能会故意调整功率因数，使供电企业蒙受损失。

本文介绍一种利用异常接线期间电能表记录电量数据求解用户功率因数角的方法。这种方法不需要正确的历史数据为参考，因而无论是新、老用户都适用，而且可排除人为干扰，计算的准确性更接近实际。

2 求取平均功率因数角的方法

在正常情况下，由功率三角形可知

$$\tan\varphi=\frac{Q}{P}=\frac{W_Q}{W_P} \tag{1}$$

式中 W_Q、W_P——负载在某段时间内消耗的无功电能及有功电能。

所以推理得到异常接线情况下

$$\tan\varphi=\frac{BK_Q}{AK_P} \tag{2}$$

式中 φ——用户实际平均功率因数角；

A——当有功表相对误差为零时，在异常接线期间测得的有功电量；

B——当无功表相对误差为零时，在异常接线期间测得的无功电量；

K_Q——无功表异常接线更正系数；

K_P——有功表异常接线更正系数。

由于式（2）中 K_Q、K_P 都是未知数 φ 的函数，且 A＝实际抄见有功电量×$(1-\gamma_P)$，B＝实际抄见无功电量×$(1-\gamma_Q)$，γ 为电能表误差，由现场测定，所以通过解式（2）便可求

出 φ 的具体值，然后把 φ 的值代入更正系数 K 的表达式中，便可求出 K 的具体值了。由于计算过程中没有引入可选择性的数据，通过这种方法求得的更正系数是比较客观的。

3 应用实例

某新投产用户，由于电压二次接线端子松脱，致使其电能计量装置的有功及无功电能表 A 相失压，失压计时仪记录其时间从投产开始失压。现场抄见有功表记录电量 90000kW·h，无功表记录电量 72700kvar·h，现场校验异常接线下，有功表相对误差 $\gamma_P=-1.5\%$，无功表相对误差 $\gamma_Q=2.0\%$，无功表属 60°内相角类型。

按该异常接线方式，其有功及无功功率表达式和更正系数应有

有功功率 $$P=UI\cos(30°-\varphi) \tag{3}$$

更正系数 $$K_P=\frac{2\sqrt{3}}{\sqrt{3}+\tan\varphi} \tag{4}$$

无功功率 $$Q=UI\cos(60°-\varphi) \tag{5}$$

更正系数 $$K_Q=\frac{\sqrt{3}\sin\varphi}{\cos(60°-\varphi)} \tag{6}$$

把 K_P、K_Q 代入式（2）得

$$\tan\varphi=\frac{\dfrac{\sqrt{3}B\sin\varphi}{\cos(60°-\varphi)}}{\dfrac{2\sqrt{3}A}{\sqrt{3}+\tan\varphi}}=\frac{3B-\sqrt{3}A}{3A-\sqrt{3}B}$$

$$\varphi=\arctan\frac{3B-\sqrt{3}A}{3A-\sqrt{3}B}\quad \varphi\in\left(-\frac{\pi}{2},\frac{\pi}{2}\right)$$

$$A=\text{抄见电量}\times(1-\gamma_P)=90000\times(1+1.5\%)=91350(\text{kW}\cdot\text{h})$$

$$B=\text{抄见电量}\times(1-\gamma_Q)=72700\times(1-2.0\%)=71246(\text{kvar}\cdot\text{h})$$

$$\varphi=\arctan\frac{3\times71246-\sqrt{3}\times91350}{3\times91350-\sqrt{3}\times71246}=\arctan0.3685=20.23°$$

把 $\varphi=20.23°$ 代入式（4）和式（6）得

$$K_P=\frac{2\sqrt{3}}{\sqrt{3}+\tan\varphi}=\frac{2\sqrt{3}}{\sqrt{3}+\tan20.23°}=1.649$$

$$K_Q=\frac{\sqrt{3}\sin\varphi}{\cos(60°-\varphi)}=\frac{\sqrt{3}\sin20.23°}{\cos(60°-20.23°)}=0.779$$

把 K_P、K_Q 代入退补电量公式 $\Delta W=W'[K(1-\gamma)-1]$

有功追退电量为

$$\Delta W_P=90000\times[1.649(1+1.5\%)-1]=60636(\text{kW}\cdot\text{h})$$

无功追退电量为

$$\Delta W_Q=72700\times[0.799(1-2.0\%)-1]=-17199(\text{kvar}\cdot\text{h})$$

其中，正值表示追补，负值表示退回。

4 小结

（1）电力用户电能计量装置异常接线下功率因数角的确定，是合理追收和退补电量的依据，供用电双方都非常关注。本文提出的计算方法，对用电计量人员有一定的参考价值。用电计量现场人员应善于发现异常接线情况和收集记录当时的数据。

（2）可把各种异常接线下所对应的平均功率因数角的计算式预先编成小册子。

（3）装有止逆装置的电表，而且错接线方式及用户用电情况不能保证电表始终正转时，由于电表不计逆向电量，本方法计算结果存在由逆向电量引起的误差。

（4）无止逆装置的感应式电表，其计量结果已经是正向减反向，可以直接计算。

（5）具备双向计量功能的电子表，计算电量应等于正向减去反向。

参考文献

[1] 电能计量手册编辑委员会. 电能计量手册 [M]. 郑州：河南科学技术出版社，1990.